"十三五"国家重点图书重大出版工程规划项目
中国农业科学院科技创新工程资助出版

中国早酥梨

ZhongGuo ZaoSu Li

姜淑苓◎主编

中国农业科学技术出版社

图书在版编目（CIP）数据

中国早酥梨／姜淑苓主编．—北京：中国农业科学技术出版社，2018.12
ISBN 978-7-5116-3612-6

Ⅰ.①中…　Ⅱ.①姜…　Ⅲ.①梨-果树园艺　Ⅳ.①S661.2
中国版本图书馆 CIP 数据核字（2018）第 083554 号

责任编辑　白姗姗
责任校对　贾海霞

出 版 者　中国农业科学技术出版社
　　　　　北京市中关村南大街 12 号　邮编：100081
电　　话　(010)82106638(编辑室)　(010)82109702(发行部)
　　　　　(010)82109709(读者服务部)
传　　真　(010) 82106650
网　　址　http://www.castp.cn
经 销 者　各地新华书店
印 刷 者　北京科信印刷有限公司
开　　本　787 mm×1 092 mm　1/16
印　　张　18.25　　彩插　24 面
字　　数　368 千字
版　　次　2018 年 12 月第 1 版　2019 年 1 月第 2 次印刷
定　　价　168.00 元

《现代农业科学精品文库》

编 委 会

《现代农业科学精品文库》

编委会办公室

《中国早酥梨》

编　委　会

主　　编： 姜淑苓

副 主 编： 王　斐　欧春青

参编人员： 高宝宁　魏立敏　秦　岳

郝宁宁　赵亚楠　马　力

前　言

早酥梨为中国农业科学院果树研究所采用有性杂交手段，以苹果梨为母本、身不知梨为父本选育出的早熟梨品种。通过多年、多地、多点的生产实践，该品种表现出早熟、优质、早果、可食性早、抗病、抗逆等特点，已成为我国许多省（自治区、直辖市）早熟梨栽培的首选品种，并获得较高收益，为我国农村经济发展、农业增效、农民增收做出了重要贡献。2012 年，甘肃省梨园面积约 4 万公顷，总产量 35 万吨，其中早酥梨占 50%左右。早酥梨也是西藏自治区（全书简称西藏）拉萨和林芝地区成功栽培的梨树品种之一。

早酥梨母本苹果梨是我国寒地主栽的梨品种，是罕见的大果、抗寒、优良、耐贮藏梨种质资源。该品种既有白梨系统的某些特征，如果实黄绿色、贮藏后呈黄色、阳面具红色晕、叶片渐尖、新梢橙红色等；同时又有砂梨系统的部分特性，如果形扁圆、萼片脱落间或宿存、叶片多呈卵圆形等。因此，苹果梨聚合了较多的优良性状，具有抗寒性强、抗病、品质优等特点。父本身不知梨既具有西洋梨系统的某些特征，叶片边缘有圆钝锯齿、果柄粗短等，又具有砂梨系统的部分特性，萼片脱落或残存，植株生长势中庸偏弱，具有丰产、抗逆、抗病等特点。因此，早酥梨是丰产、抗病、抗逆、优质等多个优良基因的聚合体，是生产中不可多得的适应性最强的梨优良品种之一。同时，早酥梨也是梨育种工作者选用的骨干亲本之一。至今，育种工作者利用早酥梨做亲本，通过有性杂交、芽变选种等方法，选育出通过国家或省（自治区、直辖市）品种审定（登记、备案）的优良梨新品种 15 个，均已在生产中推广栽培。早酥梨后代大多遗传了其早熟、优质、抗逆性强的特性。在杂种一代中，早酥梨不仅本身的优良特性传递给 F_1 代，同时与之组配的亲本的优良性状一并遗传给 F_1 代。如用早巴梨与早酥梨杂交，育成的红色、优质、香气浓郁品种八月红就遗传了早酥梨丰产、优质、抗逆的特点，又遗传了另一亲本早巴梨的红色、香气等特点；用古高梨与早酥梨杂交培育出在-35.3℃下安全越冬的新梨 3 号梨；用早酥梨与金水酥梨杂交培育出早熟、大果、优质、抗寒的早金酥梨；我国梨品种大多果实维生素 C 含量较低，一般为 5 毫克/100 克，而用早酥梨与古高梨杂交培育出的北丰梨的维生素 C 含量高达9.68毫克/100克，成为500多个梨资源中维生素C含量最高的品种，具有较高的营养价值。目前，我国生产中果面全红的梨均为软肉型品种，选育全红、脆肉的梨品种是育种者热点目标之一。在早酥梨的芽变中发现了全红的品种，为红早酥梨，不仅果实全红，且枝、叶、芽、花均为红色，是一个难得的食用、观赏兼用的优良梨新品种。以上研究表明，以早酥梨为亲本，后代分离广泛，且与其组配的亲本间不良连锁基因易打破，优良基因遗传力强，能够最大程度实现育种者既定的目标。

基于以上特点，有关早酥梨的研究层出不穷，并取得大量研究成果。因此，为了展示中国早酥梨研究阶段性成果，推动早酥梨研究的深入开展，更深入地发掘早酥梨的价值，为科学研究、育种和生产利用提供借鉴，我们编写了《中国早酥梨》一书。

本书从早酥梨的来源、主要特征特性、主要研究进展、优质高效栽培技术、采后处理、市场营销等方面对早酥梨进行全面系统阐述。全书共分8章，分别由多年从事梨资源育种及栽培技术工作的人员撰写，以便更好地体现我国在早酥梨科研和生产方面的先进经验和水平，更好地发挥早酥梨的生产和研究价值，促进我国梨产业健康、快速发展。

由于我们的水平有限，本书中的不妥之处敬请读者不吝指正。

《中国早酥梨》编写组

2017年4月

目　　录

第一章　梨果生产概况

第一节　国外梨生产与贸易概况

一、国外梨生产概况

世界生产梨的国家有 80 多个，主要集中在亚洲、欧洲、美洲、非洲、大洋洲等。2013 年世界梨收获面积、总产量和平均单产分别为 176. 70 万公顷、2 520. 38万吨和 14. 26 吨/公顷。栽培面积最大的 10 个国家依次是中国、印度、土耳其、意大利、阿根廷、阿尔及利亚、西班牙及美国。产量排名前十位的国家依次是中国、美国、意大利、阿根廷、土耳其、西班牙、南非、印度、日本、韩国。其中，中国的收获面积为 127 万公顷，产量为 1 730万吨，分别占全世界 71. 87%和 68. 7%（表 1-1）。

表 1-1　近十年间世界梨生产情况

年份	单位	2001 年	2003 年	2005 年	2007 年	2009 年	2010 年	2011 年
收获面积	万公顷	155. 6	156. 9	163. 2	157. 9	157. 0	152. 7	161. 4
总产量	万吨	1 645	1 758	1 937	2 090	2 248	2 264	2 390
单产	吨/公顷	10 575	11 204	11 866	13 235	14 317	14 821	14 805

数据来源：联合国粮农组织 FAOSTAT 数据库

从单位面积的生产能力来看，全球平均单产为 14. 81 吨/公顷，其中单产最高的国家是奥地利，为 402 吨/公顷；其次是瑞士，为 69 吨/公顷；接下来分别为斯洛文尼亚，为 55 吨/公顷；新西兰，53 吨/公顷；荷兰，41 吨/公顷；美国，38 吨/公顷；比利时，35 吨/公顷；而中国仅为 14 吨/公顷，不足全球单产的平均值，说明我国梨的单位面积生产能力相对较低，与发达国家差距较大。

从区域分布来看，近年来全球年产鲜梨果 20 万吨以上的国家主要有中国、意大利、美国、西班牙、阿根廷、韩国、土耳其、日本、南非、荷兰、法国和印度。种植面积前 10 位的国家排序依次为中国 106. 3 万公顷（约占总面积的 65. 9%）、意大利

(2.5%)、土耳其（2.0%)、西班牙（1.7%)、美国（1.4%)、印度（1.4%)、韩国（1.2%)、阿根廷（1.1%)、日本（1.0%）和南非（0.6%)。前10位的产量大国分别为中国1 367.6万吨（占总产量的63.4%)、意大利（4.1%)、美国（3.9%)、西班牙（2.5%)、阿根廷（2.5%)、韩国（2.3%)、土耳其（1.7%)、南非（1.7%)、日本（1.6%）和比利时（1.4%)。

从品种结构来看，世界栽培的梨主要分为两大类：东方梨和西洋梨。东方梨商业栽培范围主要在中国、日本和韩国，包括白梨、砂梨和秋子梨品种，我国栽培的梨品种在其他国家几乎无栽培。从栽培面积和产量的比重看，主要还是以传统品种为主，但我国培育的品种如早酥、红香酥、黄冠、玉露香等正在代替古老的传统品种成为各地的主栽品种，早熟品种栽培比例有所提高。日本栽培的梨品种主要为幸水（39.5%)、丰水（25.4%)、二十世纪（14.0%)、新高（8.6%)。西洋梨的栽培品种中，康佛伦斯（Conference）仍然是许多国家的主栽品种，是欧盟成员国栽培面积最大的品种（34.5%)。欧洲的第二大品种是威廉姆斯（Williams)，占11.9%的比重，阿贝特（Abate Fetel）则是欧洲的第三大品种，占欧洲梨总产量的约11.7%。安久（Anjou）目前是美国产量最高的品种（22万吨)，占其梨总产量的47.6%，其次是巴梨（Bartlett）及其芽变，占总产量的27.3%，其他如博斯克（Bosc)、瑟克尔（Seckel）等约占了25.1%。而对于南半球的产梨国，包括阿根廷、澳大利亚、智利、新西兰、南非等，产量最高的梨品种是威廉姆斯（Williams BC)，2009年达到53.2万吨，占总产量的33.5%，其次是帕卡姆凯旋（Paekham's Triumph）达52.3万吨，其他品种还有Beurré宝斯克（Beurré Bosc）和佛瑞（Forelle）等。

二、国际梨贸易概况

2008—2014年世界鲜梨贸易量246万~264万吨，占世界梨产量的10.5%左右，贸易额21.91亿~25.4亿美元。世界梨果贸易以西洋梨品种为主，占梨果贸易量的80%以上。

在出口贸易方面，从部分国家（地区）来看，近年全球梨贸易量也有所增加。2006年阿根廷、中国等25个国家和地区梨的出口总量为157万吨，2009年的出口总量为163万吨，四年来增幅为3.82%。从出口金额来看，自1998年以来，世界梨出口金额显著上升，2007年全球梨出口总金额20.29亿美元，单价为每吨796.29美元，与1998年相比，增幅分别为103.5%和25.22%。阿根廷、中国、荷兰、比利时、南非、美国、意大利、智利、西班牙、葡萄牙和法国等是世界主要梨出口国，上述11国鲜梨出口占世界的90%以上。2008—2014年，葡萄牙、南非、意大利和美国出口量呈增长趋势，其中葡萄牙出口增长13.7%，中国、法国、智利和西班牙呈现下降趋势。除中国外，亚洲梨出口很少。

从世界梨进口贸易来看，近年来世界梨进口的数量总体呈上升趋势，2005 年，俄罗斯、巴西等 25 个国家和地区梨的进口总量为 143 万吨，2010 年进口量为 168 万吨，四年来增幅为 3. 86%。而从进口金额来看，自 2000 年以来，世界梨进口金额显著上升，2010 年全球梨进口总金额 334 289万美元，单价每吨 1 123. 6美元，十年间增幅分别达到 106. 33%和 29. 19%。从进口贸易国来看，近年来进口量排名前十的分别为俄罗斯、德国、荷兰、巴西、英国、法国、意大利、美国、印度尼西亚与墨西哥；进口金额排名前十的分别是俄罗斯、德国、荷兰、英国、法国、美国、巴西、墨西哥与加拿大；除了印度尼西亚、加拿大以外，位于进口数量前列和进口金额前列的国家基本一致，只是顺序有所变化。

第二节 国内梨生产与贸易概况

一、国内梨生产概况

我国是世界第一产梨大国。2016 年我国梨栽培面积和产量分别为 111. 3 万公顷和 1 870. 4万吨，占世界梨总面积（176. 70 万公顷）的 62. 9%，占总产量（2 520. 4 万吨）的 73. 5%。梨是继苹果和柑橘之后的第三大水果，栽培面积和产量决定了我国梨产业在农业经济中的重要地位和实现农业增效农民增收任务中的重要作用。

我国梨主栽品种主要分属白梨、砂梨、秋子梨和新疆梨，总体呈现出以下特点。

（1）白梨系统的砀山酥梨、鸭梨、雪花梨等晚熟品种仍然占据主导地位，栽培面积占全国总量的近 40%。

（2）形成不同品种的优势区域格局，如安徽省、陕西省以砀山酥梨为主，山西省周边以玉露香梨为主，甘肃省以早酥梨为主，河北省以鸭梨、雪花梨为主，东北以秋子梨为主，辽宁省则以南果黄冠、延边地区以苹果梨为主；库尔勒香梨在新疆维吾尔自治区（全书简称新疆）产区占绝对优势，红皮梨品种如早酥梨、秋白梨、南果梨、花盖梨等则在云南迅速发展。

（3）新育成的品种和引进的国外优良品种的栽培比例正在快速上升，西洋梨在黄河故道的三门峡地区表现良好。

（4）早熟梨比重在各产区，特别是南方产区的比例都有上升。

（5）品种种类多，各地均有自己的特色或地方品种。如云南的巍山红雪梨、辽宁的花盖梨、甘肃的软儿梨等。

从果实成熟期来看，20 世纪 90 年代以来，一批早中熟品种特别是长江流域早熟品种的推广应用，优化了梨的熟期结构，目前我国早、中、晚熟梨的比例已由1994年的7∶23∶70调整到2012年的20∶28∶52。

从种植区域来看，我国梨种植范围较广，除海南省、港澳地区外，其余各省（市、区）均有种植。在长期的自然选择和生产发展过程中，形成了传统的四大梨产区：即环渤海（辽、冀、京、津、鲁）秋子梨、白梨产区，西部地区（新、甘、陕、滇）白梨产区，黄河故道（豫、皖、苏）白梨、砂梨产区，长江流域（川、渝、鄂、浙）砂梨产区。大规模商业栽培主要集中在北方。排名前10位的为河北、辽宁、山东、河南、安徽、新疆、陕西、四川、江苏和山西，产量之和占全国的78.5%。2012年，河北、辽宁、山东、安徽和河南5个省份产量在100万吨以上，生产面积合计为42.45万公顷，产量合计为930.19万吨，分别占我国梨生产总量的39.0%和54.5%（表1-2）。

表1-2　2012年我国梨分省（区、市）生产情况表

省（区、市）	面积（万公顷）	产量（吨）	与2011年相比增减（%）		占全国梨生产比重（%）		在全国排位	
			面积	产量	面积	产量	面积	产量
河北	19.40	4 450 544	0.29	9.39	17.82	26.07	1	1
辽宁	9.88	1 547 193	-0.03	10.39	9.07	9.06	2	2
四川	8.33	960 290	1.71	4	7.65	5.62	3	6
新疆	7.02	950 197	0.47	56.87	6.45	5.57	4	7
云南	5.23	416 326	5.34	14.33	4.8	2.44	5	12
河南	5.20	1 043 927	5.67	3.87	4.78	6.11	6	5
陕西	4.86	896 932	-0.65	1.75	4.46	5.25	7	8
贵州	4.81	217 178	-1.54	11.17	4.41	1.27	8	17
山东	4.25	1 190 939	-6.43	-2.97	3.9	6.98	9	3
江苏	3.94	748 219	-10	2.53	3.62	4.38	10	9
湖北	3.74	536 352	-5.44	15.87	3.43	3.14	11	11
安徽	3.73	1 069 300	2.22	6.47	3.43	6.26	12	4
甘肃	3.63	333 281	1.2	-0.17	3.34	1.95	13	15
山西	3.51	663 588	4.78	12.45	3.22	3.89	14	10
重庆	3.50	340 983	4.95	12.25	3.21	2	15	14
湖南	3.33	154 253	0.66	2.23	3.06	0.9	16	20
江西	2.71	140 594	2.42	4.29	2.49	0.82	17	21
浙江	2.37	390 500	-2.79	1.25	2.18	2.29	18	13
福建	2.20	205 745	0	4.32	2.02	1.21	19	18
广西	2.13	257 690	2.66	6.68	1.95	1.51	20	16
吉林	1.37	112 603	-7.36	-15.44	1.26	0.66	21	22

（续表）

省（区、市）	面积（万公顷）	产量（吨）	与2011年相比增减（%）		占全国梨生产比重（%）		在全国排位	
			面积	产量	面积	产量	面积	产量
北京	0.91	162 632	-0.33	0.57	0.83	0.95	22	19
广东	0.78	77 982	1.04	5.6	0.71	0.46	23	23
内蒙古	0.75	74 924	29.14	-2.98	0.69	0.44	24	24
天津	0.41	36 218	-10.65	-7.79	0.38	0.21	25	27
黑龙江	0.40	37 259	7.57	-7.37	0.37	0.22	26	26
宁夏	0.20	14 161	-11.3	-51	0.19	0.08	27	28
上海	0.19	37 359	6.67	17.96	0.18	0.22	28	25
青海	0.09	4 708	10		0.08	0.03	29	29
西藏	0.001	1 150	-10	-1.71	0.01	0.01	30	30

数据来源：《中国农业年鉴（2013）》

注：广西壮族自治区、内蒙古自治区、宁夏回族自治区，全书分别简称为广西、内蒙古和宁夏

二、市场供需、流通情况变化

近30年来，世界梨生产和消费一直较为平稳，而我国梨产业高速发展，人均消费量逐年提升。2014年我国梨果年人均消费量达到13.20千克，位列世界第一，是世界其他国家平均值的10.7倍（世界其他国家人均为1.23千克）。我国不同地区梨果人均量差异较大，河北最高，达64.98千克，其次是新疆、辽宁、陕西，再次是山西、安徽、甘肃、山东等省，上述产区也是我国主要的梨果供应方。

1999—2009年，我国梨出口量逐年增加，出口价格也呈上升趋势，2009年达到46.28万吨，创历史新高。自2010年以来，我国梨果出口逐年下降，2014年仅为29.73万吨，较2009年下降35.8%。近年来，我国梨出口量占世界的16%左右，一直保持在世界前两位，但鲜梨出口量仅占我国梨年产量的1.7%~3.2%，与美国、阿根廷、南非、智利等梨出口强国差距甚远，我国在世界梨市场竞争力排名中仍为轻量级。

我国梨果出口国家和地区主要有印度尼西亚、越南、泰国、马来西亚、中国香港、俄罗斯、欧盟（主要是荷兰、英国、德国和法国）、美国、加拿大和中东地区等。亚洲占我国鲜梨出口的80%，印度尼西亚、越南、泰国和马来西亚等东南亚国家是我国梨果主要出口市场。近6年我国梨果出口逐渐下滑，2014年比2013年出口量下降22.0%，其中欧盟、亚洲、中东、北美洲分别下降57.7%、23.6%、19.0%和11.5%，亚洲传统出口市场印度尼西亚、越南、泰国和马来西亚等比2013年分别下降37.0%、33.1%、33.4%和17.1%。俄罗斯、亚洲其他国家市场比2013年增长27.0%、23.9%。

三、地域品牌、注册品牌、驰名商标

近20年来，我国对梨生产技术和管理水平的重视程度不断提高，全国各地制定实施梨无公害、绿色、优质等生产，质量、贮运、保鲜、销售等方面标准及规范96个，标准化生产示范园和标准化生产面积也在逐年增加。2015年我国建设华北白梨重点区16个、长江中下游砂梨重点区10个、西北白梨重点区8个、特色梨区8个(包括辽南南果梨区、新疆库尔勒香梨区、云南红梨区、胶东西洋梨区各2个)。目前，莱阳梨、库尔勒香梨、苍溪雪梨、瑶山雪梨、门头沟京白梨、赵县雪花梨、泊头鸭梨、冠县鸭梨、晋州鸭梨、宁晋鸭梨、魏县鸭梨、砀山酥梨、祁县酥梨、鞍山南果梨、昆明呈贡宝珠梨等众多梨品种通过地理标志产品申请保护，树立了我国梨品牌。此外，鞍山尖把梨、连州水晶梨、东宁苹果梨、兴隆香水梨等各地名优特品种风味独特，市场形势看好。

第三节　我国梨产业的竞争力

一、竞争优势

1. 规模优势

梨是我国仅次于苹果、柑橘的第三大水果。总的来说，我国梨栽培总面积大约为111.3万公顷，总产量为1 132.4万吨左右，分别占世界梨总面积（174.05万公顷）的63.95%，占总产量（1 951.4万吨）的58.03%，是典型的梨产业发展大国。随着我国新发展梨园逐渐进入盛果期，梨产量在世界总产量中的比重还将提高。随着生产向优势产区集中及加工业规模的逐渐扩大，我国梨的规模优势将进一步显现。发展梨生产是我国农业调整产业结构促进农民增收重要的手段之一，一直为各方普遍关注和高度重视。

2. 资源优势

从气候资源看，我国绝大多数地区处于温带，适宜梨的生长。华北平原和黄土高原的温度、降水与欧洲、美国、南美梨产区气候大体相当，特别是西北黄土高原雨热同期、光照充足、昼夜温差大，有利于梨品质提高。长江中下游地区温度、湿度与日本、韩国气候相当，适于砂梨生长。从种质资源看，我国品种资源丰富，并拥有世界上规模最大的梨种质资源圃，保存品种达2 000多份。另外，我国拥有一批原产地特

色品种，如河北的鸭梨、安徽的砀山酥梨、辽南的南果梨、云贵高原的红皮梨、川西高原的金川雪梨以及南疆盆地的库尔勒香梨等。

3. 区位优势

我国与俄罗斯、中亚和东南亚等国家毗邻，这些国家产梨很少，我国每年通过边贸或转口贸易向其出口梨 20 万吨左右。我国梨出口国家和地区主要有印度尼西亚、越南、泰国、马来西亚、中国香港、俄罗斯和中东地区等。亚洲占我国鲜梨出口的80%，印度尼西亚、越南、泰国和马来西亚等东南亚国家是我国梨果主要出口市场。区位因素决定了我国具有巩固和发展周边市场的独特优势。

二、竞争劣势

1. 生产管理较差，产品质量水平不高

我国梨栽培管理粗放、标准化生产水平低，如整形修剪不合理、疏花疏果少，病虫防治不及时、施肥灌水不合理等，这些直接影响了单产和品质提高。目前，我国梨单产只有 800 千克/亩左右，仅为奥地利、阿根廷和日本的 1/4、1/3和 1/2。

我国梨质量总体水平与国外有较大差距。外观品质表现为果实整齐度不一、果实偏小、果形不正、色泽差；内在质量表现为果肉偏粗、石细胞稍多。目前，我国梨优质果率（鲜梨等级达到特级及一级品以上的）仅 25%，比美国、阿根廷等梨生产大国低 40%以上。

2. 产后贮藏加工和商品化处理能力不强

目前，我国梨果的贮藏量为全国梨总产量的 28%，贮藏方式以土窖或简易贮藏为主，机械制冷、恒温冷藏和气调库贮藏量只有 3%～5%，远远落后于发达国家。加工量仅占梨总产量的 7. 8%，加工用果品多为生产上的残、次果，对产业发展的拉动作用不明显，加上加工规模小、技术水平低、组织管理差，加工品质量不高，出口竞争力弱。我国梨果商品化处理程度很低，仅占梨总产量的 1. 5%，尚未建立产后分选、清洗和包装的专业机构，产后处理主要依靠人工操作。果品分级不规范，果实大小不一，着色不整齐，成熟度不一致，包装简陋，外观质量差，产品附加值低，难以大规模打进高端果品市场，缺乏国际竞争力。

3. 生产组织化和产业规模化程度有待提高

我国梨生产仍然是以家庭为单位的小规模分散经营，梨园经营的规模狭小、地块零碎，难以形成逐步扩大生产经营规模并提高整体竞争力的机制，极大地阻碍了生产要素合理配置。同时，势单力薄的果农科技推广手段落后，无力改善果园基础设施和进行技术改造，不能打造组织化的良好基础。

千家万户的小生产与千变万化的大市场之间的矛盾非常严重，产业抵御市场风险的能力较差，缺少连接生产与市场、技术与果农的桥梁，很难实现产、运贮、销一体化，限制了标准化生产技术推广应用，削弱了终端产品竞争力。另外，龙头企业规模较小，数量较少，市场竞争能力不足，对产业带动的力量不够，没有与果农形成合作共同体。

4. 生产成本逐年攀升

随着我国工业化、城镇化的快速发展，大量农村青壮年劳动力流入城镇，农村富余劳动力逐渐减少，导致农村劳动力价格迅速上升。梨种植是劳动力密集型产业，人工成本迅速上升成为梨生产中不可回避的现实问题。受石油、煤炭等资源类产品价格上涨的影响，近年来化肥、农药等农资价格总体呈上涨态势。同时，受到全国性物价上涨的共同推动，2011 年以来我国农业生产资料价格总体呈现上涨趋势，截至 2011 年 8 月全国农业生产资料价格较上年同期上涨 10. 6%。农村劳动力的大量减少和成本上升，再加上农资成本的大幅度上升，使得梨果的生产与运销成本逐步提高。

第四节　梨品种分类、育种目标及发展趋势

一、我国梨品种分类

我国在长期的生产栽培过程中，经过人们的驯化、培育和选择，梨的栽培品种不断出现。目前，有 3 000多个梨品种在生产中栽培，并且优新的品种年年在快速递增。按不同的标准将这些品种分为不同类型。

1. 按系统分类

我国生产上大量栽培的梨品种主要有秋子梨、砂梨、白梨、西洋梨和新疆梨 5 个种系。

（1）秋子梨。系统抗寒性强，在年平均气温 8. 6~13℃，1 月平均气温-4~11℃，年降水量 500~759 毫米的地区栽培最适宜。包括 2 个种植区：燕山、辽西暖温半湿秋子梨适宜区，包括燕山地区，太行山西北段和辽西、辽南；黄土高原及西北灌区冷凉半湿秋子梨适宜区，包括晋中、晋东南临汾、山西北部、陇东北、天水、兰州附近灌区、宁夏灌区。

秋子梨系统在年平均气温 7~8. 5℃的我国东北中部，内蒙古中南部也可正常栽培，为次适宜区，但经济效益不如适宜区高。

秋子梨大多数品种的果实扁球形，果皮黄绿色或黄色，常具有肥厚宿存的萼片，石细胞较多。有些品种在采收时果实绿色，果肉坚硬，味道酸涩，但经过短期贮藏成熟之后，果皮变黄，味转甜美；有些品种经过冷冻，果皮果肉变为黑褐色后才可食

用；但也有些优良品种成熟采收时就可以食用。

著名的优良品种，如京白梨、鸭广梨、香水梨、南果梨、花盖梨等。

根据我国北部栽培品种的特征和特性，秋子梨系统可分为以下6个品种群。

①安梨品种群：属于该群的品种在形态上和原种极为相近，果实扁球形、卵形或倒卵形，萼宿存，果皮绿色或黄绿色，少数在向阳面上出现红晕，果柄短粗，柄洼较深。成熟期迟，后熟期长，极耐贮运。自花授粉结实能力强，坐果率高。如河北省的安梨、籽梨、花盖梨、青酸、黄酸，山西省的酸梨等。主产山区。

②京白梨品种群：果实球形或卵圆形，萼宿存或脱落，果皮黄绿色或黄色；果梗粗而长，直生或有时弯生，柄洼稍突起或极浅；成熟期早，后熟期短，肉软多汁，香气浓郁，品质上。如京白梨、白香水、扫帚苗、歪把香、黄花罐、八里香等。主产山区。

③面梨品种群：果实卵形、倒卵形或近球形，萼宿存或脱落，果皮薄，熟时黄色。果点细密，果肉含石细胞较少；一般为中熟品种，后熟期短，经后熟肉质变绵软，浆汁较少、不耐贮藏。如河北省的谷茬面、豆茬面，山东省的过冬面梨。多产平原地区。

④红花罐品种群：果实短卵形或扁圆形，果皮向阳面常具鲜艳的红晕，萼多宿存，柄洼下陷，多为中熟品种，后熟期较短，肉质柔软多汁，不耐贮藏。如河北省的红花罐、白花罐、热香梨等。产山区和邻近平原。

⑤鸭广梨品种群：果实多为不正的卵形或倒卵形，萼多宿存，果面粗糙不平，熟期较晚，果皮熟时通常为棕黄色，后熟期稍长，肉质柔软多汁，味甚芳香，石细胞较多，稍耐贮藏。如河北省的鸭广梨和粗鸭广梨。多产平原区。

⑥秋梨品种群：果实卵形、近球形至倒卵形，果皮厚，熟时黄色或深黄色，萼脱落或宿存，成熟期晚，果肉含石细胞多，肉质致密不变软，始终保持脆硬，极耐贮藏。除生食外，适宜煮食或熬制梨膏作药用。如河北省的秋梨、油秋、黄秋等。从形态和特性上判别，近似秋子梨系统和白梨系统的栽培品种间的杂交种。在平原地区多见栽培，是鸭梨的主要授粉品种。

（2）白梨系统。适宜范围较广，在年平均气温8.5～15.4℃，1月平均气温-9～9℃，夏季平均最低温度13～23℃，年降水量450～1 200毫米（西部灌区少于350毫米）的气候条件下，均可栽植。最适宜的栽培条件为年平均气温8.5～14℃，1月平均气温-9～3℃，夏季平均最低温度13.1～23℃，年降水量450～900毫米（西部灌区少于300毫米）。适宜栽培地区包括以下地区：渤海湾、华北平原暖温半湿白梨适宜区，包括辽南、辽西松岭和医巫闾山地区、燕山地区、山东省、河北省除承德、张家口以外的全部；黄土高原冷凉半湿白梨适宜区，包括晋中、晋南、晋东南、关中平原、陇东北等地；川西、滇东北冷凉半湿白梨适宜区，包括川西北的金川、宵禁等和川西德昭觉、盐源、滇东北赵通的局部、黔西北威宁等；南疆、甘、宁灌区冷凉干燥白梨适宜区，包括塔里木盆地边缘绿洲、甘肃兰州附近、宁夏灵武以南灌区、青海循化、民和灌区。

白梨系统的大多数品种的果实为卵形或倒卵形，极少数为球形，果皮成熟时为黄色或黄白色，萼片多数脱落，肉脆味甜，带有清香气味，石细胞较少，不必经过后熟即可以吃。在中国梨中品种最多，品质也最好。

著名优良品种如山东省的莱阳茌梨和黄县长把梨，河北省的定县鸭梨和昌黎的蜜梨，山西省崞县的黄梨和油梨，陕西省彬县的平梨和遗生梨，甘肃省兰州的冬果梨等。

根据我国北部栽培品种的特征和特性，白梨系统可以分为以下6个品种群。

①白梨品种群：果实倒卵形或近于椭圆形，柄洼突起或极浅，果皮细薄，果点细密，熟时黄色乃至棕黄色，或果顶有褐色斑；大多数，品种成熟期较晚，耐贮藏运输。如河北省燕山山区的白梨、香梨、六大瓣等。

②蜜梨品种群：果实长卵形乃至近圆形，柄洼下陷，果皮细薄，果点细密，熟时黄色，有时果顶具褐色斑，或向阳面稍有微红晕，成熟期多较晚，较耐贮运，部分中熟种，则耐贮运力稍差。如河北省冀东山区产的蜜梨、渡梨，黄野梨、白糖梨、秤砣梨等。

③鸭梨品种群：果实通常为倒卵形，多数品种基部偏歪，果皮细薄，熟时黄绿色，果柄顶部常为肉质化，果肉细脆，熟期中或迟，较耐贮藏运输。平原地区栽培最广，山地和丘陵地区也见栽植。如河北省的鸭梨、酥梨、鹅头梨，山西省的夏梨，山东省的油梨、鼓根梨等。

④雪花梨品种群：果实通常为长卵形或椭圆形，果皮粗糙，熟时墨绿色，熟期稍晚，甚耐贮运，对不良环境条件和病虫抵抗能力稍胜于鸭梨品种群。如河北省的雪花梨、半斤酥，平梨，山东省的兔头梨、拉达秋、长把梨等。

⑤茌梨品种群：果实形状极不一致，有倒卵形、椭圆形或短纺锤形，果皮上有大形果点，果柄短粗，常具有宿萼，果肉细脆，果汁多，成熟期中或迟，尚耐贮运；进入结果期早，丰产，抗黑星病力强，但抗寒力稍弱，对土壤条件和管理条件要求较严格，适宜平原沙地栽培。如山东省的莱阳茌梨、即墨胎子梨、青岛恩梨、窝窝梨等。

⑥红霄梨品种群：果实卵圆形或近圆形，和蜜梨品种的形态大致相近，但果皮较粗糙，熟时果皮黄色，向阳面具显著的艳丽红晕，除少数品种外，多数晚熟，极耐贮运，适宜山区栽培，对不良条件具有较强抵抗力。如河北省的红霄梨、水红霄、砂霄梨、铁皮红等。

（3）砂梨系统。砂梨适宜高温高湿的气候，在年平均气温＞15℃（多为15～23℃），1月平均温度1～15℃，年降水量800～1 900毫米，日平均气温低于10℃的天数80～140天的地区生长最适宜。

砂梨栽培的适宜区为淮河以南，长江流域为主的南方各省和地区。

此外，黄淮海、辽宁暖温半湿地区。西北、黄土高原冷凉半湿地区，川西北、滇东北高原冷凉半湿地区，年平均气温8.6～14.5℃，年降水量450～800毫米，为砂梨栽培的次适宜区，栽培经济效益不如适宜区高。

大多数品种果实近于球形，少数长圆形或倒卵形，果皮熟时褐色或淡黄色，萼片脱落或宿存，果肉脆嫩多汁，甜酸适中，石细胞较少，不必经过后熟即可食用，但一般贮藏力不及白梨系统。

著名优良品种如浙江省诸暨的黄樟梨和白樟梨，四川省的苍溪梨，江西省的麻酥梨，广西的灌阳雪梨，云南省的宝珠梨和黄皮水梨，贵州省威宁大黄梨，和由日本及韩国输入栽培的黄金梨、丰水梨、圆黄梨、长十郎、晚三吉、今村秋、二十世纪、菊水梨、二宫白梨、爱宕梨等都属于本系统。

在我国北部有以下两个品种群。

①糖紫酥梨品种群：果实通常为卵形、倒卵形乃至椭圆形，果实直径常在5厘米以上，果皮暗褐色或果面绿黄而有大片褐斑，果点明显，萼脱落或有时宿存，熟期较晚，甚耐贮藏，肉质脆硬，仅少数品种有变软现象。如河北省平原区的糖紫酥梨、大紫酥梨和燕山山区的红糖梨、面糖梨、佛见喜等。

②红糖罐梨品种群：果实扁圆形或卵形，少数倒卵形，果实直径在5厘米以下，果皮暗褐色或少数为绿黄色，熟期晚，耐贮运，有些品种的肉质有变软现象。如河北省产的红糖罐梨、大麻糖梨等。

（4）西洋梨系统。西洋梨适宜生长在气候温和、土壤潮湿而较黏重的地区，在温带的最暖和最冷地区，均不适宜栽培。其最适宜栽培地区的气候条件为年平均气温10～14℃，1月平均气温-5.5～3℃，夏季平均最低温度13～21℃，年降水量450～950毫米。包括2个种植区：胶东、辽南、燕山暖半湿区西洋梨适宜区，包括胶东半岛、大连、燕山地区；晋中、秦岭北麓冷凉半湿西洋梨适宜区，包括晋中太谷以南，临汾、运城、秦岭北麓，渭北高原。

此外，华北平原，黄河故道暖温半湿地区；黄土高原冷凉半湿地区；豫西、鄂西北暖温半湿地区；西南高原冷凉湿润地区；南疆暖温干燥地区西洋梨系统也可栽培，为次适宜区。

洋梨系统品种大多数为居留我国的外国人直接从德国、英国、苏联、比利时、美国等引入。大多数品种果实为葫芦形或纺锤形。肉质细，后熟变软，易溶于口，汁液多，酸甜适度，具香气，品质上乘。采收时质地硬，不能直接食用，通常需要在室温下经7~10天后熟期，果实变软后才能食用。喜冷凉干燥气候，抗寒能力较差（只能承受-20℃的低温），抗病能力弱，尤其易感腐烂病；但抗黑星病和锈病的能力较强。适于在我国东北最南部、华北、华中北部地区，特别是渤海湾、胶东半岛、黄河故道等地区发展。

我国引种与栽培情况：西洋梨系统代表品种为巴梨、早红考密斯、贵妃梨、三季梨、康弗伦斯梨等。

（5）新疆梨系统。新疆梨系统的品种果实多为倒卵形、倒卵圆形或葫芦形；萼片宿存或脱落，果皮绿黄色，光滑，果点细密，分布均匀，果肉硬脆，经后熟后变软，石细胞较少，汁多，味香。植株耐旱能力强，寿命长，进入结果期早。适宜生长在干燥冷凉地区栽植。

新疆梨系统的品种具有白梨和洋梨的某些共同性状。它是白梨和洋梨的杂交后代。同属于这一系统内的不同品种之间形态上的差异仍然很大，综合不同品种的特征特性至少可以划分为2个品种群。

①绿梨品种群：这个品种群的主要特点为果实倒卵形或卵圆形，果肉脆，一般不需后熟即可食用，石细胞较少；耐贮藏。这些特点除萼片宿存外均似白梨系统品种性状，但叶小、倒卵状，边缘先端锯齿细尖，基部圆钝或近于全缘，这些特点除掉叶缘先端锯齿较锐以外，又颇似洋梨系统品种性状。该群主要分布在新疆的鄯善、喀什、墨玉、和田、伊宁以及甘肃的兰州等地。主要品种有克兹二介、色尔克甫二介、麦盖提梨、可克二介、酥木梨等。

②长把梨品种群：这一品种群的主要特点为果实洋梨状，果肉软，一般需后熟后方可食用，汁多、味香、石细胞少，一般不耐贮藏。果柄较长，这些特点除果柄较长外极似洋梨系统品种性状；但叶片卵圆形，大，边缘锯齿锐尖并具齿芒，这些特点又颇似白梨。该群主要分布于甘肃的兰州、武威、酒泉、青海的民和，贵德，以及新疆各地。主要品种有长把梨、花长把、蜜长把、句句梨、阿木特、赛来克阿木特等。

2. 按果实形状分类

梨品种可分为扁圆形、圆形、长圆形、卵圆形、倒卵形、圆锥形、圆柱形、纺锤形、细颈葫芦形、葫芦形、粗颈葫芦形等，见下图。

3. 按果肉的属性分类

脆肉品种和软肉品种。秋子梨系统、西洋梨系统大多品种和部分新疆梨系统的品种为软肉型品种，白梨系统和砂梨系统的大多品种为脆肉型品种。

4. 按果皮色泽分类

绿皮品种、黄皮品种、褐皮品种、红色品种及其他。绿色品种如早酥、锦丰、库

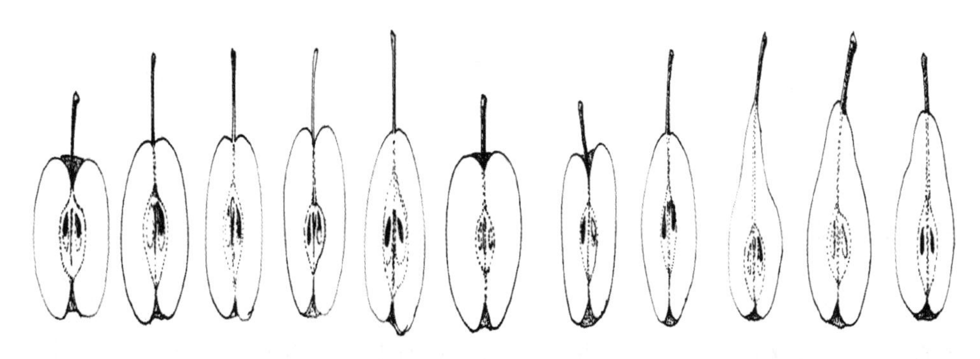

图　梨果实形状

尔勒香梨等品种，黄皮品种如早金酥、鸭梨、砀山酥梨等品种，褐皮品种如丰水、圆黄、新高等，全红品种如早红考密斯、红巴梨等。

5. 按果实成熟期（以果实发育期划分）分类

果实发育期又称果实发育天数，即从末（终）花至果实成熟的天数。目前，梨品种按果实成熟期可分为：极早熟梨：果实发育期<80 天；早熟梨：果实发育期 80~110 天；中熟梨：果实发育期 111~140 天；晚熟梨：果实发育期 141~170 天；极晚熟梨：果实发育期>170 天。

二、梨育种目标及育种技术

1. 世界主要梨生产国家育种目标

日本的育种目标是大果型、高糖度、抗病、自花结实（省力化）；韩国的育种目标是极早熟（7 月成熟）、大果型、抗病；西洋梨主要产于欧洲的意大利、西班牙、德国、荷兰、土耳其及美洲的美国、阿根廷、智利等国。主要以果形、风味、后熟期、抗病性为育种目标。如新西兰以果皮红色、脆肉多汁、具有香气为育种目标；美国和加拿大的育种目标是品质优、抗火疫病、梨木虱、叶斑病。

2. 我国梨育种目标

我国是世界梨属植物最重要的起源地之一，全国各地受气候和经济条件的影响，其育种目标有所不同。南方以成熟早、品质优、抗病性强、货架期长为主要育种目标；中部及华北主产区以中晚熟、品质优、抗逆、耐贮运为主要目标；东北地区主要以风味浓、品质优、抗寒性强为主要目标；西北地区主要以果个大、品质优、抗逆性强、耐贮运为目标。除此之外，红皮梨等特色梨也成为我们的重要育种目标之一。

3. 育种技术

梨育种技术，主要有常规杂交育种、芽变选种、实生选种、诱变育种、组织培养和现代转基因育种及分子辅助育种等。其中，现代生物技术育种已成为近年来的研究热点，杂交育种仍为主要技术手段。美国在梨的转基因育种方面走在世界前列，日本在分子标记领域的研究处在世界领先地位，而韩国、新西兰等国育种技术的发展也备受世界关注。

三、梨品种发展趋势

1. 品种更新速度加快

随着果品市场越来越显示出“精品市场”的属性，梨品种的市场生命周期明显缩短。品种创新，是当今和未来梨产业发展中永恒而又常新的主题。

2. 新品种权保护越来越受到重视

引进品种由于受到国际品种保护组织越来越严格的专利保护，被引进来后并不能直接商业化栽培，只能作为研究材料使用。加强梨品种的自主创新成为梨产业升级的当务之急。

3. 品种需求趋向个性化和多样化

随着人们生活水平的提高，消费者对于梨果的需求越来越显现出多样性、特色性、动态性和广泛性的特征。

4. 专用品种的培育亟待加强

随着果品加工业的升级及对原料的细化要求，观光农业的迅速发展以及保护地果树栽培的不断扩大，选育梨加工专用品种、适于保护地栽培和观光果业需求的品种是产业高效可持续发展的要求。

5. 有色梨发展将继续提速

我国传统的梨生产中主要以绿黄色梨为主，近年来，随着大量有色梨品种的选育和引入，有色梨发展明显提速，如我国选育的中矮红梨、八月红、红香酥、红南果梨、红早酥梨等，从国外引入的红星梨、红巴梨、红安久梨、红茄梨等，均为红色，彻底改变了我国梨栽培品种色调单一的问题，可为消费者提供色彩丰富的梨产品。有色梨的发展，栽培品种的多样化将推动我国梨产业整体效益的提升。

6. 品种的综合特性迫切需要提高

目前生产上使用的很多品种由于以前育种技术的限制，品质及抗性等种性未能得到明显提高。由于受世代周期长、遗传杂合度高等因素的限制，梨树育种进展缓慢，用常规育种方法对果树进行多基因联合改良难度大。因此，利用以生物技术为主的先进的育种手段，建立优良性状同步改良的育种技术体系，是提高育种效率和推进我国梨产业持续稳定发展的捷径。

参考文献

方成泉，林盛华，李连文，等.2003. 我国梨生产现状及主要对策［J］. 中国果树（1）：47-50.

国家统计局农村社会经济调查司.2013. 中国农村统计年鉴2013［M］. 北京：中国统计出版社.

李志霞，聂继云，李静，等.2014. 梨产业发展分析与建议［J］. 中国南方果树，43（5）：144-147.

Food and agriculture organization of the United Nations［EB/OL］. 2014. http：//faostat3. org/fastat gate way/go/to/download/Q/QC/E.

第二章　早酥梨概述

梨是我国古老的树种,分布很广，从南到北都有栽培。我国主要栽培种有砂梨系统、白梨系统、秋子梨系统、新疆梨系统和西洋梨系统。不同种要求的气候条件不同，形成了各自的栽培适宜区。砂梨系统的适宜区在江南高温湿润区，包括淮河以南长江流域各省，白梨系统品种栽培的适宜区在华北、渤海湾温暖半湿区，秋子梨系统的栽培适宜区则在东北、西北、华北冷凉半湿区，新疆梨系统品种主要在南疆地区。我国有些优良品种只有在原产地或个别适宜栽培区才能表现出本品种特有的优良性状。如京白梨是秋子梨系统中最优良的品种，在冷凉的北方地区果实品质极优。而在南方高温高湿区栽培，则表现树势过旺，不易结果，果实味酸肉粗，品质低劣，目前很少有在 5 个种栽培适宜区都表现优良的品种。

早酥梨是中国农业科学院果树研究所以苹果梨为母本，身不知梨为父本，通过有性杂交技术选育的早熟、早果、优质、适应性极强的梨新品种，是我国梨生产栽培中能在以上 5 个种栽培适宜区都表现优良的品种。同时，是一个杂交育种的优良种源、骨干亲本。

第一节　早酥梨的主要特征特性

一、来源及分布

早酥梨由中国农业科学院果树研究所用苹果梨与身不知杂交育成。除极寒地区外，全国各省区均有引种栽培。在华东、西南、西北及华北大多数地区均适宜栽培，为我国早熟梨主要推广栽培品种。

二、果实经济性状

果实个大，平均单果重 200~250 克，最大可达 450 克。纵径 8. 4 厘米，横径 7. 4 厘米，果实呈卵形或卵圆形，各地表现差异较大。果皮黄绿色或绿黄色，果面光洁、

平滑，有蜡质光泽，并具棱状突起，无果锈，果点小而稀疏、不明显。果梗长4.01厘米，粗3.7毫米。梗洼浅而狭、有棱沟。萼片宿存，中等大，直立，半开张；萼洼中深、中广，有肋状突起；果心中等大，石细胞少，果肉白色，肉质细、酥脆，石细胞少，汁液特多，味甜或淡甜，可溶性固形物含量11.5%~14.60%，可溶性糖8.2%，可滴定酸0.25%，品质上等。果实在辽宁兴城8月中下旬采收，在室温下可贮放20~30天，在冷藏条件下，可贮藏90天以上。

三、植物学特征

树冠纺锤形，树姿半开张。主干棕褐色，表面光滑。2~3年生枝暗褐色，1年生枝红褐色。幼叶紫红色，成熟叶片绿色，叶片长10.6厘米，宽6.3厘米，叶尖长尾尖，叶基圆形。叶芽圆锥形，花芽卵形。卵圆形、平展微内卷，叶尖渐尖，叶基圆形，叶缘粗锯齿具刺芒，花白色，有红晕，花药紫色，花冠直径3.7厘米，平均每序8.6朵花，花粉量大。

四、生物学特性

树势强健；5年生树高3.4米，新梢平均长59.0厘米；萌芽率高（84.84%），发枝力中等偏弱，一般剪口下抽生1~2条长枝；以短果枝结果为主，各类结果枝组比例为：短果枝占91%、中果枝占6%、腋花芽占3%，果台连续结果能力中等偏弱；自然授粉条件下花序坐果率85%，并具早果早丰特性，一般定植2~3年即可结果，6~7年生树产量可达30.0~37.5吨/公顷。

五、物候期

在辽宁兴城4月上旬花芽、叶芽萌动，4月下旬或5月初盛花，花期10天左右；6月中下旬新梢停止生长，8月中下旬果实成熟。10月下旬至11月上旬落叶，果实发育期100天，营养生长期210天。在不同地区的物候期见表2-1。

表2-1　早酥梨在不同地区的物候期

地区	萌芽期	盛花期	果实成熟期	落叶期	果实发育天数(天)	营养生长天数（天）
福建建阳	3月上旬	3月下旬至4月上旬	7月下旬至8月上旬	11月中旬	100	230
甘肃榆中	4月上中旬	5月中旬	8月下旬	10月下旬至1月上旬	105	208
西藏林芝	4月上旬	4月下旬	7月下旬8月上旬	10月下至11月上旬	105	200

（续表）

地区	萌芽期	盛花期	果实成熟期	落叶期	果实发育天数(天)	营养生长天数（天）
上海	3月中旬	4月中旬	8月上旬	11月中旬	109	230
辽宁兴城	4月下旬	4月下旬或5月初	8月中旬	11月上旬	100	220

六、抗逆力

适应性强，对土壤条件要求不严格，抗寒力和抗旱能力均强，较抗黑星病，因成熟早，食心虫的为害较轻。但果肉会在特殊年份出现缺硼引起的小块木栓化组织。

七、授粉品种

锦丰梨、苹果梨、雪花梨、鸭梨、早金香、中矮红梨、五九香、矮香等。

第二节　早酥梨营养元素

早酥梨树生长发育过程中的树体生长与形态变化，只有在各种营养物质按适当比例，及时供应的基础上才能顺利进行。某一元素（营养物质）的缺乏，或元素间浓度比例失调，往往引起树体生长发育受阻，影响果品产量与质量。一般情况下，早酥梨树不能直接吸收复杂的有机物，有机物必须矿质化后，才能被植株吸收、利用，但这些矿质元素只有被同化成有机物后，才能成为树体生命活动的能源或建造树体的原料，即改善了树体的营养。

早酥梨必需的16种元素是碳（C）、氢（H）、氧（O）、氮（N）、磷（P）、硫（S）、钾（K）、钙（Ca）、镁（Mg）、氯（Cl）、铁（Fe）、硼（B）、锰（Mn）、锌（Zn）、铜（Cu）、钼（Mo），这些元素称为矿质营养元素。其中C、H、O三元素主要从空气和水中摄取，并通过光合作用合成有机物质，其他元素均由根系从土壤溶液中吸取，根系吸收矿质营养元素时所需的能量由光合作用所合成的有机物质分解时产生（有机营养）而光合能力的大小与矿质营养元素提供状况有关（无机营养或称矿质营养）。因此，有机营养与无机营养二者是相辅相成的。

碳（C）、氢（H）、氧（O）三元素的含量占整个植物体干重的96%，加上氮（N）、磷（P）、钾（K）、钙（Ca、）镁（Mg）、硫（S）总干重的99.5%，所以这9中元素又称大量元素或常量元素，硼（B）、铁（Fe）、锰（Mn）、锌（Zn）、铜

（Cu）、钼（Mo）、氯（Cl）仅占植物体干重的0.1至几百毫克/千克，故称为微量元素。早酥梨植物体的这16种必需元素在植物体内的生理作用，可以概括为两类，一类是细胞结构物质的组分，如碳（C）、氢（H）、氧（O）、氮（N）、磷（P）等，它们是组成糖类、脂类和蛋白质等有机物质的元素；另一类为以不同方式对植物生命活动起调节作用的元素，如酶的辅基或活化剂或维持细胞渗透势，或影响膜的透性等。有些元素兼有上述两类的生理功能，如镁既是叶绿素的组成成分，又是磷酸转移到氨基酸上酶的催化剂。不同营养元素在树体内的移动性不同，一般易移动的元素，缺素症首先在老叶上出现，如氮（N）、磷（P）、钾（K），相反，难移动的元素其症状首先在幼叶上出现，如锌（Zn）、铁（Fe）等。同时由于元素间存在相助与对抗，相互作用，使土壤中的矿质元素的有效性、植株吸收养分的速率和过程、元素在体内的移动性和功能、在各部位的分配量等受到影响。因此，一种元素浓度的变化，会引起其他元素一系列的次级变化。因此，出现缺素症时首先是要搞清缺素的原因，究竟是缺乏该种元素还是由于元素比例失调引起的。在土壤施肥或叶面喷肥时也必须考虑元素间的相互作用，才能充分发挥肥效，降低生产成本。

一、氮素营养与施氮技术

氮是树体内蛋白质的主要成分，也是核酸、磷脂、叶绿素、激素、维生素、多种酶和辅酶、生物碱等有机含氮物的主要成分，它不仅是细胞组成的结构物质也是能量代谢的物质基础。氮渗入时所用的能量与分子骨架来源于碳代谢，而光合作用的活力与新组织的生长则受控于氮的供给，可见氮在早酥梨植物生命活动中占有首要地位，所以氮又称为生命元素。在其他生长因素不是限制因子及其他元素保证供应的前提下，氮是保证植株正常生长发育与构成和决定丰产、稳产、优质的主要因素。

产量负荷适当时，果实具有促进吸收氮素营养的作用。果实的大小取决于细胞数量和细胞容积，细胞容积扩大至一定程度就不可能再扩大，因而细胞与果实的大小更为密切，前期果实的大小可预测采收时的果实大小。因此早春补氮对花器官的进一步完善与幼果的发育有重要作用。反之，氮肥施用过量或施用时期不当，也会引起产量与品质下降。氮肥过量时，往往引起枝叶徒长，造成幼树旺长不结果，成年树果实品质下降。

早酥梨的根系直接从土壤中吸收的氮素以硝态氮和铵态氮为主。在根内，硝态氮通过硝酸还原酶的作用转化为亚硝态氮。以后，通过亚硝酸还原酶进一步转化为铵态氮。在正常情况下，铵态氮不能在根中累积，必须立即与从地上部输送至根的碳水化合物结合，形成氨基酸（如谷氨酸）。

早酥梨缺氮，早期表现为下部老叶褪色，新叶变小，新梢长势弱。缺氮严重时，全树叶片不同程度均匀褪色，多数呈淡绿至黄色，老叶发红，提前落叶。枝条老化，花芽形成减少且不充实。果实变小，果肉中石细胞增多，产量低，成熟提早。落叶早，花芽、花及果均少，果亦小，但果实着色较好。

早酥梨氮素过剩，营养生长和生殖生长失调，树体营养生长旺盛，新梢狂长，叶呈暗绿色，幼树不易越冬，结果树落花落果严重。同时，不利于花芽形成，结果少，果实品质降低。果实膨大及着色减缓，成熟推迟。树体纤维素、木质素形成减少，细胞质丰富而壁薄，易发生轮纹病、黑斑病等病害。氮素过量可能导致铜与锌的缺乏。

高降水量条件下的沙质土，氮素容易渗漏流失。有机质含量少、熟化程度低、淋溶强烈的土壤，含氮量较低。土壤结构较差，多雨季节内部积水，根系吸收能力差等条件下，早酥梨植株均易出现缺氮现象。

早酥梨开花、抽梢、结果均需要大量氮素营养，上年贮藏营养不足，生长季节施肥数量少或不及时，容易在新梢、果实旺盛生长期缺氮。如果大量使用尚未腐熟的有机肥，常因微生物竞争氮元素而出现缺氮现象。

梨园偏施氮肥、一次性施氮肥过多或氮肥使用时期过晚，均容易出现氮素过剩症状。

缺氮最容易矫治，只要采取不同形式的氮肥施用则可见效。施肥方法可采用土壤施肥或根外追肥，尿素作为氮素的补给源，普遍应用于叶面喷施。但应当注意选用缩二脲含量低的尿素，以免产生药害。氮素是否过量一般较难准确判断。若出现氮素过量，通过减少或暂停施用氮肥的方法，可消除过量症状。

二、钙素营养与调钙技术

早酥梨果实木栓化斑点病、水心病等生理性病害均由于缺钙引起的。缺钙时，使细胞膜结构破坏，透性增大，使内含物渗出。同时，叶片中合成的山梨醇糖通过韧皮部进入果实，使果实呈水浸状。还有，缺钙使果实组织发生凹陷或空腔（细胞分解后组织变干）。在果实采收后，用钙盐溶液浸果，亦可恢复膜的正常功能，防止许多贮藏病害的发生。钙是一些酶和辅酶的活化剂，如三磷酸腺苷的水解酶、淀粉酶都需要钙离子。

钙素的生理作用主要为钙离子有根系进入体内，一部分呈离子状态存在，另一部分以难溶的钙盐（草酸钙、柠檬酸钙等）形态存在，这部分钙的生理作用时调节树体的酸度，以防止过酸的毒害作用。果胶钙中的钙是细胞壁和细胞间层的组成成分。它能使原生质水化性降低，和钾、镁配合，能保持原生质的正常状态，并调节原生质的活力。因为细胞膜和液泡膜均有脂肪和蛋白质构成，钙在脂肪和蛋白质间起到把这两部分结合起来的作用，以防止细胞或液泡中物质外渗。若果实中有充足的钙，可保持膜不分解，延缓衰老过程，保持果实优良品质。当果实中钙的含量低，则在成熟后，膜迅速分解（氧化）失去作用。此时，细胞中所有的活动，如呼吸作用和某些酶的活性均加强，导致果实衰老，发生缺钙病害。

钙在树体中是一个不易流动的元素。因此，老叶中的钙比幼叶多。而且，叶片不缺钙时，果实仍可能表现缺钙。

有些营养元素会影响钙的营养水平。例如，铵盐能减少钙的吸收，高氮和高钾要求更多的钙，镁可影响钙的运输等。

缺钙会削弱氮素的代谢和营养物质的运输，不利于对铵态氮的吸收，细胞分裂受阻，由于钙只能在开花和花后4～5周内运往果实。因此早酥梨果实缺钙症状比较多见。

施用钙肥可提高早酥梨叶片和果实抗黑星病的能力，以美林钙效果最好，病叶率可下降20%左右，病果率下降12%左右。其次是CA2000钙宝和$CaCl_2$。喷用钙肥可提高优果率，其中美林钙可提高35%左右，CA2000钙宝提高37%，$CaCl_2$提高23%左右。

此外，早酥梨喷钙后的果实去皮硬度和带皮硬度都有不同程度的增加，以美林钙效果最好。可溶性固形物含量喷CA2000钙宝可提高1.0%，喷$CaCl_2$可提高1.2%左右。

早酥梨缺钙的早期，叶片或其他器官不表现外观症状，根系生长差，随后常出现根腐，根系受害表现在地上部之前。缺钙初期症状，幼嫩部位先表现生长停滞、新叶难抽出，嫩叶叶尖、叶缘粘连扭曲、产生畸形。严重缺钙时，顶芽枯萎、叶片出现斑点或坏死板块、枝条生长受阻，幼果表皮木栓化，成熟果实表面出现枯斑。

矫治酸性土壤缺钙，通常可施用石灰（氢氧化钙）。施用石灰不仅能矫正酸性土壤缺钙，而且可增加磷、钼的有效性，增进硝化作用效率，改良土壤结构。倘若仅是缺钙，则施用石膏、硝酸钙、氯化钙均可获得显著的效果。

在碳酸盐过量的情况下，可连续施用硫酸铵等酸性肥料，会在一定的时间内将多余的碳酸钙溶解掉。当可溶性钙盐（氯化钙、硫酸钙）过量，可采用根际土层淋洗的方法把过量的钙洗掉。

三、磷素营养与调钙技术

磷主要是以$H_2PO_4^-$和HPO_4^{2-}的形式被植物吸收。进入根系后，以高度氧化态和有机物络合，形成糖磷酸、核苷酸、核酸、磷脂和一些辅酶，主要存在于细胞原生质和细胞核中。

磷对碳水化合物的形成、运转、相互转化，以及对脂肪、蛋白质的形成都起着重要作用。磷酸直接参与呼吸作用的糖酵解过程。磷酸存在于糖异化过程中起能量传递作用的三磷酸腺苷（ATP）、二磷酸腺苷（ADP）及辅酶A等之中；也存在于呼吸作用中起着氢的传递作用的辅酶Ⅰ（NAD）和辅酶Ⅱ（NADP）之中。磷酸也直接参加光合作用的生化过程。如果没有磷，植物的全部代谢活动都不能正常地进行。

磷素被树体吸收后，主要分布在生命活动最旺盛的器官，多在新叶及新梢中，并迅速参与新陈代谢作用，转变为有机化合物。这种化合物在树体中可以上下、老幼叶之间相互流动。当土壤开始缺磷，叶片中磷含量下降至0.01%~0.03%时，根系和果实已经开始受害，而树体由于有营养贮藏，地上部此时尚无明显症状，所以要引起足够的重视。磷在树体内容易移动，当缺磷时老组织内的磷向幼嫩组织转移，所以老叶先出现缺磷症。

与许多一年生作物相比，早酥梨更能容忍低磷状况。在不施磷肥的土壤上，当草莓、蔬菜均已表现缺磷症状时，早酥梨仍能正常生长和结果。早酥梨缺磷时，营养器官中糖分积累，有利于花青素的形成。同时，硝态氮积累和蛋白质合成受阻。适量施用磷肥，可以使早酥梨迅速地通过营养生长阶段，提早开花结果与成熟，提高果实品质，改善树体营养和增强早酥梨抗性。

叶分析结果以有效磷含量0.05%~0.55%为适宜范围。

早酥梨早期缺磷无明显症状表现。中后期缺磷，植株生长发育受阻、生长缓慢，抗性减弱，叶片变小、叶片稀疏、叶色呈暗黄褐至紫色、无光泽、早期落叶，新梢短。严重缺磷时，叶片边缘和叶尖焦枯，花、果和种子减少，开花期和成熟期延迟，果实产量低。

磷在树体内的分布是不均匀的。根、茎的生长点中较多，幼叶比老叶多，果实和种子中含磷最多。当磷缺乏时，老叶中的磷可迅速转移到幼嫩的组织中，甚至嫩叶中的磷叶可输送到果实中。

过量使用磷肥，会引起树体缺铁和缺锌。这是由于磷肥施用量增加，提高了树体对锌的需要量。喷施锌肥，也有利于树体对磷的吸收。磷素过量，会降低梨树对铜的吸收。

磷素缺乏矫治的方法有地面撒施与叶面喷施磷肥。磷肥类型的选择，取决于若干因子：对中性土、碱性土，常采用水溶性成分高的磷肥。酸性土壤适用的磷肥类型较广泛。厩肥中含有持久性较长的有效磷，可在各种季节施用。叶面喷施肥常用的磷肥类型有0.1%~0.3%的磷酸二氢钾、磷酸一铵或过磷酸钙浸出液。

磷素过量时，造成锌的缺乏和影响氮、钾的吸收，使叶片黄化，产量降低，出现缺铁症状。一般情况下，梨树不必增施磷肥，如果增施磷肥，则需要进行土壤分析与叶分析以了解土壤具体营养状况。

四、钾素营养与调钙技术

钾在树体内不形成有机化合物，主要是以无机盐的形式存在。钾在光合作用中占重要地位，对碳水化合物的运转、储存，特别对淀粉的形成是必要条件，对蛋白质的合成，也有一定促进作用。钾还可以作为硝酸还原酶的诱导，并可作为某些酶或辅助酶的活化剂。它能保持原生质胶体的物理化学性质。保持胶体一定的分散度与水化度、黏滞性与弹性，使细胞胶体保持一定程度的膨压。因此，早酥梨生长或形成新器官时，都需要钾的存在。

钾离子可以保持叶片气孔的开张，这是由于钾可在保卫细胞中积累，使渗透压降低，迫使气孔开张。

树体中有充足的钾，可加强蛋白质与碳水化合物的合成与运输过程，并能提高早酥梨抗寒与抗病能力。钾在早酥梨年周期中，不断从老叶向生长活跃的部位运转。生长活跃的组织积累钾的能力最强。缺钾时，钾的代谢作用紊乱，树体内的蛋白质解体，氨基酸含量增加，碳水化合物代谢也受干扰，光合作用受抑制，叶绿素被破坏。

钾在植物体内移动容易，主要集中在生长活动旺盛的部分，所以缺钾叶在衰老部位先出现。早酥梨缺钾会妨碍硝酸盐的利用，使新陈代谢水平降低，叶片中糖类不能顺利外运而限制光合作用继续进行，早酥梨产量、品质、抗逆性均降低。

钾对早酥梨内质及外观有明显的改善。施钾能增加早酥梨优质果率，提高可溶性固形物、可溶性糖、维生素 C 含量、糖酸比及果实硬度。钾能降低新梢生长量，增加百叶重及叶绿素含量，增大果实，协调果树营养生长和生殖生长的关系。此外，氯化钾有显著降低病虫果率的作用。从产量、品质、早酥梨生长状况及经济效益综合考虑，氯化钾+硫酸钙处理最佳。

早酥梨缺钾初期，老叶叶尖、边缘褪绿，形成层活动受阻，新梢纤细，枝条生长很差，抗性减弱。缺钾中期，下部成熟叶片由叶尖、叶缘逐渐向内焦枯，呈深绿色或黑色灼伤状，整片叶子形成杯状卷曲或皱缩，果实常不能正常成熟。缺钾严重时，所有成熟叶片叶缘焦枯，整个叶片干枯后不脱落、残留在枝条上。此时，枝条顶端仍能生长出部分新叶，发出的新叶边缘继续枯焦，直至整个植株死亡。

缺钾症状最先在成熟叶片上表现，幼龄叶片发育成熟，也依次表现出缺钾症状。完全衰退的老叶，则表现出最明显的缺钾症状。

钾肥过多时，呼吸作用加强，可使果实增大而组织松绵，早熟而贮性下降，果皮粗糙而厚，石细胞多着色迟，糖度低，品质差，并可造成生理落果、落叶。同时，钾素过剩可以影响钙离子的吸收，引起缺钙，果实耐贮性降低，枝条含水量高，不充实，耐旱性降低，还可以抑制氮和镁的吸收。土壤中钾素过量，可能阻碍植株对镁、锌、铁的吸收。

矫治土壤缺钾，通常可采用土壤施用钾肥的方法。氯化钾、硫酸钾是最为普遍应用的钾肥，有机厩肥也是钾素很好的来源。根外喷布充足的含钾的盐溶液，也可达到较好的矫治效果。土壤施用钾肥，主要是在植株根系范围内提供足够钾素，使之对植株直接有效。主要防止钾在黏重的土壤中被固定，或沙质土壤中淋失所遭受的无谓损失。

缺钾具体补救措施：在果实膨大及花芽分化期，沟施硫化钾、氯化钾、草木灰等钾肥。生长季的5—9月，用0.2%~0.3%的磷酸二氢钾或0.3%~0.5%的硫酸钾溶液结合喷药作根外追肥，一般3~5次即可。

梨园行间覆盖作物秸秆、枝条粉碎还田，可有效促进钾素循环利用，缓解钾素的供需矛盾。控制氮肥的过量施用，保持养分平衡。完善梨园排灌设施，南方多雨季节注意排涝、干旱地区及时灌水等，对防止梨园缺钾症状出现具有重要意义。

五、硼、铁、锌营养及其缺素矫正

（一）硼素营养及缺硼矫正的生理作用

硼不构成植物体内的结构成分，在植物体内没有含硼的化合物。硼在土壤和树体中都呈硼酸盐的形态（BO_3^{3-}）。硼与生殖生长有关，硼能促进花粉萌发和花粉管的伸长，从而提高坐果率。硼影响碳水化合物的运输，有利于糖和维生素的合成，能提高蛋白质胶体的黏滞性，增强抗逆性，如抗寒、抗旱能力。还能改善根的吸收能力，促进根系发育。硼能影响分生组织的细胞分化过程，树体内适量的硼，可以提高坐果率，增强树体适应能力。缺硼会使根、茎生长受到伤害。

早酥梨缺硼时，树体内碳水化合物发生紊乱，糖的运转受到抑制，由于碳水化合物不能运到根中，根尖细胞木质化（表现在咖啡酸、绿原酸积累），导致钙的吸收受到抑制。

硼参与分生组织的细胞分化过程。植株缺硼，最先受害的是生长点，由于缺硼而产生的酸类物质，能使枝条或根的顶端分生组织细胞严重受害甚至死亡。

缺硼也常形成不正常的生殖器官，并使花粉管萎缩，这是因为在花粉管生长活动中，硼对细胞壁果胶物质的合成有影响。因此，在人工授粉时，常常加入含硼和糖的混合溶液以提高坐果率。

早酥梨缺硼时，首先表现在幼嫩组织上，叶变厚而脆、叶脉变红、叶缘微上卷，出现簇叶现象。严重缺硼时，叶尖出现干枯皱缩，春天萌芽不正常，发出纤细枝后就随即干枯，顶芽附近呈簇叶多枝状。根尖坏死，根系伸展受阻。花粉发育不良，坐果率降低，幼果果皮木栓化，出现坏死斑并造成裂果。秋季新梢叶片未经霜冻，即呈现紫红色。

缺硼植株果实出现软心或干斑，形成缩果病，有时果实有疙瘩并表现裂果，果肉干而硬、失水严重，石细胞增加，风味差，品质下降。经常在萼洼端石细胞增多，有时果面出现绿色凹陷，凹陷的皮下果肉有木栓化组织。果实经常是未成熟即变黄，转色程度参差不齐。缺硼植株严重时出现树皮溃烂现象。

硼素过量早期症状通常表现为叶尖变黄，随后叶尖与叶缘出现烧伤状，严重时引起落叶，整个叶片出现烧伤状。

矫治土壤缺硼常用土施硼砂、硼酸的方法，因硼砂在冷水中溶解速度很慢，不宜喷布使用。早酥梨缺硼，可用0.1%～0.5%的硼酸溶液喷布，通常能获得较满意的效果。

矫正硼素过量的方法，取决于硼素过量的原因和程度。若为灌溉水含硼量高，则另找灌溉水源。如果土壤硼过量并引起中毒害，应用足量水淋洗根系分布区域。适量施用硝酸钙、石灰等，有助于矫正土壤硼素过量。

（二）铁素营养及缺铁矫正的生理作用

铁虽然不是叶绿素的组成成分，但对维持叶绿素的功能是必需的。铁是许多重要的酶辅基的成分，在这些酶分子中，铁可以发生三价铁离子和二价铁离子两种状态的可逆转变，如细胞色素氧化酶、铁氧还蛋白、细胞色素等。铁在呼吸作用中起到电子传递的作用。

铁在植物体内不容易转移，所以缺铁早期，幼叶表现症状更为明显，而此时老叶还可以保持绿色。土壤含有较多金属离子（锰、铜、锌、钾、钙、镁）、pH值高、高重碳酸盐和高磷含量等都可以影响铁的吸收，从而引起缺铁。铁是合成叶绿素时某些酶或某些酶的辅基的活化剂，缺铁叶绿素即不能合成，叶片表现黄化。

早酥梨新梢速生期为黄化症迅速发生期，新梢完全停长期为缺铁黄化症的发病高峰期。在年周期内，防治时间越早，防治效果越好。在试验注射量下，$FeSO_4$以5克/升的浓度为好，既能复绿又可避免药害。在不同含铁化合物中，有机螯合铁、Fe^{2+}和Fe^{3+}都有一定的防治效果，以Fe^{2+}最为理想。不同pH值的注射液，其防治效果差异不明显。另外，随着缺铁黄化程度的加大，叶片的P、K、Cu、Zn、B含量显著增加，N、Mg、Fe变化不明显，Ca、Mn、活性Fe明显减少，全Fe含量与缺铁黄化程度关系不明显，活性Fe是叶内铁营养水平的指标。叶绿体各色素含量随黄化明显下降，叶绿素a/b增大，叶绿素/类胡萝卜素减小，其比值可作为缺铁的诊断指标。缺铁黄化还是Pn（叶片净光合速率下降），Ci（叶片胞间CO_2浓度）增大，E（叶片的蒸腾速率）GS（叶片气孔导度）变化不明显。

在早酥梨植株成熟叶片中，铁含量低于20毫克/千克为缺乏，含量60～200毫克/千克为适宜范围。

梨的缺铁症状和苹果相似，最先是嫩叶的整个叶脉间开始失绿，而主脉和侧脉仍保持绿色。缺铁严重时，叶片变成柠檬黄色，再逐渐变白，而且有褐色不规则的坏死斑点，最后叶片从边缘开始枯死。在树上普遍表现缺铁症状时，枝条细，发育不良，并可能出现梢枯。梨比苹果更容易因石灰过多而导致缺铁失绿。

植株缺铁初期，叶片轻度褪绿，此时很难与其他缺素褪绿区分开来；中期表现为叶脉间褪绿、叶脉仍为绿色，两者之间界限分明，这是诊断植株缺铁的典型症状；褪绿发展严重时，叶肉组织常因失去叶绿素而坏死，坏死范围大的叶片会脱落，有时会出现较多枝条全部落叶的情况。落叶后裸露的枝条可保持绿色达几周时间，如铁素供应增加，还会发出新叶，否则枝条就会枯死。枝条枯死一直可发展到一个主枝甚至整个植株。

在早酥梨生产中，通常采用改良土壤、挖根埋瓶、土施硫酸亚铁或叶面喷施螯合铁等方法防治缺铁黄化症，但多因效果不明显或成本过高，未能大面积推广。一些自流输液装置，常因输入速度较慢、二价铁容易被氧化，矫治效果不明显，且操作不太方便，应用尚未普及。

在石灰质土壤中施用硫酸性肥料来矫治缺铁，肥料需要量太多、开支很大，不宜推广。土壤施用无机铁盐虽有一定的作用，但在碱性土壤施入单一的铁盐，绝大多数很快会变成非常难溶性的，不能被植株吸收。土施螯合铁的成本很高，不同铁的螯合物在高 pH 值的土壤中稳定性不同，Fe-EDTA（乙二胺四乙酸铁）适合在微酸性土壤上施用，石灰质土壤应当施用 Fe-EDDHA（羟基苯乙酸铁）。挖根入埋装有铁元素的营养液瓶，不仅费工，而且作用效果缓慢。叶面喷施铁素，铁进入叶片后只留在喷到溶液的点上，并很快被固定而不能移动，对喷布后生长的叶片无作用效果。

休眠期树干注射防治缺铁黄化症的有效方法。先用电钻在早酥梨主干上钻 1~3 个小孔，用强力树干注射器按缺铁程度注入 0.05%~0.1%的酸化硫酸亚铁溶液（pH 值为 5.0~6.0）。注射完后把树干表面的残液擦拭干净，再用塑料袋条包裹住钻孔。一般 6~7 年生树每株注入浓度为 0.1%硫酸亚铁 15 千克，树龄 30 年以上的大树注入 50 千克。注射之前应先作剂量试验，以防发生药害。

（三）锌素营养及缺锌矫正的生理作用

锌影响植物氮素代谢，缺锌的早酥梨色氨酸减少，酰胺化合物增加，因而氨基酸总量增加。色氨酸是早酥梨合成吲哚乙酸（IAA）的原料，缺锌时，吲哚乙酸减少，早酥梨生长即受到抑制。

锌还是某些酶的组成成分，如谷氨酸脱氢酶、碳酸酐酶等。碳酸酐酶是近年来唯一被公认的锌金属酶。缺锌时，这种酶含量即减少。这个酶与植物光合作用的关系还

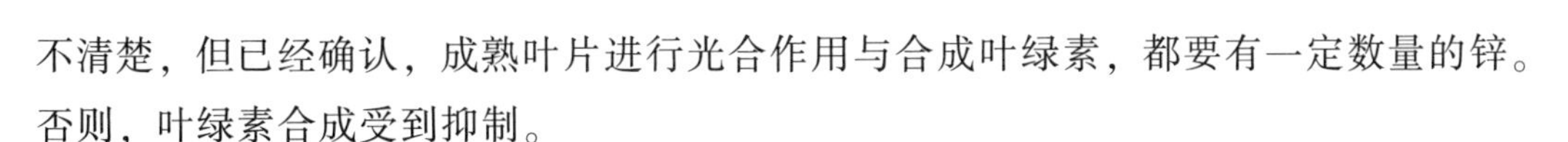

不清楚，但已经确认，成熟叶片进行光合作用与合成叶绿素，都要有一定数量的锌。否则，叶绿素合成受到抑制。

锌与光照的关系还不太清楚。但试验证明，早酥梨向阳的一面容易出现缺锌，说明强光促使树体对锌有较多的需求。

灌水过多、伤根多、重茬地重修剪，易出现缺锌症状。

当早酥梨植株成熟叶片全锌量低于 10 毫克/千克时为缺乏，全锌含量 20~50 毫克/千克为适宜。

早酥梨缺锌表现为发芽晚，新梢节间变短，叶片变小变窄，叶质脆硬，呈浓淡不匀的黄绿色，并呈莲座状畸形。新梢节间极短，顶端簇生小叶，俗称“小叶病”。病枝发芽后很快停止生长，花果小而少，畸形。由于锌对叶绿素合成具有一定作用，因此树体缺锌时，有时叶片也发生黄化。严重缺锌时，枝条枯死，产量下降。

早酥梨植株锌素过量，叶片常表现出类似缺铁的褪绿症状。

发生缺锌的土壤种类主要是有机质含量低的贫瘠土和中性或偏碱性钙质土，前者有效锌含量低、供给不足，后者锌的有效性低。

长期重施磷酸盐肥料的土壤，导致锌被固定而有效降低。过量施用磷肥造成早酥梨体内磷锌比失调，降低了锌在植株体内的活性，表现出缺锌。施用石灰的酸性土壤，易出现缺锌症状。氮肥易加剧缺锌现象。

缺锌的矫治可采用叶面喷布锌盐、土壤施用锌肥、树干注射含锌溶液及主枝或树干钉入镀锌铁钉等方法，均能取得不同程度的效果。梨园种植苜蓿，有减少或防止缺锌的趋势。

根外喷布硫酸锌，是矫正早酥梨缺锌最为常用且行之有效的方法。生长季节叶面喷布 0.5%的硫酸锌，休眠季节喷施 2.5%硫酸锌。土壤施用锌螯合物，成年早酥梨每株 0.5 千克，对矫治缺锌最为理想。

六、早酥梨营养诊断

早酥梨营养诊断是通过分析叶片或果实、梨园土壤矿质营养元素盈亏状况，并结合树体外观症状，对早酥梨营养进行判断，用以科学指导梨园施肥的一种综合技术。由于早酥梨是多年生木本植物，树体内存有大量的贮存营养，树体营养的实际状况除与当年自土壤吸收的养分有关外，在很大程度上依赖于树体贮存营养水平。因此早酥梨的营养诊断首先是树体营养状况，再根据土壤诊断的结果，才能制定出合理的土壤管理和施肥措施。因地、因树制宜地指导施肥，使果品产量和品质得到提高。因此，早酥梨营养诊断是保证早酥梨高产、稳产、优质的重要措施之一。

树体的营养诊断，除受遗传因子控制外，生态条件与人工管理水平也影响营养物质的吸收、运转与分配。因而在一定的立地条件下，由于树体长期与其相适应的结果，使树体各器官的数量、质量和功能不同，形成了营养水平与外观形态不同的植株类型，即树相不同。树相诊断主要是根据树龄、中长枝及短枝的比例、春梢和秋梢的比例、花芽分化和坐果率等，初步判断树的营养状况，从而采取不同的施肥方法或改变肥料种类和施肥量，并结合其他栽培技术措施对树体营养生长加以控制或促进。果实和叶片的外观诊断即通过观察梨果实或叶片的外观来确定树体的营养状况。果实的外观诊断通常是果实特有的缺素症状，如鸡爪病、脐腐病、缩果病等。而叶片的外观诊断则主要是叶片的形态、叶色及特有的缺素症状，如叶柄长、叶片下垂表明氮素营养较为充足，叶柄短粗、叶片直立则表明氮素缺乏；叶厚、叶色浓绿有光泽，说明氮素适中，叶片暗浓绿色而无光泽，说明氮素过量。

梨园土壤诊断是进行早酥梨营养诊断和提出施肥建议的重要依据。早酥梨是多年生作物，从开始栽培到死亡，在同一块地上要生长十几年甚至几十年，由于其个体容积较其他作物都大得多，经济产量也相当高。因此，对土壤养分的供应强度和容量要求都很大。早酥梨自定植后，根系不断地从土壤中长期地有选择地吸收营养元素，加上我国早酥梨的立地条件差，早酥梨营养失衡现象普遍存在，影响树体正常生长发育，严重时甚至造成树体死亡。因此，培肥土壤、改良土壤结构，合理施肥，使土壤中的养分元素浓度保持在适宜早酥梨生长的水平。

有机质是土壤中来源于生命的物质，是土壤肥力的重要物质基础。它能提供作物及微生物需要的氮源和碳源及各种矿质营养元素。有机质主要带负电荷，能吸附阳离子并把土壤颗粒像胶一样黏合在一起，促进土壤团粒结构形成，改善土壤结构。腐殖质具有胶体的性质，包被于矿质土粒的外表，松软、絮状、多孔（建立一种疏松柔软的土壤结构），能吸收约为它自身重量 5 倍的水分，为植物提供长期的水分供应，能防治土壤酸化，促进肥料养分吸收和转化。有机质的这些作业尤其在砂质土和黏质土上效果显著。在酸性、高度风化的土壤中，有机质有助于提供土壤养分的交换能力，营养物质可以与腐殖质相结合，并通过植物根系和微生物的活动不断释放，从而减少由于淋溶作用而造成的养分流失，增强土壤的保肥性能。梨园土壤有机质的主要来源是施用有机肥、生草和种植绿肥等。

从环渤海湾地区主要早酥梨园土壤有机质含量的测定结果可以发现，经过十几年来的增加有机肥投入、生草等措施，梨园土壤有机质含量有较大程度提高。但不同地区梨园有机质含量有较大差异。生产上 85% 的早酥梨园土壤有机质含量处于 10~20 克/千克。根据第二次土壤普查结果表明其属于低水平，仅有 10% 的梨园土壤有机质含量为中等水平（20~30 克/千克）。各地梨园土壤有机质含量差异较大，应针对各个梨园的时间情况提出增加有机质的方法。

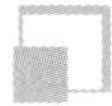

早酥梨梨园土壤有效磷含量变动幅度比较大。整体上看，各地梨园有效磷含量普遍偏高，90%的梨园土壤中有效磷有积累现象。由于前几年提出的口号是控氮、增磷钾，氮肥的施用相对减少，而磷、钾肥用量大增。梨园土壤有效磷有大幅积累的现象，可能与高浓度三元复合肥的施用有关。

第三节 早酥梨生产栽培特点

一、早果、早熟

早酥梨在渤海湾华北温暖半湿区、新疆温暖干燥区、黑龙江寒地冷凉半湿区、黄土高原冷凉区、华北高温高湿区、黄河故道湿热区、青海高海拔地区及西藏地区均表现树势生长良好，早果性强、果实成熟期早、果实品质优、风味甜（表 2-2）。早酥梨定植后 2~3 年开始开花结果，4 年进入丰产期，亩（1 亩≈667 平方米。下同）产为 2 500~3 000千克，丰产稳产。果实可溶性固形物含量 11.0%~13.0%，果实在不同地区成熟期不同，最早在云南 6 月中下旬开始上市。

表 2-2 早酥梨在不同气候区的栽培表现

栽培地气候型	开始结果年龄（年）	果实成熟期	平均单果重（克）	果实色泽/形状	肉质	汁液	风味	可溶性固形物（%）	品质
渤海湾华北温暖半湿区	3	8 月中旬	225	黄绿/卵圆	酥脆	特多	甜	12.5	上
新疆温暖干燥区	3	8 月上旬	250	淡黄阳面红晕/卵圆或长卵圆	酥脆	多	甜	13.5	上
黑龙江寒冷地冷凉半湿区	4	9 月下旬	362	黄绿/卵圆或长卵圆	酥脆	特多	甜	13.2	上
黄土高原冷凉低湿区	3	8 月下旬	250	绿黄/卵圆	酥脆	特多	甜	13.0	上
华东高温湿润区	3	7 月中下旬	255	绿黄/长圆	酥脆	特多	甜	11.5	上
黄河故道湿热区	3	7 月下旬至8 月上旬	242	绿黄/长圆	酥脆	特多	甜	11.5	上
青海高海拔地区	3	8 月下旬至9 月上旬	225	黄绿/长卵圆形	酥脆	多	甜	13.0	上

二、可食性早

除早果、早熟外，可食性早是早酥梨的一个重要特点，即未成熟采摘（采青），肉质亦同样酥脆，更重要的是无涩味、口感好。在新疆的焉耆盆地，早酥梨的果实成熟期在 8 月下旬至 9 月上旬，但在当地，7 月下旬早酥梨果皮尚为绿色时，就开始大量向广州、深圳、厦门等南方城市和港澳地区及新加坡等东南亚国家集中销售。采收期可以一直持续到 9 月上旬果实完全成熟。早酥梨在发源地辽宁省兴城市，果实生理成熟期在 8 月上中旬，但早酥梨果实在 7 月中旬就开始采摘上市，果实在树上可一直持续到“十一”前后，风味更浓郁。

三、抗病性

早酥梨在多地区栽培，果实、叶片均高抗或抗梨黑星病。通过田间自然发病（叶片）和人工接种的发病指数分别为 5.8%和 20.1%，系统的抗黑星病试验表明，早酥梨果实表现为免疫，叶片为中抗。早酥梨在内陆沙滩地栽培易出现缺硼、缺钙症状而引起果肉的木栓化斑点病，可以通过土壤改良、花期喷硼、钙等技术措施防治。

四、抗逆性极强

早酥梨具有较强的抗逆性，主要表现为耐高温高湿，抗寒、耐旱，耐盐碱、适于高海拔等。

（一）耐高温高湿

皖东滁州地处高温高湿气候区，年平均温度 15℃，7 月平均温度 27~29℃，1 月平均温度 1~2℃，有效积温 4 700~5 000℃，年降水量 1 000毫米，属南方高温高湿区。早酥梨在该地区，植株生长健壮，开始结果早，果实美观，品质好，成熟早，7 月即可采收，提早上市，供应香港市场。早酥梨不仅在滁州地区表现好，在上海、浙江杭州大观山、江苏泗阳等高温高湿区均表现树体健壮、果大、汁多、味甜、质佳、早熟美观、抗黑星病等优点。

（二）抗寒、耐旱

黑龙江省东宁县年平均气温 4.9℃，极端最低温度为-32.1℃。早酥梨在东宁县栽培经历了 30 多年的严寒考验，表现抗寒力强，目前已栽植 36 万株，总产量达 40.05 万吨。早酥梨在寒地推迟到 9 月下旬成熟，正值国庆节和中秋节采收，供应市场，品质优良，深受消费者欢迎。

新疆焉耆盆地属于温暖干燥区，年平均气温 8~9℃，极端最高气温 38.5℃，极

端最低气温为-35.2℃，年降水量只有45~70毫米，而年蒸发量为2 000~2 400毫米，属中温带大陆性干燥气候。早酥梨在焉耆地区经30年栽培试验，表现抗寒，幼树抗抽条，植株抗旱耐盐碱。其果实比原产地果皮蜡质丰富，呈蜡黄色，向阳面有红晕，外观艳丽。

（三）耐盐碱、适于高海拔

早酥梨不仅抗病、耐高温高湿、抗寒、耐旱，同时，耐盐碱、适于高海拔。

1987年在天津市的自沽农场盐碱地栽培成功。试验地土壤为黑色黏土，pH值为8.2，含盐量（NaCl为主）0.25%~0.34%，地下水位在0.5~1.5米，是典型的盐碱地。栽植早酥梨，试验园获得了2年梨树成花，4年梨树丰产的明显效果。建园8年，每公顷累计产梨果153 498.5千克，产值为215 376.6元。

早酥梨在青海西宁北郊栽培。该地区平均海拔2 309米，年平均温度8℃，年降水量380毫米，年日照时数2 717.7小时，初霜期10月中旬，终霜期5月中旬。该品种引进35年来，开花结果正常，品质优。

五、骨干亲本

至今，育种工作者利用种质早酥为父母本，通过有性杂交、芽变选种等方法，培育出15个优良品种，均已通过国家或省（自治区、直辖市）品种审定（登记、备案）。同时，早酥梨无论作为父本，还是作为母本，后代均有超亲表现。育成的后代中除综合性状表现优良外，在一些性状上有了新的突破性，使梨育种工作有了较大的进展，是国内目前所利用的亲本中，育出新品种最多、优良性状最突出的杂交亲本。例如国内外育种专家一直追求的红色果皮，脆肉带香气的育种目标，用早巴梨与早酥梨杂交，在我国首先实现，育成了大果，外观红色艳丽，带香气的新品种八月红梨。用幸水与早酥梨杂交育成了较早酥梨提早成熟20~30天的七月酥梨，为我国早熟育种做出贡献。用新世纪与早酥梨杂交育出的早美酥梨，抗轮纹病、黑斑病、腐烂病成为多抗梨新品种。用古高梨与早酥梨杂交育出在-35.3℃下安全越冬的新梨3号。用早酥梨与金水酥梨杂交培育出早熟、大果、优质、抗寒的早金酥梨；我国梨品种大多果实维生素C含量较低，一般为5毫克/100克，而用早酥梨与古高梨杂交培育出的北丰梨的维生素C含量高达9.68毫克/100克，成为500多个梨资源中维生素C含量最高的品种，具有较高的营养价值；目前，我国生产中果面全红的梨均为软肉型品种，选育全红、脆肉的梨品种是育种者热点目标之一。而在早酥梨的芽变中发现了全红红早酥梨，不仅全红，且枝、叶、芽、花均为红色，是一个难得的食用、观赏兼用的优良梨新品种。以上研究表明，以早酥梨为亲本，后代分离广泛，且与其组配的亲本间不良连锁基因易打破，优良基因遗传力强，能够最大程度实现育种者既定的目标

（表 2-3）。

表 2-3　早酥梨作亲本育成的新品种及优良性状

品种	亲本	育种单位	来自亲本早酥的优良性状
华酥	早酥×八云	中国农业科学院果树研究所	极早熟、优质、早果
华金	早酥×早白	中国农业科学院果树研究所	早熟、丰产、抗病、早果
八月红	早巴梨×早酥	陕西省果树研究所、中国农业科学院果树研究所	肉质细、酥脆多汁
七月酥	幸水×早酥	中国农业科学院郑州果树研究所	早熟、肉质细、汁液丰富
早美酥	新世纪×早酥	中国农业科学院郑州果树研究所	早熟、早果、肉质脆、抗病
中梨 1 号	新世纪×早酥	中国农业科学院郑州果树研究所	肉质细嫩松脆、早熟、早果、适应性强，抗黑星病
早香脆	早酥×早白	陕西省果树研究所	优质、抗旱、抗寒、耐涝、耐瘠薄、抗黑星病
早酥蜜	早酥×早白	陕西省果树研究所	大果、优质、抗旱、抗寒、耐涝、耐瘠薄、抗黑星病
新梨 3 号	古高×早酥	新疆奎屯农业科学研究所	肉质细、酥脆多汁、抗寒力强
新梨 7 号	库尔勒香梨×早酥	莱阳农学院、塔里木农垦大学	早熟、优质、耐贮运
早金酥	早酥×金水酥	辽宁省果树科学研究所	早熟、早果、优质、采摘期长、较抗苦痘病
北丰	乔玛×早酥	内蒙古呼伦贝尔盟农业科学研究所	肉质酥脆、丰产、石细胞少
甘梨早 6	四百目×早酥	甘肃省农业科学院果树研究所	极早熟、早果、优质
甘梨早 8	早酥×四百目	甘肃省农业科学院果树研究所	早果、优质、抗寒、耐旱
红早酥	早酥梨芽变	陕西省果树研究所	果面光洁、汁多味甜、酥脆爽口

追其原因，与早酥的遗传背景有关。早酥梨的母本为苹果梨。苹果梨是我国寒地主栽的梨品种，是梨属中罕见的抗寒优良种质资源，苹果梨既有白梨的某些特征，如果实黄绿色，贮藏后呈黄色，阳面具红色晕，叶片渐尖，新梢橙红色等；同时又有砂梨的某些特征，如果形扁圆形，萼片脱落间或宿存，叶片多呈卵圆形等，因此具有抗逆性强、品质优等特点，聚合了较多的优良性状，遗传背景丰富。父本身不知梨具有西洋梨系统的某些特征，叶片边缘有圆钝锯齿、果柄粗短等，又具有砂梨的某些特征，萼片脱落或残存，植株生长势中庸偏弱，具有丰产、抗逆、抗病等特点。因此，

早酥梨是丰产、抗逆、优质等多个优良基因的聚合体。

参考文献

鲍为民，曹三强，孙竟锋. 2009. 13 个梨品种对黑星病的抗性鉴定［J］. 农机服务，26（11）：68-69.

杜萍，韩其庆，廖庆安，等. 1995. 抗寒优质梨新品种：新梨 3 号［J］. 中国果树（4）：15-16.

方成泉，陈欣业，林盛华，等. 2000. 梨新品种华酥［J］. 园艺学报，27（3）：231.

方成泉，陈欣业，米文广，等. 1990. 梨果实若干性状遗传研究［J］. 北方果树（4）：1-6.

方成泉，王迎涛. 2007. 梨树良种引种指导［M］. 北京：金盾出版社.

冯月秀，李从玺，王琨. 2004. 优质早熟梨新品种早酥蜜、早香脆的选育［J］. 果农之友（1）：18.

冯月秀，徐凌飞，王琨，等. 1995. 中熟梨优良新品种：八月红［J］. 中国果树（4）：1-2.

郭长城，宋国林，李豪洁，等. 1995. 早酥梨在黑龙江省东宁县生长结果的表现［J］. 中国果树（3）：48.

胡清坡，刘宏敏，张山林，等. 2009. 早酥和新世纪梨的引种试验［J］. 安徽农学通报，15（22）：98-99.

姜淑苓，贾敬贤，马力. 1999. 早酥梨栽培适应性及育种利用价值［J］. 中国果树（4）：23-24.

姜淑苓，贾敬贤. 2006. 梨树高产栽培［M］. 修订版. 北京：金盾出版社.

李凤光，高丹，吴丽敏，等. 2006. 早酥梨在铁岭试栽成功［J］. 北方果树（1）：44-45.

李红旭，马春晖，李隐生，等. 2006. 早熟、优质梨新品种：甘梨早 8［J］. 山西果树（5）：9-10.

李红旭，王发林，马春晖，等. 2008. 极早熟梨新品种：甘梨早 6 的选育［J］. 果树学报，25（5）：776-777.

李俊才，刘成，王家珍，等. 2012. 优质早熟梨新品种早金酥［J］. 北方果树（1）：58.

李秀根，阎志红. 1997. 早熟梨新品种：早美酥［J］. 果树科学，14（4）：275-277.

李秀根，杨健，王龙. 2006. 优质早熟梨新品种：中梨1号的选育［J］. 果树学报，23（4）：648-649.
李永富，李世隽. 1995. 早酥梨在新疆焉耆盆地生长结果表现［J］. 中国果树（3）：47-48.
刘建萍，阎春雨，程奇，等. 2008. 早熟、优质、耐贮梨：新梨7号选育与品种特性研究［J］. 塔里木大学学报（3）：26-28.
陆胜友. 1983. 早酥梨在风沙寒地栽培的表现［J］. 中国果树（3）：49.
马跃. 2009. 内蒙古巴彦淖尔市梨生产基地［J］. 中国果树（5）：70.
孟庆田，于连增. 1995. 盐碱地早酥梨密植丰产栽培技术总结［J］. 中国果树（2）：38-40.
蒲富慎，黄礼森，孙秉钧，等. 1989. 梨品种［M］. 北京：农业出版社.
齐士福. 1997. 兰州高海拔地区引进试验推广早熟丰产优质早酥梨成功［J］. 兰州科技编报，26（4）：14.
邱化义，王庆兵，王凤辉. 2005. 早酥梨的引种表现及早果丰产技术要点［J］. 安徽农学通报，11（4）：89.
曲柏宏. 2003. 延边苹果梨分类地位及其授粉受精特性的研究［D］. 沈阳：沈阳农业大学.
上海市农科院园艺所梨品种组. 1982. 上海早酥梨引种试验初版［J］. 上海农业科技（6）：28-29.
施立民. 1993. 早酥梨引种及早实丰产技术试验［J］. 宁夏农林科技（6）：26-27.
王朝霞. 2012-09-17. 我省早酥梨产业助农民增收［N］. 甘肃日报（4）.
王迎涛，方成泉，刘国胜，等. 2004. 梨优良品种及无公害栽培技术［M］. 北京：中国农业出版社.
魏闻东，韦小敏. 1997. 极早熟梨新品系：七月酥［J］. 北方果树（4）：12-13.
吴长荣，塔娜. 1998. 抗寒梨新品种：北丰梨选育［J］. 北方园艺（6）：26-27.
肖汝松. 1993. 两个优良的梨品种［J］. 云南农业科技（3）：19.
殷佩兰. 1980. 早酥梨在皖东地区的适应性［J］. 安徽农业科学（1）：94-95.
喻菊芳，苏东岩. 1983. 锦丰、早酥梨在宁夏的表现［J］. 中国果树（3）：48-49.
张绍铃. 2013. 梨学［M］. 北京：中国农业出版社.
左力，嘎玛益西，王青山，等. 1995. 早酥梨引种试验栽培［J］. 西藏农业科技，17（4）：21-23.

第三章　早酥梨研究进展

一、遗传多样性研究

蒋媛等（2014）以香梨×早酥梨的杂交后代为试材，在新梢停止生长时，在每个杂交后代植株冠外采摘外围营养枝 30 个，依照叶序从基部到顶部测量叶片形状，同年 9 月上旬每株树冠外围中部取果实 10 个，用于测量果实性状并研究这些后代果实、叶序叶片形状的分离变异及相关性。结果表明，香梨与早酥梨杂交后代果实、叶片性状广泛分离，变异度高，表现为高度杂合性。单果重遗传分离明显，属数量遗传性状，变异幅度大，为育种提供了丰富的基因类型。杂交后代叶序叶片叶长、叶宽、叶面积整体变化为 1~6 叶序逐渐增大，随后逐渐减小的趋势，变异系数变化趋势相反，以第 4~6 叶序叶片变异系数较小且稳定，可作为杂交后代营养枝叶片形态选择的标准叶。叶形指数变化表现为随叶序的递增而依次递增。

方成泉等（1990）研究了以早酥梨为母本，菊水、二十世纪、八云、二宫白以及优系 57-42-4、早白、桔蜜、1-7、6-8 的杂交组合后代果实性状遗传的性状变异倾向。在杂交后代实生苗始果后进行物候期观察外，并从每单株取 5~10 个果实作样品，进行两年以上的果实经济性状常规观察记载。熟期、果重和可溶性固形物含量则连续观察记载 3~6 年，取历年平均值。结果表明，杂种后代熟期受双亲所左右，表现趋中遗传，并出现一定比率的早熟超亲，而且双亲熟期越近，早熟超亲越多，程度越大，反之则少与小。果形遗传倾向于纵轴（径）变短，后代果形指数趋小回归。亲本果形对后代有明显的遗传倾向，子代有较多的果形相似亲本；果皮纯绿品种杂交，后代果皮绝大多数呈绿色，极少呈褐色。果皮色虽属质量性状，但可能还受其他辅助基因的影响；果重性状遗传基础极为复杂，后代果重明显趋小。但也出现个别高于亲中值的组合和一定比率超高亲、亲中值的植株；果实可溶性固形物含量呈趋中遗传。亲中值高的组合，后代含量略低于亲中值，超双亲优株率较低。而亲中值中与低的组合，后代含量分别略高，显著高于亲中值，超双亲优株率逐渐增高。

魏闻东等（1993）以早酥梨为主要亲本，与幸水、新世纪梨进行正反杂交试验，设计二次重复，目的为探索优良亲本早酥梨与早熟优良砂梨品种杂交的遗传倾向和培育优良的早熟新品种。通过对两批杂交后代1 328株实生苗的全面观测和遗传倾向分析表明杂种后代果形大多倾向亲本，倾亲率为82%；早酥梨作父本时果形遗传传递力较母本时强，欲获得高桩型大果时，用早酥梨作父本获得的比率较大。杂种后代果实重量只有亲本重的76%，优株率平均为15%，超高亲株率为5%；早酥作父本时，杂种后代果实较大。果心的遗传后代较亲代增大，亲代果心值为1.50，后代为2.03；小果心与小果心的杂交后代，小果心株率高于小果心与中果心的杂交后代；早酥梨作父本较作母本的后代小果心株率高8.5%，大果心株率低9.0%。梨杂交后代果实品质变劣，劣变率为95%。亲本果实品质级数为4.5，后代为3.4；早酥梨作父本的后代果实品质级数较作母本时高。

沙广利等（1996）利用电导法测定龙香梨×早酥杂种后代的抗寒性，通过生物统计学方法研究杂种后代电解质渗出率综合平均值R的分布规律。结果表明，梨杂种后代的R值呈正态分布趋势，以42%~46%范围内为最多，并且表现出趋向于平均值的分布趋势，特别抗寒者和特别不抗寒者都较少。梨杂种后代的电解质渗出率综合平均值符合正态分布趋势，表明梨的抗寒性为受多基因控制的数量性状。杂种后代表现广泛的连续性正态分布，趋中变异，平均抗寒水平介于双亲之间，但有超亲植株出现。

二、生理生化研究

郭映智等（1985）通过对西宁地区早酥梨的物候期的多年研究，初步摸清该地早酥梨物候期的规律。

开花期。花芽萌芽至初花期要历时28~35天，其早晚与温度有关，生物学有效日平均温度3.62℃；初花期至开花末期的长短与温度及湿度有关，历时14~15天，日平均生物学有效积温为5.67℃，日平均湿度为77.28%，盛花始期至盛花末期的长短与温度呈负相关，与温度呈正相关，历时6~10天。

叶芽期。早酥梨从叶芽萌芽至叶片脱落，全年生育日数为181~188天。叶片数量增加最快的时间在展叶后的9天之内，其增加数目可达总数的85%以上。叶片面积迅速增大期在展叶后8天左右，叶面积增长量约为总叶面积的80%以上。早酥梨在展叶后17天左右，枝条生长达到高峰，约占总生长量的60%，枝条年平均生长量为36.8厘米，生长期总共67天。

果实生长期。早酥梨果实纵横径的旺盛生长期约为30天，其纵横径生长分别占总生长量的49.8%及49.3%，从早酥梨纵横径增长的速度来看，纵径前期增长较快，后期增长较慢，而横径则前期增长较慢，后期增长较快。但总的来说，纵径增长的速度比横径快。早酥果实重量与体积的增加一般来讲与纵横径的增长速度相似，唯前期较慢后期较快，早酥梨果实增大，集中于7—8月这一段时间。早酥梨生理落果较重，6月中下旬的落果数占幼果数80%，而且以后陆续落果，到采收时的落果率为1.5%，因此需要研究早酥梨的保花、保果措施。

赵宗方等（1953）对高邮县果园2年生的早酥梨进行了生长调节剂试验。结果表明，GA的作用主要是加强顶端优势，处理植株单枝生长量大，但年总生长量及干周均较对照小；BA能加速细胞分裂，促进侧芽萌发和叶绿素的合成，处理后植株粗而壮，但GA和BA对早酥梨的花芽形成均无效应。GA（顶）+BA（侧）与BA（项）+GA（侧）施用的浓度相同，由于处理部位不同，其作用截然不同，年总生长量后者比前者增加55.11%，株平均花芽量前者比后者增加17.92倍，其中腋花芽比率最高，占54.26%，这可能是与BA能对抗顶端优势，促进侧芽生长有关。因而在施用部位不同的情况下，改变了激素的平衡状态所致。GA（先）+B9（后）与B9（先）+GA（后）仅由于施用时间不同，差异也较大。与对照相比，后者比前者抑制生长量的作用高18.35%。这种现象可能除激素间相互作用有关外，还与激素的作用时间有关。

于玮玮等（2014）运用正交设计法，研究了蔗糖浓度、硼酸浓度、硝酸钙浓度和温度4个因素对早酥梨花粉离体萌发的影响，目的是筛选出适合早酥梨花粉萌发的最适培养条件。结果表明，4个因素对早酥梨花粉萌发率影响的主次关系依次为：硼酸>蔗糖>温度>硝酸钙。硼酸为早酥梨花粉萌发的主效应，但在缺少硼酸的3个培养基中，花粉也能正常萌发，这说明硼酸并不是早酥梨花粉离体萌发不可缺少的成分，但其浓度会影响花粉的萌发，硼酸的最佳浓度是0.2克/升。糖在植物花粉萌发和花粉管生长过程中起到了重要作用，其最适蔗糖浓度在15克/升左右，蔗糖在一定质量浓度范围内能促进花粉的萌发，但超过某一值时会抑制花粉管的萌发和花粉管的伸长。可能是由于过高的蔗糖浓度容易使花粉粒脱水而引起质壁分离，从而影响花粉萌发。培养温度对花粉萌发也有重要的影响，温度过高或过低会影响花粉萌发，早酥梨花粉最适萌发温度为20℃，Ca^{2+}是花粉管在雌蕊中生长不可缺少的，它能促进花粉管生长，是一种趋化性反应，Ca^{2+}为4个因素中对花粉体外萌发影响最小的因素，花粉萌发率和花粉管伸长的最适硝酸钙浓度为0.2克/升，低浓度Ca^{2+}可以促进早酥梨花粉的萌发和花粉管的伸长，但较高Ca^{2+}浓度对花粉萌发有抑制作用。综合以上研究，得到最适宜早酥梨花粉离体萌发的培养条件为：蔗糖15克/升+硼酸0.2克/升+硝酸钙0.2克/升+温度20℃。

李勃等（2008）以3年生早酥梨为材料，设置25升、50升、100升、150升4种根域容积处理，以大田栽培为对照，研究不同根域容积对早酥梨营养生长和成熟果实总糖含量的影响。结果表明，根域容积的不同而引起的主干、侧枝横径的差异，应该与新根的生长差异有关，根系生长量相对较大，地上部的生长量也对应较大。在根域限制条件下，根系生长虽然受限，但是细根增多，在土层中分布均匀，也有利于根系对土壤中养分的充分利用。150升处理中树体与营养生长相关的一系列指标如主干横径绝对长度和增长趋势都表现为最大，25升处理的树体的生长明显不如根域限制容积大的处理，这是由于25升处理土壤容积小，根系生长无法满足树体正常的生理需求。叶面积生长最大也能促进树体代谢的进行，150升处理和100升处理的单叶面积明显大于50升和25升受限程度。果实品质是衡量栽培水平的最重要因素之一，而果实的糖含量又是果实品质的重要组成部分。25升处理与对照在总糖含量方面优于150升、100升和50升的处理。从各种糖分的变化趋势可以看出，在果实发育前期，150升处理的果实总糖含量增加较快。

朱彬彬等（2008）以根域容积25升、50升和100升3个处理3年生早酥梨在营养生长和果实品质等方面不同表现，探讨不同根域容积对其生长的影响。结果表明，早酥梨树在3种不同的根域容积下生长，其新梢生长量、干横径、叶面积等均有显著差异。试验中新梢与主干横径的生长随着土壤容积的增大而增大（25升<50升<100升）。在叶面积生长中50升与100升之间差异不显著。25升的营养生长显著小于大容积的处理，主干径、叶面积都不及50升和100升处理。但50升和100升处理的营养生长（新梢）却几乎没有显著性差异，这可能是由于树体尚小，50升和100升处理一样，根系生长还没有受到限制，可以充分伸展并同样吸收营养水分而致。100升、50升的果实横径明显大于25升的，这在前期还不是很明显，而到盛花期后70天后出现显著差异。本研究中，50升与100升处理在果实大小、重量，固形物含量，有机酸等各方面明显优于25升，而50升和100升之间没有明显差异。由于25升根域过小，在营养生长方面存在的不足直接导致果实生长受到影响，这是无法通过管理和施肥弥补的，这一根域在实际栽培中不宜采用。由于本实验以相同浓度的营养液按根域限制的体积比灌溉下，大容积的处理反而造成肥料过剩的浪费，而与此相对的是50升的果实生长情况与100升不相上下，较小的根域下果实的高品质对实际生产有很大意义，不仅能提高土地利用率，而且更易于管理。

张力等（1988）连续2年对6、7年生早酥梨进行了采前喷布乙烯利催熟试验。结果表明，采前25天内喷布各种浓度（800毫克/千克、300毫克/千克、150毫克/千克、50毫克/千克）的乙烯利均有明显的催熟效果，且随浓度提高催熟效果明显，分别可较对照提早10天、9天、7天和3天达到采收的标准；乙烯利对果实可溶性固形物含量的变化也有明显的影响。用药各处理（800毫克/千克、300毫克/千克、150毫克/千克、50毫克/千克）分别比对照提早6天、2天、12天和5天达到采收标准的可溶性固形物含量；乙烯利对果实大小的影响，各处理间差异不显著；采前25天、

18 天、11 天不同时期喷布 150 毫克/千克乙烯利均有效，相互间差异不大。综上所述，在辽西气候条件下，当早酥梨果实横径达到 55～60 毫米时，在 7 月 20—27 日，喷布 150 毫克/千克乙烯利可提前在 8 月上旬采收上市，比自然成熟提早 10 天。

王璐等（1990）连续 2 年对早酥梨果实木栓化褐变发生规律及防治做了相关试验。结果表明，发病症状及分布，木栓化褐变病斑最初硬韧、较小，绿褐色，后期一部分病斑可扩大至直径 1.0 厘米左右，组织松软，形状不规则，呈海绵状，略带苦涩味。病斑靠近果皮时，果面出现局部黄褐色凹陷斑块，不近果皮时，果皮无明显症状。病斑大小不等，不同果实、不同年份有明显差别，一般直径介于 0.1～1.0 厘米，发病严重时，病斑重叠相交，连成大块。病斑在叶面上的分布，集中于果肩部位。横剖面果心病斑少，果肉内多，近表皮次之。纵剖面从底部至果肩分布有渐增趋势。发病规律，早酥梨果实木栓化褐变现象，主要发生于果实成熟期和贮藏期，在 6 月 23 日至 8 月 28 日。采前 20～25 天为发病始期，病果率日增值（绝对值，下同）为 0.4%～1.0%。采前和采后各 10 天左右为两个发病高峰期，病果率日增值为 2.0%～4.0%。采收期（7 月 30 日左右）及采后 20～25 天发病缓慢，病果率日增值 0.5%～1.0%。采收 25 天后，发病基本停止；病变对品质的影响，病果与好果相比，其可溶性固形物含量在成熟期和采后半月差异均极显著。果实硬度成熟期虽有降低，但差异不显著。而贮后半月，其差异达到极显著水平。防治结果，不同时期喷布 0.3%硼砂液、0.3%氯化钙液或两者混合液与对照相比，差异均极显著，2 年平均病果率相对下降了 75.3%～92.2%。且因连年喷药，病果率逐年减少；花后 5 周单喷 0.3%氯化钙液，花后 2 周单喷 0.3%硼砂液，效果比采前 4 周单喷 0.3%氯化钙液好，喷布混合液效果次之，但处理间的差异不显著；1988 年对采前 4 周喷布 0.3%氯化钙与 0.3%硼砂混合液的处理进行扩大试验，平均病果率下降了 71.2%（绝对值），效果显著。

娄汉平等（2006）连续 8 年进行了早酥梨果实套袋的试验，旨在探索生产出外观品质好，农药残留少的果品的有效途径。结果表明，套袋对早酥梨果实外观品质的影响，套双层纸袋优于单层袋，5 月下旬套袋优于 6 月中旬套袋，5 月下旬套双层纸袋果面较光滑洁净，皮色变浅，果点变小、变浅、数量减少且不明显。在同期采收的情况下，套袋的各处理果实大小均比对照果实略小，但差异不明显。从套袋对防治虫害及减少果皮损伤的效果来看，套袋可以大大减少虫伤及由枝、叶摩擦而造成的果皮损伤，特别是套双层纸袋的效果较好；套袋对早酥梨果实内在品质的影响，对果实硬度的影响，套袋各处理的果实硬度均较对照低。对可溶性固形物含量的影响，套袋各处理果实可溶性固形物含量均较对照低。套袋处理果实可滴定酸含量较对照有所增加，6 月中旬套单层袋与对照相同，口味品评各处理果实均酸甜爽口，肉质细嫩松脆、汁多、味甜，且风味浓厚，果肉质地无明显口感差别。5 月下旬单层袋、6 月中旬套单层袋两种处理果实维生素 C 含量较对照略降低，分别降低了 0. 66 毫克/100 克和 0. 57 毫克/100 克，其他处理果实维生素 C 含量与对照相差不大。

凌裕平等（1993）研究不同温度、光强对气孔开闭的影响以及早酥梨功能叶的光合日变化规律。结果表明，温度对气孔开闭的影响，在一定的光照条件下（30 000 勒克斯）温度在 28℃以下时，功能叶气孔的开闭随温度的升高而提高其开张度（从 25℃的 16. 14%升高到 28℃时的 18. 86%），超过 28℃后温度继续升高，则气孔的相对开张度反而减小（40℃时为 11. 76%），经统计分析呈曲线相关，相关方程 $Y=-26.90+3.03X-0.052X^2$，呈显著性相关；光照强度对气孔开闭的影响，光照在 30 000勒克斯以下时，气孔的相对开张度从黑暗状态下的 12. 03%升高到 30 000勒克斯下的 21. 86%，超过 30 000勒克斯的光照强度则在一定程度上影响气孔的开张（30 000勒克斯下气孔相对开张度 21. 86%降低到 100 000勒克斯下的 12. 5%），强光照下的气孔开张度反而接近于黑暗状态。经统计分析，相关方程为 $Y=14.39+1.4X-0.15X^2$，光照强度对气孔开闭的影响可能是通过影响保卫细胞中叶绿体的光合反应而改变其中的 pH 值来实现的；气孔开张的日变化规律，早酥梨叶片气孔开闭日变化规律呈“双峰型”，11 时 20 分前后出现 1 个开张高峰，气孔开张强度达 27. 25%，13 时 20 分降到谷底（17. 7%），随后 15 时 20 分前后又上升到第 2 个高峰（27. 10%），最后气孔逐渐关闭。产生这种双峰现象的原因是光照和温度变化的结果，气孔开闭的日变化中出现“低谷期”是在温度和光照均达到最高的同时，过强的光照和过高的温度是抑制气孔开张的决定因素。“午休”现象与气孔开闭规律的关系，盛夏时早酥梨叶片的 Pn 日变化具“双峰型”，呈“午休”现象，研究结果表明，第一个高峰出现在 12 时 20 分前后一段时间，而到 14 时 20 分则降低到最低点 Pn 从最高点的 29. 8 毫克/（平方分米·时），下降到 14. 1 毫克/（平方分米·时）“午休”。到 16 时 20 分前后，Pn 达到另一高峰期 29. 2 毫克/（平方分米·时），纵观 Pn 日变化规律与气孔开张的日变化规律可以看到，Pn 曲线与气孔开闭几乎具有完全相同的变化规律，均呈“双峰型”，但有一点不同的是气孔开张的变化趋势要比 Pn 变化早一定时间，在自然条件下，Pn 直接受气孔开张度的大小所制约，凡影响气孔开闭的因素均能影响光合速率。

王军节等（2010）研究了 4 毫摩尔/升水杨酸真空渗透处理（3.2×10^4 帕）对常温贮藏条件下（25℃、RH 85%~90%）早酥梨果皮色泽和果肉质地的影响。结果表明，水杨酸处理能显著提高早酥梨果皮的色度、亮度和色相角。水杨酸处理能延缓色度值到第 14 天达最大值后再下降。处理者在第 14 天和 21 天色度值提高效果明显，分别比对照高 11. 3%和 4. 7%。果皮亮度随贮藏时间延长而增加，在第 14 天和 21 天提高的效果明显，分别比对照高 4. 6%和 2. 3%。水杨酸处理能提高色相角值，第 14

天和 21 天处理比对照分别高出 0. 7%和 0. 4%。水杨酸处理对果皮色素含量的影响，水杨酸处理能有效延缓叶绿素 a、叶绿素 b 和总叶绿素含量的下降而抑制类胡萝卜素含量的增加。经水杨酸处理果实果皮叶绿素 a 含量基本不变，处理后第 14 天和 21 天时叶绿素 a 含量分别比同期对照高 34%和 38. 9%。水杨酸处理也能延缓早酥梨果皮的叶绿素 b 含量的降低，处理后第 14 天和第 21 天叶绿素 b 含量分别比同期对照高 49. 6%和 34. 7%。水杨酸处理还能延缓总叶绿素含量下降，常温贮藏第 14 天和第 21 天总叶绿素含量处理比对照分别高 48. 3%和 32. 2%。并且经过水杨酸处理的果皮能显著抑制类胡萝卜素含量的增加，贮藏第 21 天处理类胡萝卜素含量比对照低 28. 9%。果实 TPA 试验指标间相关性，脆度与硬度呈正相关，且相关性达到显著水平。黏着性、凝聚性、咀嚼性、弹性和胶黏性与硬度间呈负相关，但仅咀嚼度与硬度间负相关性达到显著水平。水杨酸处理对硬度和脆度的影响，水杨酸处理在第 7 天后能维持果实硬度在较高水平而不变。第 21 天处理组硬度比同期对照高 17. 3%。水杨酸处理能延缓果实脆度的下降。第 7 天、14 天、21 天处理组脆度分别比同期对照高 20. 1%、12. 7%和 20%。

魏治国等（2016）为探讨应用神农纯绿色植物果类营养剂对张掖早酥梨生长发育和果实品质的影响。设置神农纯绿色植物果类营养剂 3 个处理浓度（0. 10%、0. 15%、0. 20%），以清水为对照进行叶面喷施试验。结果表明，应用 0. 20%处理浓度的神农纯绿色植物果类营养剂早酥梨果实单果质量比对照提高 10. 3%。果实纵径生长比对照提高 21. 66%。果实横径生长比对照提高 16. 55%；可溶性固形物含量比对照提高 10. 4%；叶绿素比对照提高 13. 24%。说明神农纯绿色植物果类营养剂对早酥梨生长发育和改善果实品质有一定的作用。

三、分子生物技术应用进展

张范等（2010）研究了早酥梨病程相关基因非表达子基因（*NPR*1）克隆及原核表达。结果以早酥梨叶片 cDNA 为模板，PCR 扩增获得约 1 800bp 预期目的基因条带，测序结果表明该基因序列为 1 771bp，开放阅读框 1 761bp，编码 586 个氨基酸，利用 NCBI/Blastp 和 ClustalX 软件进行相似性分析表明，目的基因编码蛋白质序列与日本梨、秋子梨、苹果、烟草和拟南芥的 *NPR*1 蛋白相似性分别为 99%、98%、98%、67%和 59%，据此判定所得基因是早酥梨 *NPR*1 基因。将其连接 pGEX-4T-1 原核表达载体并转化大肠杆菌 BL21，经 IPTG 诱导表达获得大小约为 91kD 的目的融合蛋白，融合蛋白主要以包涵体形式表达，表达量约占总蛋白 17%。

周鹏等（2014）成功从早酥梨基因组和红色芽变材料中分别获得 29 条、30 条逆转录酶序列，利用优化后的 PCR 体系在早酥梨及其红色芽变基因组中都能得到扩增产物，序列大小均为260bp左右。逆转录酶序列的异质性是由于终止子突变、缺失突变、替换和移框突变造成的，并且红色芽变的变异程度明显高于早酥梨。聚类分析可将所得序列分为7个家族，基于逆转录酶序列进行的不同物种进化树分析显示，第7家族序列与苹果和李具有很高的同源性，可能是反转录转座子横向传递的结果。早酥梨及其红色芽变Ty1-copia反转录转座子逆转录酶序列具有普遍性、异质性等特点，虽均已不具备转录活性，但红色芽变的逆转录酶序列突变程度更高。

付镇芳等（2012）开展了早酥梨抗黑星病相关基因PbzsREMORIN的克隆及功能分析研究，利用从梨抗黑星病抑制消减文库中筛选出病原菌诱导特异表达基因片段，通过RACE技术克隆获得其全序列，命名为PbzsREMORIN（GenBank登录号为HQ901373）。该基因全长897bp，开放阅读框（ORF）597bp，编码198个氨基酸；生物信息学分析表明该基因具有remorin家族保守结构域；实时荧光定量RT-PCR结果表明，该基因受梨黑星病病原菌的诱导；用基因枪法将基因与GFP的融合蛋白转化到洋葱鳞茎表皮细胞中，瞬时表达显示remorin蛋白定位于细胞膜、细胞质和细胞核中；将目的基因转入烟草品种NC89，共获得27个转基因烟草株系；离体叶片接种烟草青枯病病原菌结果表明，过量表达该基因增强了NC89对烟草青枯病病原菌的抗性。该基因可能在植物与病原菌互作过程中起重要作用。

张洪磊等（2010）开展了早酥梨抗黑星病相关新基因*Vnp*1的克隆及其表达分析研究，利用RT-PCR方法扩增出长约300bp的特异性片段，将该片段进行回收、连接、克隆及测序，获得cDNA序列E-Pb-Zs3，命名为*Vnp*1，并登录GenBank（GenBank登录号：FJ763187）。早酥梨*Vnp*1基因全长cDNA的序列为1 200bp，包含一个完整的921bp的开放读码框架（open readingframe，ORF），其中起始密码子ATG位于175~177bp处，终止密码子TGA位于1 093~1 095bp，共编码306个氨基酸。蛋白质分子式C1529H2503N417O460S17，分子质量为34.6kd，等电点预测为7.55，不稳定参数为37.04，属于稳定蛋白。同时，该基因含有与抗病相关的功能结构域核酸结合位点（NB-ARC），同源性比对显示其与苹果黑星病菌（*Venturia inaequalis*）诱导后的苹果EST序列ABEA004598（GenBank登录号：EB150292）同源性达71%，对早酥梨*Vnp*1基因进行半定量RT-PCR，研究的结果表明，在接种梨黑星病菌后早酥梨*Vnp*1基因的表达随时间变化而不同。在未接种梨黑星病菌的早酥梨叶片中，早酥梨*Vnp*1基因微量表达；在接种梨黑星病菌后的材料中，早酥梨*Vnp*1基因的表达水平在接种病菌后12小时、24小时、48小时、72小时、120小时、168小时和216小时的时间段内一直呈现稳定上升的趋势。这不仅能进一步说明该基因与早酥梨黑星病抗性间的关系，还为完善基于同源序列的抗病基因克隆法提供了初步的参考依据。

龚国淑等（1996）对当年生早酥梨幼苗接种茎痘病毒后过氧化物酶活性及其同

工酶进行研究。结果发现，早酥梨在接种茎痘病毒后酶活性逐渐增高，其增酶高峰期在接种 7 天左右，以后逐渐下降，渐与对照趋于一致。因接种茎痘病毒时对照也刻伤过，故也会出现一个相应的酶活高峰期，但其最高峰值显著低于接种茎痘病毒的植株。感染茎痘病毒植株与健康植株相比，过氧化物酶同工酶谱在接种初期和后期差异不大，同工酶组成的变化主要在接种中期（7~17 天），此时正是增酶高峰期。可见，接种茎痘病毒后对过氧化物酶的影响不仅仅是量的变化，其质也会发生改变。

杨谷良等（2007）通过 RACE 技术，从早酥梨花柱中分离到一个长度为 681bp 的自交不亲和基因，DNA 序列分析表明，其开放读码框由 227 个氨基酸组成，具有 S-RNase 基因特有的保守组氨酸和半胱氨酸残基、高变区和保守区等特征序列，与已登录的 S4-RNase 基因 DNA 序列同源性最高，达 94%，登录为一个新基因：S35-RNase，GenBank 接收号为 dQ224344。通过 Northern 杂交，发现该基因只在花柱中特异性表达，并且在大铃铛期的表达量比花前和花后 3 天的表达量都高。

翟锐等（2016）为探讨不同发育时期早酥梨及其红皮芽变红早酥梨果皮类黄酮组成与合成模式，以早酥梨与芽变红早酥梨不同发育时期的果实为材料，通过 HPLC-MS_2 法测定其果实发育过程中类黄酮组分的含量变化，通过实时荧光定量 PCR 测定相关合成基因表达水平的变化。结果表明，早酥梨和红早酥梨果皮类黄酮组分与含量差异较大，差异主要集中在黄酮醇、原花青素和花青苷代谢支路。2 个品种果实自然发育过程中的类黄酮积累模式基本一致，以酚酸、原花青素、黄酮醇和花青苷为主的多数类黄酮组分的合成高峰位于果实发育早期，随着果实发育成熟，酚酸类物质含量呈现不断下降趋势，大部分原花青素、花青苷和黄酮醇类物质在果实膨大期后含量维持稳定。早酥梨葡糖苷类黄酮、原花青素组分儿茶素和原花青素 B_2 在果实成熟期出现第二个积累高峰。类黄酮合成高峰期，大多数类黄酮合成基因表达水平达到峰值。果实发育后期，下游类黄酮合成基因 *DFR*、*ANR*、*ANS* 和 *UFGT* 表达量相应提高。因此，红早酥梨果皮比早酥梨果皮含有更多类黄酮物质，特别是类黄酮糖苷衍生物的种类更为丰富，含量也显著升高。红早酥梨和早酥梨果皮中的类黄酮合成高峰均位于果实发育早期。随着果实的发育，红早酥成熟果皮中类黄酮组分含量虽有下降，但仍含有较高水平的原花青素和类黄酮糖苷类衍生物。

四、栽培技术研究

（一）树形研究

贾恒义等（2002）对早酥梨开心树形进行了研究。实践证明，要保证早酥梨稳产丰产，按开心树形建造的树体应多留枝。在汾渭盆地，早酥梨株行距多按 2 米×3 米或 2 米×3.5（4）米定植，树形以开心树形为主。

这种树形成半圆树冠，光照好，树形紧凑，抗风力强，结果部位不易外移，且有利于修剪、打药喷肥、疏花疏果和摘果等多项田间作业。但其突出缺点是一般每树留有4~5个主枝，树冠易显得稀疏，严重影响产量的提高。因此，适当加大枝量对这些树体增产尤为重要。可对4~5个主枝的茎基部萌发的枝条，选适当方位留4~8个，待长到预定的长度时，拉开，扩大枝量。这样，由于枝量增多，挂果部位随之增多，产量势必增高，且单枝负荷轻，单果增重快，还可交替挂果，克服大小年。

赵明新等（2016）为探讨早酥梨适宜栽培树形及树体结构，以不同树形早酥梨为试材，应用CI-110冠层分析仪和树体调查法对比研究3种树形树体枝类组成和冠层结构对果实产量和品质的影响，从而筛选并确定经济效益较高的适宜树形。结果表明，初果期圆柱形树体主干上直接着生枝组数量30~36个，亩枝量9.99万~10.4万个。圆柱形树体叶面积指数显著低于其他两种树形，直射透过系数最高，消光系数最低，使得中下部叶片可得到较好的光照；圆柱形树形的果实产量、单果质量、可溶性固形物含量、可溶性糖含量、糖酸比数值均显著高于细长纺锤形和对照。另外，冠层参数与品质之间存在着不同的相关性。叶面积系数与单果质量、果形指数呈极显著负相关，与可溶性固形物含量呈显著负相关。因此，早酥梨初果期圆柱形冠层结构更合理，果实品质好，产量高，能尽早收回成本。

赵明新等（2016）对早酥梨主干形整枝密植栽培的要点进行了研究，总结提出早酥梨主干形树体结构为株距1.0~1.2米、行距4.0米，树高3.0米左右，干高60厘米左右，主干上着生24~28个结果枝组，枝组基角70°~90°，枝组上直接着生小型结果枝组和短果枝群。结果枝组为单轴枝组，换头不落头，以果控冠；结果枝组轮替更新，去大留小，实现控冠效果。嫁接后第一年，当苗木长至20厘米时及时疏除竞争枝，40厘米左右时用竹竿绑缚，扶植中干，防止风大导致苗木折断。6月底解除嫁接部位的保护膜，解除过早愈合不好，过晚则会导致愈伤组织过大。在解除过程中注意不要用刀片等金属物体进行划割，以免伤害树干，导致病害侵染和发生。苗木长至80厘米左右时，抹除或疏除40厘米以下的芽体或枝条，让养分更加集中，用以培养健壮的中心干；嫁接后第二年，早酥梨叶芽萌动前7天，在主干上离地面55厘米至离顶部30~40厘米为止，在每个芽体上部0.5厘米处做刻芽处理，长度为主干粗度的1/2~2/3，深至木质部，促进发枝。若第一年树体下部形成叶丛枝，刻芽的同时需点涂发枝素或在芽体上方刻成“月牙”状以促发分枝。如果第一年树体上出现长枝，次年刻芽时需对朝着生处中心干1/3处的枝组留橛疏除，确保主从关系，保证树体均衡稳定。待枝条半木质化后用牙签或开角器开角70°~80°。为控制树体长势和促进腋花芽形成，可在枝条长至30厘米左右后除主枝头外其余枝组喷施PBO 300倍液2~3次，每次间隔30天，或于5月20日左右对树干进行适度环割；嫁接后第三年，对未达到树高要求的树体继续进行刻芽直至距顶部30~40厘米，对下部出芽不整齐或缺枝部位较长的，在3月中下旬用单芽切腹接的方法补芽，为确保出枝率可涂抹发枝素。疏除过密枝，确保树体有30~32个枝组；旺枝枝组需刻芽，背上芽背后刻，背下刻、侧下芽芽前刻，以促发中短果枝，使树冠紧凑。花期做好授粉和花前复剪工作，根据枝组粗度，花芽和腋花芽数量，每株树留果80~100个，以果控冠。通过3年的树体管理，可实现成形早、结果早、丰产早的“三早”效果。

欧春青等（2015）以中矮1号、矮香、砀山酥和不同矮化优系等27份梨资源为中间砧嫁接早酥梨，研究不同中间砧对早酥梨1年生嫁接苗生长的影响。结果表明供试的大部分中间砧对早酥梨的生长均有一定的抑制作用，仅矮香、砀山酥和锦丰3个品种其略有促进作用；中矮1号、中矮3号和中矮4号矮化中间砧对早酥梨的矮化效果明显，中矮1号对早酥梨的矮化效果随着砧段长度的增加而增大，20厘米砧段长度即可达到理想的矮化效果；筛选出矮化效果优于或接近于中矮1号的3个优系，分别是07-3-17、07-2-15和98-10-1。

（二）土肥水管理研究

张坤等（2013）研究了土壤不同含水量对早酥梨光合特性的影响。在田间水分控制条件下，通过对果实膨大期不同水分处理（W1，土壤含水量为田间持水量的40%±5%；W2，为田间持水量的60%±5%；W3，为田间持水量的80%±5%）下对早酥梨叶片光合进行测定，结果发现10时，W1、W2、W3的净光合速率（Pn）出现第一个峰值，分别为18.14、19.43、20.25微摩尔/（平方米·秒），到16时，出现第二个峰值，其中W3可达到17.32微摩尔/（平方米·秒），W2、W1分别达到16.47、14.96微摩尔/（平方米·秒），全天，W1、W2、W3分别有5、7、9小时的时间叶片Pn超过12.00微摩尔/（平方米·秒）；W2、W3的光补偿点（LCP）显著低于W1，而光饱和点（LSP）显著高于W1；W1、W2的最大净光合速率P（max）无明显差异，但显著低于W3；W2 CO_2补偿点显著低于W1，与W3无明显差异，W2的CO_2饱和点最高，W3 CO_2饱和点最低；W2在CO_2饱和点时Pmax显著高于W1，但与W3无明显差异。可见在果实膨大期土壤含水率保持在田间持水量的60%可满足果树生长需要。

李敏彪等（1995）研究了寒旱梯田地不同覆膜技术对早酥梨定植当年成活率、1~3年生幼树越冬抽条率、土壤水分含量、开花时间及幼树生长结果的影响，春季分别采用树下平覆膜、树下锅形覆膜、树下“V”形覆膜及空白对照4个不同处理，结果发现锅形覆膜的成活率最高，为100.0%，“V”形覆膜的为97.6%，平覆膜的为93.9%，而对照仅为73.8%，幼树3天抽条率均为0；花期天数分别缩短了1~3天；平覆膜、锅形覆膜、“V”形覆膜3个处理的0~30厘米、31~60厘米、61~90厘米、

91~120 厘米各土层土壤含水量均高于对照，但以锅形膜和“V”形膜各土层土壤含水量较高，说明 3 种处理能有效地提高土壤含水量，改善梨园微生境，优化了梨树的生长条件和土壤环境；平覆膜、锅形覆膜、“V”形覆膜的 3.5 年生梨树除结果株率外，其他各项指标均高于对照，尤以锅形覆膜、“V”形覆膜处理的效果最好，其干径分别比对照增加 1.63 厘米、1.60 厘米，冠径分别增加 76 厘米、68 厘米，树高分别增加 96 厘米、98 厘米，一年生枝长度分别是对照的 3.96 倍、3.92 倍，折合产量比对照分别高 78.89%、78.31%，平均单果重比对照分别增加 94.83 克，可溶性固形物分别提高 3.24 个、3.06 个百分点。在 3 种覆膜处理中，锅形覆膜和“V”形覆膜对提高梨幼树的成活率、降低越冬抽条率和促进幼树的生长与结果的效果均比地面平覆膜好，可将其列为在寒旱区早酥梨优质丰产栽培的综合措施之一。

孟庆田等（1999）1987—1994 年在天津市里自沽农场进行了早酥梨密植栽培试验，里自沽农场土壤为黑色黏土 pH 值在 7.6~8.2，含盐量（NaCl 为主）为 0.25%~0.34%，地下水位在 0.5~1.5 米。经过 8 年试验发现，在低洼盐碱地上，由于采用了台田、优良品种、密植、合理间作和良好的地下树上综合管理等措施，试验园获得了 1 年有产值，2 年梨树成花，3 年梨树结果，4 年梨树丰产的明显效果。8 年每公顷累计产梨果 153 498.5千克，8 年每公顷累计共获产值 226 215.6元，其中梨果产值为 215 376.6元，间作大豆产值为 10 842.0元。8 年每公顷的年平均产值为 2 827.3元，合 8 年每亩年平均产值为 185.2 元，创造了较高的经济效益。

水生裕等（2008）开展了早酥梨施肥试验研究，结果发现施肥均可促进新梢生长，且不同肥料影响各异，平均新梢生长量比对照增长 9.3%~69.3%，株施 2 千克复混肥时新梢生长量最大，为 64 厘米，株施 0.4 千克 N 肥或 0.2 千克 N 肥+0.2 千克 P 肥，新梢生长量也在 47 厘米以上。单从新梢生长量来说，早酥梨施肥管理中注重 N、P、K 三要素的配合施用，增加 N 肥施用量是很必要的。施肥可提高早酥梨单株产量 15.6%~46.0%，且因肥料不同，株施 0.2 千克 N+0.2 千克 P 肥，单株产量最高为 34.6 千克。施肥对单果质量的影响与产量基本一致。但株施 0.4 千克 N 肥，平均单果质量为 208 克，比对照提高 26.8%，仅次于 N、P 混合施用单果质量，但单株产量为 29.8 千克，从提高果品商品率角度考虑，施肥中注重 N、P 结合，更要增加 N 肥施用量。施肥对早酥梨坐果率影响十分明显，可提高坐果率 42.3%。

胡忠泽等（1998）研究了沼肥不同施用方法对早酥梨产量和质量的影响，结果表明沼肥不同的施用方法以及同一种施用方法不同沼肥用量对早酥梨产量的影响表现出差异性。在沼液做追肥时，以每株 60 千克为最好，而沼肥做叶面施肥时以沼液稀释 5 倍为最佳。在两种施肥方法中，沼肥做叶面施肥效果优于根施；沼肥不同施法以及同一种施法中的不同沼液浓度对早酥梨主要性状没有明显的影响，只是果肉硬度随着沼肥施用量的增加有下降的趋势，说明沼液有促进早酥梨生长成熟的作用；沼肥不同施用方法对早酥梨耐贮性没有显著影响，根施中以每株施 60 千克，叶面施肥以原液 5 倍稀释喷施，相对可以提高早酥梨的耐藏性能。沼液中除存在大量的矿物质，还含有丰富的有机物质，这为早酥梨的生长提供了大量的营养物质，并能改善土壤的理化性状。

杨封科等（1998）在高泉科技示范户的早酥梨果园中，采用地下滴灌方式，利用建造在园中较高部位的 15 立方米的高位水池，将水窖中蓄存的雨水直接输送到果树根部进行灌溉。结果表明补灌的增产效果非常明显，根据在树冠外缘 60 平方厘米土壤剖面调查，补灌后果树吸收根总量比对照增加 104%，春梢长度、粗度分别增加 37.00 厘米和 0.16 厘米，一类短枝增加 42.9%；成花率、坐果率和单果重分别比对照增加了 50.0%，32.8%和 24.0%，平均单果重、最大单果重、可溶性固形物含量和一级果率分别达到 217.6 克、254.3 克、14.8%和 93.4%，依次比对照增加了 42.1 克、22.5 克、0.80%和 17.4%。

赵明新等（2016）以 8 年生早酥梨为试材，研究陇东黄土高原旱塬区地面覆盖对早酥梨叶片光合特性的影响，结果发现覆草处理的净光合速率（Pn）在 11 时最高，达到峰值；各处理 Pn 日变化均呈“双峰型”。地面覆盖显著提高水分利用效率（WUE），覆草显著高于覆膜；覆草能显著提高 Gs 和 Ci，其 Ci 极显著高于对照（$P<0.01$），显著高于覆膜（$P<0.05$），处理间 Gs 和 Gs 变化趋势均与 Pn 一致；覆草后升 CP 显著降低，而升 SP 显著提高，表明对光照的适应范围较宽。覆草的 Pn-max 显著高于对照（高 14.83%）。覆草的 CO_2 补偿点显著低于覆膜和对照。可见，旱塬区覆草可以显著提高早酥梨叶片光合作用，有利于干物质形成，增强光能和 CO_2 的利用能力。

文丽华等（2010）建立“以有机肥为主，以化肥为辅”的施肥制度每年 8 月末至 10 月初，结合扩穴，挖 60 厘米深、35 厘米宽的沟，将表层熟土和优质有机肥（鸡粪和饼肥）掺匀施入底层，将下层 30 厘米深的土覆盖表层，施肥量为株施鸡粪 50 千克或饼肥 3 千克。施肥后及时灌大水，此时正是根的生长高峰，故能促进其迅速发根，增加了越冬前的新根数量。第二年土壤解冻后调查，秋施基肥沟中新根丛生，其根系数量大大超过未施肥的地方，新根数量的大量生长和增加，增强了叶片进行光合作用的能力，合成的养分多，积累多，可以提高树体中储藏营养水平，促进了新梢的前期生长。由于储藏营养水平高，第二年春季生长加强，对提高梨树上的短枝和中梢有明显效果，一般叶片多，大而厚，浓绿而有亮光，光合作用能力强，局部积累多，这就为花芽分化和充实创造了良好的物质基础。

赵德英等（2016）以 18 年生早酥梨园为试材，连续 3 年开展了玉米秸秆覆盖、黑色地膜覆盖、玉米秸秆+地膜覆盖、玉米秸秆+生物菌肥覆盖和清耕试验，研究5种树盘覆盖方式对丘陵山地早酥梨园土壤有机碳及其组分的影响。结果表明，土壤总有机碳（TOC）含量随土层深度增加而降低，TOC含量增幅最大的是0~30厘米土层，效果最明显是玉米秸秆+菌肥覆盖处理，TOC含量比清耕（对照）增加了64.7%。年生长周期内，土壤TOC含量呈现先稳定后降低再升高的趋势，添加秸秆有机物的覆盖处理显著提高了土壤TOC含量，玉米秸秆+菌肥覆盖TOC含量增幅最大，比清耕增加了11.0%。随着覆盖年限的增长，添加秸秆有机物覆盖处理的土壤总有机碳含量、易氧化有机碳（ROC）含量及其占总有机碳的比例、微生物量碳（MBC）含量及其占总有机碳的比例均呈现不同程度的增加，玉米秸秆+生物菌肥覆盖增幅最大，其次为玉米秸秆覆盖和玉米秸秆+黑色地膜覆盖。黑色地膜覆盖增加了土壤可溶性有机碳（DOC）含量及其所占TOC比例。在实际应用中，玉米秸秆+生物菌肥覆盖可用于以培肥为主要目的的覆盖栽培，玉米秸秆+黑色地膜覆盖可用于以增温效应为主要目的的覆盖栽培，覆盖材料应本着就地取材原则，以实现农业废弃物利用和果树提质增效的双重效应。

（三）花果管理研究

梁尚武等（2001）对不同套袋时期和纸袋类型对早酥梨果实质量的影响进行了研究。2008年5月5日、15日、25日及6月5日分别用外花内黑双层纸袋和双层花纸袋以及5月15日、25日用单层黄色纸袋对早酥梨进行套袋，观察和测定不同时期、不同纸袋类型对早酥梨果实外观质量及品质的影响。结果表明早酥梨在渭南地区适宜的套袋时间为5月5—25日。在此期间，套袋越早，梨果表面越光洁细腻，亮度越好。随着套袋时间的推迟，果点逐渐变大，色调逐渐加深。套袋相对降低了果实的可溶性固性物含量，风味稍有变淡，但均不明显。在同一套袋时间内，套双层纸袋的果实的可溶性固形物含量略低于套单层纸袋；同是双层纸袋，双层花纸袋略高于外花内黑双层纸袋，对同一类型的纸袋来说，随着套袋时间的推迟，可溶性固形物含量呈逐渐上升趋势。用外花内黑双层纸袋套袋的梨果表面为白色，而用双层花纸袋和单层黄色纸袋套袋的梨果表面为黄绿色。所以适宜的纸袋类型为外花内黑双层纸袋。

张连忠等（2004）以金花梨、早酥梨、线穗梨、金秋梨4个大果型梨品种为试材，在不同时期，采用不同距离疏花，研究了它们的果实早期发育的特点。结果表明，金花从初花期到盛花期增大最快，增大近1.9倍，金秋是在花序分离到初花期，盛花到落花两个时期增长快；而早酥和线穗却在盛花到落花增长最快。梨的果肉体积的快速膨大和细胞数目的快速增多是在花序分离至初花和初花到盛花之间。因此，梨的疏花应越早越好。从四个梨品种果肉体积，细胞体积和细胞数量看，落花后，金花梨果肉和细胞体积最大，细胞数最多，依次是早酥梨、线穗梨、金秋梨。在同一时期内，果肉体积和细胞数目变化按疏花距离 30 厘米>25 厘米>20 厘米顺序由大到小，由多到少排列，四个品种在花序分离期疏花都表现明显，只有线穗梨、金秋梨两个品种到盛花期疏花仍表现明显，疏花时期应越早越好，不同梨品种对疏花时期的要求反应不一样。综上所述，早期疏花幼果细胞数增多；果实体积与细胞数、细胞大小呈正相关。疏花时期与疏花距离的最佳组合为：花序分离期，间距 25~30 厘米。

李仙兰（2004）选择玉香梨、红雪梨、早酥梨、脉地湾梨 4 个滇西北地区梨主栽品种进行花粉亲合性试验。结果表明，滇西北地区主栽的 4 个梨品种，除早酥梨外，自花授粉坐果率极低，需配置授粉品种；脉地湾梨、富源黄梨、早酥梨、红雪梨与玉香梨都有较好的花粉亲合性。但早酥梨的花期比玉香梨推后 7 天，不宜作授粉树。富源黄梨的花期只比玉香梨提前 3 天，可作授粉树，但富源黄梨的成熟期比玉香梨提早 2 个月，不利于采收管理。而红雪梨、脉地湾梨的花期，成熟期与玉香梨基本一致，适合作玉香梨的授粉树；富源黄梨、早酥梨、玉香梨与红雪梨有较好的花粉亲合性。但早酥梨的花期比红雪梨迟 7 天，富源黄梨的成熟期比红雪梨早 60~70 天，只有玉香梨的花期和成熟期与红雪梨基本一致，适合作红雪梨的授粉品种；金水二号、文山红香酥梨、玉香梨、富源黄梨与脉地湾梨有较好的花粉亲合性，但金水二号梨、文山红香酥与脉地湾梨的花期不遇，富源黄梨与脉地湾梨的成熟期不一致。只有玉香梨的花期和成熟期与脉地湾梨基本一致，适合作为脉地湾梨的授粉品种；早酥梨自花授粉坐果率高，但用玉香梨和红雪梨的花粉进行异花授粉可以提高梨果的品质。

王玮等（2008）以雪青梨、翠冠梨、中梨 1 号梨、甘梨早 8 梨、七月酥梨、玉露香梨、黄冠梨给早酥梨授粉，研究授粉品种对早酥梨结果性状的影响。结果表明，授粉品种性状对早酥梨授粉后果实的外形和品质有较大影响，花粉直感效应明显，但不同的授粉品种对早酥梨的性状影响不尽相同。翠冠梨、雪青梨、中梨 1 号梨、七月酥梨花期与早酥梨差异不大，授粉后的果实皆为脱萼果，不会出现龟背果，坐果率均在 70%以上，果实性状表现优良。按照生产中对早酥梨坐果率、外形、品质的要求，可选择翠冠梨、雪青梨、中梨一号梨、七月酥梨作为授粉品种，以翠冠梨最佳，表现为花期与早酥梨较为一致，坐果率高，果实的果形端正、品质好。

张宏建等（1993）研究早酥梨的授粉结实能力，为其高产栽培提供依据。试验对 3 种梨树品种的花期物候期进行观测，对照园中以园内无授粉品种而园周围有授粉品种（砀山酥梨和黄县长把梨）的为对照 1，以园内配置 2 个授粉品种为对照 2，供试园中套袋隔离早酥梨的花序，以上均为自然授粉，最终调查各种花序、花朵的坐果数。结果表明，黄县长把梨的始花期和盛花期比早酥梨早 2 天；砀山酥梨的始花期和盛花期比早酥梨晚 1 天，均可作为早酥梨的授粉品种。早酥梨自花授粉的花序和花朵的坐果率分别为 13.3%和 4.9%；对照 1 和对照 2 的花序、花朵的坐果率分别为

64.5%、14.5%和81.1%、30.6%。早酥梨虽有一定的自花授粉结实能力，但不能满足生产的需要，配置授粉品种能明显提高其坐果率。

（四）整形修剪研究

贾文明（1993）研究了促进早酥梨幼树早成形早丰产的几项修剪措施。分别为弯干代截干：对超过1.2~1.4米的中心干延长枝，于发芽前，在距基部50~60厘米处，将其顺行向弯倒成直角，并用二道铁丝在弯倒处的上下两个部位，分别向相反方向固定于土壤中，同时在弯侧处环割2道，以促进下部芽萌发；剪主变曲主：对生长势强、角度小、生长量超过1.2米的主枝延长枝，于发芽前，将其按整枝方向和角度拉成弓形，顶端下垂，弯曲处距树干50厘米左右，在弯曲处以上环割2道，以促下部芽萌发，6月初在环割处上部进行环剥，以利顶端形成果枝和花芽；骨干枝摘心；早酥梨骨干枝年生长量多数可达1.2米以上，一般5月底至6月初长度已在70厘米左右，此时，留长50厘米进行摘心，并剪掉3~4片叶，以促二次副梢的萌发；拉枝；对生长量在1米之内的1年生辅养枝，应顺其生长方向拉枝成水平状，对长势较强的辅养枝应向侧方、或反弓背方向拉枝，以抑制其生长势，促进形成花芽；别枝法；对生长势强、生长量超过1.2米，其下附近有分枝的1年生竞争枝，反复拿枝多次，拿软后将其别于下部分枝处加以固定，于当年5月底作环剥处理。

贾文明（1992）研究了用曲干法抑制早酥梨幼树顶端优势的效果，结果表明曲干与截干相比较，曲干法由于保留了全部的中心干延长枝，中心干上芽多、枝叶量大，利于养分的合成与积累，缓和了生长势，抑制了早酥梨幼树中央领导干的顶端优势，促进了基部三大主枝的生长，降低了树体高度，有利于中心干和主干的加粗生长。曲干后，在弯倒部分以下，形成了比截干更多的长枝，而且枝条的着生角度有所增加，利于幼树的整形。采用了曲干修剪，使弯倒的部分延长枝当年形成大量的中、短枝，促进了花芽的形成，有利于提早结果。通过两年的曲干修剪，在早酥梨幼树中心干上形成了两个较大的辅养枝，是梨幼树早期结果的主要来源。

王秋月等（1999）研究了早酥梨早果修剪技术，包括弯干修剪、夏季摘心、冬剪破顶、拿枝拉枝、环割环剥。以弯干代替截干：由于减轻了修剪量，降低了顶端优势，第二年在弯干处以下可发出3~4个长枝和若干中短枝，比常规修剪增加发枝量60%~80%，利于幼树的整形。第二年弯倒部分的枝条上可萌发出大量中短枝，形成花芽结果，培养成结果枝。连续几年弯干修剪便可在行内形成几个大型辅养枝，便于提早结果，增加早期产量。夏季摘心：摘心处理以后，可发出2~3个当年新梢，增加了枝量，减轻了冬季修剪量，便于提早成形。一些生长势较弱的枝条摘心处理后，多不发出分枝而停止生长，有利于花芽形成。冬剪破顶：破顶刻伤处理比常规修剪可降低长枝年生长量15%~20%，增加长、中、短枝数量20%~30%，促进了花芽的形成。拿枝、拉枝：9—10月将被拉枝条在基部反复拿枝，待软化后再进行。先拉主、侧骨干枝，后拉枝组和辅养枝。拉枝后辅养枝角度要大于侧枝、枝组角度，侧枝角度要大于主枝角度，辅养枝要为骨干枝让路，拉向层间和主、侧骨干枝的缝隙间，骨干枝要摆均匀，相互错落着生，以免互相影响。环割、环剥：生产上除对弯干的中心干延长枝环割外，要对长势中庸的枝条从基部环割2~3道，对长势旺的辅养枝、主、侧枝及大、中枝组要进行环剥处理。幼树期拉枝后的枝条经环剥当年就可成花，成花率为80%~90%，而拉枝不环剥的枝条成花率仅为20%~30%。

张力等（1989）研究了中心枝头和竞争枝在早酥梨密植梨树整形中的新用法，即把中心领导枝由长势最强变为结果势最强、最早的枝子。当年花芽满枝，下年结果成串，且果大质优。全园所有的中心弯倒枝，百分之百成花结果，而中心枝头不弯倒的，基本无果。这个弯倒枝的产量占全株产量的81.1%。用早酥梨的竞争枝，作新头就可在够层间要求的长度短截，可一年做出一个层间，到第三年就可作出两个层间，即三年完成整形任务。这就比过去用原中心枝作头在50厘米左右短截，二年出一个层间，到第五年才做完第二个层间的剪法，提早二年成形。所以只要方法得当，可以把生长势最强的枝子转化为结果势最强的枝子，修剪技术中也不要怕“竞争”，运用得当，竞争枝是加快长树的好枝子。

（五）采收研究

王毅（1997）1995年对早酥梨着生部位与发生落果程度的关系进行了调查和分析。调查结果表明，早酥梨采前落果程度与果枝长度有关。短果枝采前落果率最高，为42.0%；5~15厘米长的中果枝次之，采前落果率为16.9%；大于15厘米的长果枝，采前落果率最低为9.8%。背上直立果枝的采前落果率明显高于侧位斜生果枝。侧位斜生果枝的采前落果率明显高于背后下垂果枝。长、中果枝的采前落果率明显低于短果枝。采前落果率以直立短果枝最高，为61.0%。以下垂长、中果枝较低，分别为4.5%和5.5%。采前落果率随着树高的增加而增加，其主要原因是树体越高，主枝角度越小，树姿直立，上强下弱，中长果枝少，短果枝多，受风力的摆动越大，从而增加了落果率。

五、病虫害防治研究

（一）虫害研究

刘剑丛等（2004）于2003年用20%灭多威乳油（EC）1 000倍液、50%抗蚜威可湿性粉剂（W.P）1 500倍液、2.5%三氟氯氰菊酯（功夫）乳油（EC）1 875倍液、20%溴氰菊酯（敌杀死）乳油（EC）1875倍液、20%氰戊菊酯（速灭杀丁）乳油

(EC) 1 875倍液 5 种杀虫剂对早酥梨树进行喷洒，以喷等量清水为对照（CK），从而研究这五种杀虫剂对梨树锈线菊蚜的影响。研究结果表明，抗蚜威及三氟氯氰菊酯，0. 5 小时后防效能达 50%。灭多威和其他 4 种杀虫剂相比，具有投资成本小、防效高的特点。其投资成本为抗蚜威的 45. 83% 和 3 种菊酯类杀虫剂 76. 38%；1 小时和 24 小时后防效分别为 88. 70% 和 100%。在防治锈线菊蚜时，从成本及防效等综合方面分析，以 20%灭多威乳油 1 000倍液防治效果最好。锈线菊蚜为梨、苹果、桃等果树上的恶性虫害，本试验中的 20%灭多威为首次使用具有杀虫迅速、防效显著等特点。但在连续使用时锈线菊蚜抗药性等问题，尚有待进一步试验研究。

杜娟等（2013）于 2010 年和 2011 年在陕西蒲城梨园调查了梨小食心虫在早酥梨上的着卵情况及其与性诱剂水盆诱捕器诱蛾量之间的关系。结果显示，梨小食心虫在梨果胴部的着卵量显著高于其他部位，占总卵量的 92. 00%。百果卵数、卵果率随果实的增大而增加，直径 70 毫米以上果实的百果卵数和卵果率均显著高于直径 65 毫米以下的果实。据此建立了诱蛾量与卵果率、百果卵量的回归方程，分析得出当以卵果率 1%和百果卵量 1 粒为防治指标时，基于性诱剂监测的梨小食心虫的防治指标分别为每天每诱捕器 2. 27 头和 2. 32 头。以卵果率 2%和百果卵量 2 粒为防治指标时，则分别为每天每诱捕器 2. 61 头和 2. 58 头。

熊春华等（1999）研究了梨木虱的发生及防治。农业防治，秋末灌冻水，深翻梨园行间及树盘，早春清洁果园、刮树皮等措施，可有效地消灭越冬成虫。人工物理防治，在梨木虱第 1 代若虫期（5 月中旬）集中 3~4 天时间，对树头、背上、外围等部位未停止生长的新梢摘去顶部 6~7 片叶，并立即深埋。这个时间 98. 7%未停止生长的新梢上均有梨木虱，95%以上的梨木虱都集中在此。此时摘梢与常规药剂防治效果相比，相当于用药的 2~3 倍。化学防治，应掌握在各代若虫初孵化尚未大量产生黏液以前，及时用药进行防治。黏液形成后的用药。7 月以后，降雨相对增多，抓住降雨后的有利时机，及时用药，可明显提高防治效果如果前期梨木虱控制得好，这一年的梨木虱的为害基本上就被控制住了。果实采收后用药。对于梨木虱发生严重的梨园，可在果实采收后再施一次杀成虫的药剂。以 20% 双甲脒 1 000倍或久效磷 1 000倍液喷布梨树，防效率达 91%，可有效消灭越冬代成虫，降低越冬虫口基数，对下一年梨木虱的防治有重要意义。

王森山等（2004）应用 4 种药剂（0. 2%爱诺虫清 EC、10%哒四螨悬浮剂、15%哒螨灵 EC、20%灭扫利 EC）进行了梨上瘿螨的田间药剂防治。结果表明，梨上瘿螨对 4 种药剂比较敏感，各药剂各处理均有较好的防效。但是从生态学和经济学的角度出发，建议生产上使用 0. 2%爱诺虫清 EC 3 000倍液，10%哒四螨悬浮液 3 000倍液，15%哒螨灵 EC 3 000倍液和 20%灭扫利 EC 4 000倍液。在化学防治方面，通过试验梨上瘿螨对4种药剂比较敏感，药后14天各药剂及其处理的防治效果都在65.15%以上，其中0.2%爱诺虫清2 000倍液的防效为100%，10%哒四螨2 000~3 000倍液、15%哒螨灵2 000~3 000倍液、20%灭扫利2 000~3 000倍液的防效均达99.11%以上。

杨富银等（2009）在室内研究了红玉苹果、红元帅苹果、张掖2号苹果、沙果、苹果梨、早酥梨、杏对苹果蠹蛾生长发育和繁殖的影响。结果表明，不同食料对苹果蠹蛾幼虫和蛹的发育历期、存活率、蛹重、雌成虫寿命、雌成虫产卵量等有显著影响。幼虫取食沙果、早酥梨、红玉苹果最有利于其生长发育和繁殖。取食红元帅苹果和张掖2号苹果的影响居中。而取食杏和苹果梨对其生长发育和繁殖表现出明显的不利性，主要表现为幼虫死亡率增加，幼虫期延长，蛹期延长，蛹重减轻，雌成虫寿命缩短，单雌产卵量降低。

陈湖等（1999）调查了冀东沙地梨木虱成虫的出蛰情况、第1代梨木虱若虫孵化情况、夏季生态比例变化情况及梨木虱产卵习性，并根据梨木虱的生活习性和生产实践，提出防治建议。调查情况表明，梨木虱出蛰期不集中，历时约38天，花芽萌动期前后是梨木虱出蛰高峰期，高峰期约持续20天。出蛰高峰期也是成虫交尾、产卵的高峰。因此，此期应是进行成虫防治的最佳时期，也是控制其全年为害的关键时期。从物候期上看，梨初花期累计孵化虫数超过一半，落花初期若虫已孵化完毕。因此，落花初期是第1代若虫的防治关键时期。从全年的虫态比例来看，7月初及以前以成虫居多，若虫不占优势。进入8月若虫比例显著增加，进入9月若虫数渐少，成虫数量又起。成虫耐药力较低，比较容易防治，而若虫耐药力高，加之其分泌黏液之习性，故防治比较困难。因此，对其防治应主要集中在7月初以前，否则，难以控制其全年为害。在调查中发现，梨木虱产卵专一性特强，卵只产在栽培品种的梨枝上，对园内其他树种及杜梨极少产卵。梨树干枯枝条上也不产卵，所以改变梨枝表面的物理状态，如增加覆盖物（石灰粉）等，对抑制梨木虱产卵会起到积极作用。

岳永红（2001）于1998年试用几种药剂（试验药剂为40%氧乐果1 500倍液、10%吡虫啉2 500倍液、20%双甲脒1 200倍液加80%敌敌畏1 000倍液、1.8%灭虫灵5 000倍液、80%敌敌畏1 000倍液加40%水胺硫磷1 500倍液、80%敌敌畏1 000倍液加2.5%功夫菊酯2 500倍液及空白对照）防治梨树梨木虱。试验结果表明，几种药剂处理对防治梨木虱都有一定效果，其中以1.8%灭虫灵5 000倍液、10%吡虫啉2 500倍液、80%敌敌畏1 000倍液加20%双甲脒1 200倍液防效最好。其喷药后第5天和第15天的校正虫口减退率分别达到95.48%、98.45%、94.35%、96.91%、93.04%、95.57%。而常用药剂40%氧乐果1 500倍液喷药后第5天和第15天校正虫口减退率分别只有63.09%、70.31%，防治效果明显较低。80%敌敌畏1 000倍液加

2.5%功夫菊酯2 500倍液、40%敌敌畏1 000倍液加40%水胺硫磷1 500倍液和单用20%双甲脒1200倍液，药后第5天和第15天校正虫口减退率分别为90.14%、92.48%、85.71%，88.61%、87.91%、91.17%。防治效果均优于常用药剂40%氧乐果1 500倍液。在生长中后期，梨木虱世代重叠且发生较重果园，用1.8%灭虫灵5 000倍液、10%吡虫啉2 500倍液、80%敌敌畏1 000倍液加20%双甲脒1 200倍液进行防治效果为好。3种混配药剂防治效果稍次于前面2种单用药剂。在防治中为避免害虫产生抗药性，几种药剂交替使用为好。

（二）病害研究

曹友节（2004）对梨黑星病综合防治提出来几点有效方法。一是选择抗黑星病的优良品种。如当前市场上畅销的早酥梨、爱宕、爱宕优1、黄金梨等抗病品种。搞好清园，梨黑星病的病叶、病果及病梢是黑星病的侵染源，要清除干净，带出果园或深埋。梨芽萌动后，注意观察，发现黑星病芽，立即剪除，带出果园或深埋，减少再感染。生长季节，注意清除树下的杂草，降低树下的湿度，减少病害发生。二是增施有机肥料，多施P、K、Ca肥，控制N肥的用量。据试验资料报道，随着N肥施用量的增加，叶片中的全N增加，诱使梨树易感染黑星病。梨园剪修时，大冠树要加大层间1.8~2米，小冠或纺锤形树，大枝要错落有序，特别是枝头，树头的枝及枝组数量要严格控制，使其分布均匀，留有一定的间距，使通风透光良好。减少冠内湿度，减少黑星病的发生。三是打好铲除剂，梨树因没有叶片，枝条裸露，易均匀喷药，药液浓度可相对提高，果树不易受药害，杀菌效果良好。打好果树铲除剂，对防治梨黑星病，可起到事半功倍的效果。四是药剂防治，也是梨黑星病防治的重要措施。从梨树谢花后一周，每隔10~15天打一次药。打药时不要连续使用某一种农药，要多种药剂交替使用，以免产生抗药性。

李新贵（1997）对梨黑胫病的发生规律和防治技术进行了多年的观察和试验。研究发现，梨黑胫病亦称疫腐病，一般发生在低接幼龄梨树的主干基部，尤以苹果梨发病最重，早酥梨和锦丰梨次之。发病时期一般在5—10月，以7—8月最重。防治技术，选用抗病砧木。杜梨和红霄梨是抗黑胫病的良好砧木。杜梨根系庞大，主根发达，适应性强，耐旱、耐涝、耐盐碱。用杜梨嫁接的梨树，生长健壮，结果早、丰产，寿命长，抗黑胫病；高位嫁接。嫁接部位，应在距离地面30厘米以上，这是梨抗黑胫病和建园成败的关键。起垄栽培，定植的深度以浇水之后苗木的根颈与地面平齐为宜。为确保早酥梨不受黑胫病的为害，定植后沿行向在树下培土起垄，垄高20厘米，使水分从垄的两侧渗入。用药剂涂抹病斑。对刚发生的病斑，树皮尚未烂到木质部时，用刀在病斑上纵向划道，宽约0.5厘米，深达木质部。然后涂抹843康复剂原液或神农液原液或用843康复剂原液+75%百菌清200倍液，7天后再抹一次。第二年5月用相同浓度的药剂再涂抹病斑一次，可防止黑胫病复发。桥接，先在病疤以下砧木的好皮上用刀开1个“T”形的口子，用刀把开口的树皮向左右两边撬起，再在病疤以上3~5厘米处开一个“⊥”形的口子，把开口的树皮向左右两边撬起备用。再把接穗在两个开口处量一下长度再剪截。接好后用鞋钉固定，然后用接蜡封好开口。接穗成活后发出的芽子，要及时抹除。

薛光荣等（1996）1991—1995年以梨茎尖培养、热处理+茎尖培养、试管苗热处理+茎尖培养3个处理，对适于北方栽培的3个梨矮化砧（PDR54、X4、S5）和7个梨品种（早酥梨、砀山酥梨、鸭梨、秋白梨、矮香梨、锦丰梨、苹果梨）进行脱除茎沟病毒和褪绿叶斑病毒试验。3种脱除病毒处理对茎沟病毒和褪绿叶斑病毒脱除病毒的研究表明，茎尖培养处理的脱除率分别为8.1%和95.0%，热处理+茎尖培养和试管苗热处理+茎尖培养两个处理的脱除率分别均为100%。茎尖培养处理对两种病毒脱除率较低，特别是对茎沟病毒的脱除率仅78.1%。而且在切取0.1~0.2毫米茎尖，操作和培养的难度较大。但不需要加热处理和试管苗热处理。热处理+茎尖培养和试管苗热处理+茎尖培养两个处理对两种病毒不仅脱除率分别均达100%，而且分别切取0.5毫米茎尖和切取1~2毫米试管苗茎尖的操作和培养均比较容易，只是前者要增加热处理，后者要增加试管苗热处理。

王莉（2001）研究了轮纹病的发生及综合防治。梨轮纹病主要为害枝干、果实，其次为害叶片。它以菌丝体、分生孢子器、子囊壳在树干、病僵果、落叶上越冬，成为翌年的初侵感染源。其中，在枝干病部越冬的病菌是主要的初侵染源。综合防治措施，农业防治。建立无菌苗圃，实施苗木检验，苗木应进行检疫防止病害传入。加强栽培管理，在梨园丰产后，应加施肥料，尤其是增施有机肥，磷、钾肥，并减少无机氮肥的比例，提高抗病力，冬季应做好清园工作，将病死枝条、落叶等集中烧毁。科学修剪，合理负载，通过修剪枝干，调整叶、花芽的比例，以调节生殖生长与营养生长的关系，达到改善树体通风透光条件。梨轮纹病的病原多数来自树干粗皮部，这是轮纹病源菌越冬的主要场所。因此，通过刮除树干老皮，并集中烧毁，可以有效地减少轮纹病的病源。化学防治，3月下旬至4月初喷1次0.3%的五氯酚钠与3~5波美度的石硫合剂混合液1次，可有效的控制初侵染源。6—8月是梨轮纹病大量传播、侵染期，此期是进行病害防治的关键期。一般每隔10~15天喷药1次，药剂有50%的多菌灵可湿性粉剂1 000倍液，50%的托布津可湿性粉剂500倍液，35%的轮纹病铲除剂1 000倍液，40%的百菌清1 000倍液，1：2：200的波尔多液1 000倍液，70%的内吸性杀菌剂甲基托布津可湿性粉剂1 000倍液，35%的轮纹净可湿性粉剂400~600倍液。

王振业（1998）研究了早酥梨黑胫病的发生及防治。黑胫病致病病原菌是鞭毛菌亚门疫霉属的黑疫霉，普遍存在于园地土壤和发病组织中，在高温潮湿的环境中，孢子极易萌发，借助雨水和灌溉水传播，从距地面较近的主干基部皮层的皮孔或伤口侵入为害。防治方法，嫁接口距地面越高，发病率越低。因此，建园时要选择嫁接高度在15厘米以上的苗木。采用树盘灌溉方法，不能大水漫灌，造成树盘积水，避免干基潮湿，可降低发病率；耕作时，要特别小心，不能给梨树造成伤口。园内尽量不要间作茄科作物，因为茄子、辣椒、番茄、马铃薯等茄科蔬菜在7—9月极易发生疫病，其致病疫霉菌可侵染梨树，使早酥梨黑胫病发病率明显提高。

周世鹏（2014）2010—2012年做了早酥梨灰斑病病害病原形态观察、生物学特性测定和室内药剂毒力测定。结果表明，通过生物学试验获得单分生孢子器的纯菌系在11.5~30℃范围内分生孢子均可萌发，最适萌发温度为（25±1）℃。分生孢子在95%、98%的相对湿度萌发率仅1.87%和2.38%，即使是在100%湿度，萌发率亦仅有4.7%。但在无菌水中萌发较好，24小时萌发率达37.9%。在pH值4.53~9.18范围内，分生孢子均可萌发，最适为pH值6.47，即此菌喜欢近中性条件。在1∶30蔗糖液萌发率可高达82.2%，即较稀浓度的蔗糖液能有效地刺激分生孢子萌发。3种药剂［70%代森锰锌WP，56%（靠山）水分散颗粒剂，77%可杀得］随浓度降低抑制率明显下降。在同一浓度下，不同药剂的抑制效果不同，代森锰锌对灰斑病菌的抑制起点高于其他2种药剂。在含百菌清和多硫胶悬剂的培养基上，菌落均未生长，在各种浓度下抑制率均为100%，抑菌效果最好。

侯海忠等（2005）对临夏州早酥梨根癌病的发生规律及防治进行了研究。研究发现，影响根癌病发病的因素。地势相对较低的苗圃比地势较低的水地发病率低，土壤湿度是影响根癌病发生的主要因子。随着树龄的增大而根癌病的发病加重。用杜梨和酸梨做砧木早酥梨根癌病的发病率分别为1.5%和5.0%。杜梨对根癌病的抗性较强，而酸梨对根癌病的抗性较弱。综合防治措施。选择无病土壤作为苗圃，避免重茬，对苗圃地要进行土壤消毒。在早酥梨育苗中选择杜梨作砧木可以有效控制根癌病的发病率。增施有机肥，改善土壤结构，土壤耕作时尽量避免伤根，平地果园注意雨后排水，降低土壤湿度。建园时应避免从病区引进种苗和接穗，对可能带病的苗木和接穗，消毒后再定植。发现园中有病株时，扒开根周围土壤，用锋利的小刀将肿瘤彻底切除，直至露出无病的木质部并进行药物处理。对1~3年生早酥梨苗用50% DT杀菌剂400倍液、农用链霉素400倍液和硫酸铜100倍液浸根防治。

龚国淑等（1996）对梨感染茎痘病毒后内部生理生化的变化进行了研究。研究结果表明，梨感染茎痘病毒后DNA含量增高，PNA含量在接种初期明显增加，以后逐渐下降，甚至低于无毒健株。这种现象作者认为是茎痘病毒侵染后很快增殖而使核酸增加，而当茎痘病毒大量增殖后又再阻碍植物细胞中核酸的合成，致使后期含量降低。梨感染茎痘病毒后，对叶绿素含量的影响不如非潜隐性病毒明显，叶绿素总量略有降低，这和参与叶绿素合成的 Mg、Mn 等矿质元素的含量降低有关。梨接种茎痘病毒后一段时间内蛋白质含量、全氮和可溶性糖含量都比对照高。矿质元素直接参与植物的光合、呼吸和激素平衡等，植株受茎痘病毒侵染后体内磷、钾、钙、镁、锰、锌、铬、硼的含量低于无毒健株，铁、铜含量高于无毒健株。病毒侵入后对寄主的呼吸、光合、碳氮代谢、酶、激素以及其他物质的代谢都有干扰，这些生理上的反应往往因病毒和寄主的组合不同而有差异，有些差异对研究植物病毒的诊断具有参考作用。

李根善等（2003）研究了敌百虫对早酥梨花果疏除效应及落花落果动态。研究结果表明，早酥梨于盛花后 10 天喷布 1 500毫克/千克的敌百虫，疏除效应为 55%～62%。疏除作用显著、稳定，可达到生产上的疏果要求。对早酥梨喷布不同浓度的敌百虫后，其落果高峰主要集中在喷药后 10 天内而后疏除效应迅速消失。在一定范围内，疏除效应随喷布浓度的增加呈增强的趋势。采用敌百虫 1 500毫克/千克对早酥梨疏果后，第二年产量的增加明显高于其他处理，2 年平均产量高，而且品质好，一级果率高，基本上克服了大小年结果现象，有利于早酥梨丰产，是一种理想的疏果剂。

六、贮藏保鲜与加工研究

（一）贮藏保鲜

张海霞等（2010）研究了 1-甲基环丙烯（1-MCP）对早酥梨在常温（23±1℃）贮藏期间果皮黄化、呼吸强度以及果实品质变化的影响。研究结果表明，在常温（23±1℃）条件下，1-MCP 处理显著抑制了果皮黄化和叶绿素含量的下降，较好地保持了果皮绿色，并且明显降低了呼吸强度，推迟了呼吸高峰的到来，降低了呼吸峰值。经过 1-MCP 处理的早酥梨，其硬度和可溶性固形物含量的下降速度明显减慢，固酸比的上升速度受到抑制。采后 1-MCP 处理明显延缓了早酥梨的后熟衰老，三个浓度中以 1.0 毫升/升的 1-MCP 处理效果最好。

李玉梅等（2009）研究了常温条件下 4 种处理（A 为普通果蜡涂膜、B 为纳米保鲜果蜡涂膜、C 为早酥梨生理活性调节剂浸泡 5 分钟、D 为常规保存）对早酥梨的贮藏保鲜效果。研究结果表明，贮藏 45 天后，处理 C 的腐烂指数最小，为 5.0，较处理 A、处理 B 低 2.5，而处理 D 的腐烂指数在贮藏 30 天已经达到 30.0。处理 A 和 B 在整个贮藏过程中几乎不转黄，保绿效果良好。在 4 种处理中，处理 A 失重率最小，在贮藏 45 天后较处理 D 低 1.9%，处理 B 较处理 D 低 1.8%。处理 A、处理 B 的硬度降低速度明显低于处理 C 和处理 D，处理 C 硬度的下降速度低于处理 D。经过 45 天贮藏后，处理 A、处理 B 的可溶性固形物含量与对照差异显著，处理 C 与对照差异不显著。贮藏45天后，处理B的维生素C含量最高，为8.3毫克/100克，是对照的11倍，比处理A的维生素C含量高46%。在常温贮藏45天后，采用纳米保鲜果蜡涂膜处理的早酥梨较好的保持了果实应有的口感和风味。

吴利华等（2010）研究了低温（0℃）和常温条件下早酥梨保鲜剂、保鲜膜4种处理（处理A为早酥梨保鲜剂浸泡5分钟，处理B为用保鲜膜包装，处理C为早酥梨保鲜剂浸泡5分钟，自然风干后用保鲜膜包装，处理D为空白（CK），常规保存）对早酥梨的保鲜效果。结果表明，处理A、B、C均能控制早酥梨的腐烂。其中，处理C在低温条件下效果明显，在贮藏180天时，处理C的腐烂指数为2.3，而处理D的腐烂指数已达8.7。在常温下4个处理的早酥梨20天就基本转黄，其中，处理D20天后转黄指数超过70。在低温下处理C在贮藏60天后才开始转黄，转黄较慢，保绿效果好，在低温贮藏180天时其转黄指数仅为10。在常温下20天内失水速度最快，随后趋于缓和，失水率从低到高依次为处理C、处理B、处理A、处理D。常温贮藏20天时，处理C果实硬度明显高于对照，冷藏180天处理C的果实硬度高于常温贮藏20天。早酥梨在低温、常温贮藏过程中可溶性固形物有所下降，但下降趋势不明显。在常温贮藏60天和低温贮藏180天处理C果实味甜，果肉组织脆嫩，汁液多，果味较浓郁，酸甜适度风味正常。所以用早酥梨保鲜剂浸泡后用保鲜膜包装低温环境贮藏，早酥梨果实硬度、口感、风味等下降速度慢，腐烂指数、转黄指数低，可延长保鲜期180天。

袁江等（2011）研究不同抑制方法对早酥梨和华酥梨果汁褐变抑制的效果，在对两者果汁的褐变抑制方法进行单因素筛选试验研究的基础上，通过正交试验，进行了不同抑制技术组合试验。结果表明，单因素中对早酥梨果汁褐变抑制效果最好的是1.5%抗坏血酸处理，褐变抑制率为94.21%。对华酥梨果汁褐变抑制效果最好的是0.75%抗坏血酸处理，褐变抑制率为85.62%。对早酥果汁褐变抑制的最优化组合为0.1%柠檬酸+0.2%蜂蜜+0.2%抗坏血酸+70℃温度处理组合。对华酥果汁褐变抑制的最优化组合为0.3%柠檬酸+0.3%蜂蜜+0.1%抗坏血酸+70℃温度处理组合。

李国锋等（2009）在高温货架条件下观察了早酥梨涂蜡处理后的贮藏性能和保鲜效果。结果表明，经涂蜡处理的早酥梨果实退绿时间较对照晚25天左右，且表面洁亮、饱满。涂蜡可延缓果实水分的散失及果肉硬度、可溶性固形物含量的下降速度。在25天内，涂蜡果实的果肉仍保持良好的脆度，汁液多，口感好。未涂蜡的果实只能在6天内保持果肉脆度，贮藏25天后汁液明显减少，失去食用价值。

王娟等（2014）通过设置2个温度：0.5℃，-7℃，两个湿度85%和90%，研究水温结合短期缓慢降温的方式对早酥梨的贮藏保鲜效果。结果表明，早酥梨为呼吸跃变型果实，贮藏期间主要问题是果皮黄化，果肉绵软，而冰温很好地解决了这一问题，尤其是在抑制果皮转黄方面，效果显著，并且贮藏期长达240天，好果率仍在90%以上，贮藏期间未见果皮及果心变褐。-7℃的两个处理很好的抑制了呼吸强度和乙烯释放量，延缓了梨果实的后熟和衰老的发生。在贮藏后期发现RH-85%处理部分果实出现萎蔫皱缩，失水严重。综合看来，销地早酥梨适宜贮藏条件为-7℃+RH-90%。

钱卉苹等（2016）以甘肃早酥梨为试材，研究在温度（0±1）℃、相对湿度（RH）90%~95%条件下，1%~2% O_2+1%~2% CO_2、3%~4% O_2+1%~2% CO_2、5%~6% O_2+1%~2% CO_2三种气体组分对早酥梨气调贮藏效果及果实品质的影响。结果表明，与对照相比，在240天的贮藏期间，三种不同比例气体组分的气调贮藏均能降低梨果的乙烯释放速率和呼吸强度，保持较高的果实硬度，减缓早酥梨黄化，使其可溶性固形物含量与可滴定酸含量保持较高水平，其中3%~4% O_2+1%~2% CO_2气调贮藏效果更为显著，能较好地延缓梨果衰老，保持果实的贮藏品质。

刘瑾瑾等（2015）为探讨马铃薯变性淀粉在采后早酥梨涂膜保鲜中的应用效果，以马铃薯变性淀粉为主剂，通过正交试验，优化筛选马铃薯变性淀粉基保鲜膜最佳配方，分析比较最佳涂膜处理对早酥梨常温及低温贮藏期间品质指标变化的影响。结果表明，最佳的保鲜膜配方为4.00%氧化醋酸酯淀粉、0.50%单甘酯、1.00%β-环糊精、2.00%甘油和0.50%棕榈酸。涂膜处理显著地降低了常温和低温贮藏期间早酥梨质量损失率、腐烂指数以及黄化指数，抑制了果实中叶绿素含量的下降。同时，涂膜处理有效地抑制了果实在贮藏期间还原糖、有机酸含量的下降。涂膜处理还可有效地封闭皮孔。可见马铃薯变性淀粉基保鲜膜在果蔬采后防腐保鲜中具有潜在的应用前景。

（二）加工

王军节等（2012）用中心组合设计和响应面分析对早酥梨果酒发酵工艺参数进行优化，并采取固相微萃取—气相色谱—质谱联用法对果酒产品香气成分进行初步分析。研究结果表明，早酥梨果酒发酵的最优条件为：初始TSS 24°Brix、pH值为4.3、发酵温度28℃、接种量0.68克/升。在此条件下发酵9天，所得早酥梨果酒酒精度为12.4%。SO_2对果酒的澄清、增酸、抗氧化和防腐具有一定作用，而过量的SO_2不但影响果酒的质量而且为害人类的健康，因此，本研究试图使用抗坏血酸和柠檬酸代替SO_2进行护色。3-甲基-1-丁醇和苯基乙醇为香气成分主要组分，3-甲基-1-丁醇为一种高级醇，是果酒的主要香气成分和大量酯类的前体物质，因此其含量与性质对果酒香味影响很大。

王春晖等（2010）以甘肃的早酥梨为原料进行发酵研究，通过考察不同酿酒酵母对早酥梨酒发酵中可溶性固形物含量、残糖含量、酒精度、果酒品质和感官评价等理化指标的影响，从而选择最优的酿酒酵母。结果表明，采用安琪葡萄酒酵母作为梨酒的发酵菌种，比果酒酵母和超级酵母更能利用糖转化成酒精，发酵彻底，残糖少，陈酿后的早酥梨酒无色、澄清透明、无明显悬浮物和沉淀物，具有较浓的早酥梨香和浓郁和谐的酒香、香气自然、协调、无异味，口感醇厚。试验中还发现，当发酵达到其最大酒精发酵能力时，早酥梨酒的口感稍差，如稍低于其最大酒精发酵能力，早酥梨酒的品质好，而且果香气保留较好。

魏娟等（2011）以早酥梨为材料，使用果胶酶对浑浊、易沉淀的早酥梨汁进行澄清处理试验。以透光率检验其澄清效果，对一些影响因素（如温度、时间、酶用量、pH 值）进行了单因素试验及正交试验分析，并结合试验结果确定了影响因素。试验结果表明，最佳的酶解条件（由主到次的顺序）即 pH 值（3.5）、温度（50℃）、酶用量（0.01%）、时间（4 小时）。通过进一步试验获得澄清效果较好的早酥梨汁。对澄清前后早酥梨汁的总糖、可溶性固形物含量及透光率进行测定，结果表明早酥梨汁的总糖含量变化基本不大，可溶性固形物含量略有上升，透光率明显增大。这是由于果汁中的不溶性果胶物质已被最大限度的分解，而可溶性果胶黏度下降，悬浮粒子絮凝。

七、其他研究

徐福利等（2008）实地观测固原上黄村 1 500平方米设防雹网梨园土壤水分、空气、湿度等微生境条件变化程度，研究分析了防雹网对宁南山区梨园生境状况的影响。结果表明，梨园使用防雹网能改善果园小气候，提高梨园 1 米高度空气相对湿度，其日变化符合 $y=ax^2-bx+c$ 二次抛物线，晴天的曲线曲率高于阴天，梨园 1 米高度温度有防雹网低于无防雹网。0~200 厘米土壤剖面的水分含量有防雹网高于没有防雹网。同时，使用防雹网能够在白天降低土壤温度，夜间维持较高的土壤温度，缓解土壤温度的变化幅度，特别是表层温度变化更明显。

殷佩兰（1983）于 1974 年从陕西引进早酥梨，在安徽农学院滁县分院实习果园进行试验观察。皖东地形大部是低山丘陵及波状起伏地。处于亚热带北缘，气候温暖，年平均温度 15℃左右，7 月平均温度 27~29℃，1 月平均温度 1~2℃，有效积温 4 700~5 000℃。雨量充足，年降水量在 1 000毫米左右，以 6—7 月降水较多，占全年降水量的 45%~50%。总日照时数 2 200小时。无霜期 220 天左右，早霜期 11 月上旬，晚霜期 4 月上旬。土壤为黄棕壤，大多土层深厚，质地较黏重，雨后容易形成上层滞水，通气排水较差，保肥力强，供肥力弱。土壤呈中性至微酸性反应。早酥梨引种到皖东这样的自然条件下，生长、结果及品质均表现良好。早酥梨树势健壮，枝条开张或半开张。5 年生树高 2.5 米，干周 12 厘米，枝展 1.1 米。萌芽力及发枝力中等。在皖东滁县地区，早酥梨花芽膨大期为3月18日，初花期为4月9日，落花期为4月16日，果实成熟期为7月25日，展叶期为4月18日，新梢开始生长为4月24日，停止生长期为6月5日。果实倒卵形，果面有5条纵沟，萼片宿存。平均单果重175克，最大果重达350克。果皮薄，绿黄色，外观美，果肉雪白，质细酥脆，汁液特多，味甜爽口，可溶性固形物含量12.8%，果心小，石细胞少，品质极佳。

陆胜友（1983）从1971年开始，从各地收集30多个梨的品种试栽于辽宁省西北部风沙地研究所，经过多年试栽观察，初步看出早酥梨表现较好，是一个优良的早熟品种。在年平均气温5.7℃，绝对最低温-29.5℃，年平均降水量50毫米左右，无霜期150天左右。果园土壤为灰棕沙土，土质清薄，pH值为7左右的环境条件下早酥梨在当地4月下旬萌动，5月中旬开花，8月下旬果实成熟，10月下旬落叶。树势健壮，萌发力强，成枝力弱，枝条角度开张，以中、短果枝结果为主。幼树栽后4~5年开始结果，高接树3年结果，低接的7年生树，平均株产22.75千克，最高株产391千克。果实大，平均单果重200克左右，果呈卵形或长卵形；果皮黄绿色，有蜡质光泽，果面有五条浅纵沟。果心小，肉细味甜，松脆多汁，含可溶性固形物13.5%，品质上等。果实可贮放10天左右。为使早酥梨在辽宁西北部安全越冬，可采取山梨和抗寒的秋子梨系统做中间砧进行高接栽培。

李永富等（1995）等研究了早酥梨在新疆焉耆盆地生长结果的表现。新疆焉耆盆地属中温带大陆性干燥气候。其海拔为1 016~1 300米。年平均气温为8~9℃，7月平均气温为2~24℃，极端最高气温为38.5℃，1月平均气温为-8.0~13.0℃，极端最低气温为-35.2℃，年平均气温≥10℃，积温为3 400~3 600℃。年降水量为45~70毫米，年蒸发量为200~2 400毫米，无霜期平均为181.5天。早酥梨在焉耆盆地一直表现抗寒，幼树抗“抽条”，耐盐碱，基本无冻害现象。嫁接苗定植后和高芽接树均于第3年开始结果，高枝接树第2年开始结果。嫁接苗定植后第4年株产15.5千克；高枝接树第5年株产36千克；高芽接树第6年株产76千克。在焉耆盆地，早酥梨果皮为绿色至淡黄色、向阳面有红晕，果实呈卵形或长卵圆形，通常纵径为8厘米、横径为7.3厘米，平均单果重约250克，果面蜡质丰富、具光泽、有5条纵沟。9月上旬采收的果实，肉质细嫩，酥脆，汁多，味甜，可溶性固形物含量12%~13%，品质上等，可贮藏2~3个月。

郭长城等（1995）研究了早酥梨在黑龙江省东宁县生长结果的表现。东宁县位于黑龙江省东南部该县虽属寒温带大陆性季风气候，但由于北、西、南三面高、向中部东部倾斜，形成一个盆地，且受日本海海洋气候的影响，形成良好的小气候环境。年平均气温为4.9℃，极端最低温为-32.1℃，≥10℃积温为2 745℃，年降水量530毫米，年日照时数2 612小时。无霜期为149天，该县山地与丘陵地占96.8%，土壤多为岗地白浆土和暗棕壤。早酥梨的抗寒力也较强，冻害级数平均为 1.5 级，电解质渗出率 50.2%。18 年生早酥梨树平均干周 45.8 厘米，树高 496 厘米，冠径 394 厘米×393 厘米，新梢平均长度 53 厘米，近 3 年平均株产为 87.5 千克。在当地，早酥梨于 9 月下旬成熟，平均单果重 362 克。果实卵形，果皮黄绿色。果肉酥脆，汁液多，风味甜，可溶性固形物含量 13.2%，品质上等。

参考文献

曹友节 . 2004. 梨黑星病的防治 [J]. 农村 . 农业 . 农民 . (7)：10.

陈湖，王之岭，邢永才，等 . 1999. 沙地梨区梨木虱发生及防治建议 [J]. 河北果树 (3)：12-13.

杜娟，刘彦飞，谭树乾，等 . 2013. 基于性诱剂监测的梨小食心虫防治指标 [J]. 植物保护学报，40 (2)：140-144.

方成泉，陈欣业，米文广，等 . 1990. 梨果实若干性状遗传研究 [J]. 北方果树，4：1-6.

付镇芳，姚春潮，张朝红，等 . 2012. 早酥梨抗黑星病相关基因 PbzsREMORIN 的克隆及功能分析 [J]. 园艺学报，39 (1)：13-22.

龚国淑，冷怀惊，张咏梅，等 . 1996. 梨感染茎痘病毒后内部生理生化的变化 [J]. 西南农业学报，9 (2)：57-60.

龚国淑，冷怀琼，张咏梅，等 . 1996. 梨感染茎痘病后过氧化物酶活性及其同工酶的变化研究 [J]. 四川农业大学学报，14 (4)：509-512.

郭映智，崔广明 . 1985. 早酥梨物候期的研究 [J]. 青海农业科技 (6)：38-40.

郭长城，宋国林，李豪洁 . 1995. 早酥梨在黑龙江省东宁县生长结果的表现 [J]. 中国果树 (2)：45.

侯海忠，刘小勇 . 2005. 临夏州早酥梨根癌病的发生规律及防治研究 [J]. 甘肃农业科技 (5)：54-55.

胡忠，胡友军，张伶俐 . 2008. 沼肥不同施用方法对早酥梨产量和质量的影响 [J]. 安徽农学通报，14 (17)：121-122.

贾恒义，雷国居 . 2002-01-15. 早酥梨开心树形宜多留枝 [N]. 山西科技报 .

贾文明 . 1992. 用曲干法抑制早酥梨幼树顶端优势的效果 [J]. 北方果树 (2)：45.

贾文明 . 1993. 促进早酥梨幼树早成形早率产的几项修剪措施 [J]. 落叶果树 (1)：43.

蒋媛，位杰，张琦 . 2014. 香梨与早酥梨杂交后代果实与叶序叶片性状的相关性分析［J］. 北方园艺，13：11-14.
李勃，张林，山吮，等 . 2008. 不同根域容积对早酥梨营养生长与果实糖含量的影响：园艺学进展（第八辑）——中国园艺学会第八届青年学术讨论会暨现代园艺论坛论文集［C］. 上海：上海交通大学出版社 .
李根善 . 2003. 敌百虫对早酥梨疏除效应研究［J］. 青海农林科技（3）：12-14.
李国锋，梁志宏，冯毓琴，等 . 2009. 模拟高温货架条件下早酥梨涂蜡的保鲜效果［J］. 甘肃农业科技（9）：12-14.
李敏彪，吴桂贵，刘斌 . 1999. 寒旱梯田地早酥梨幼树覆膜栽培效果试验［J］. 甘肃农业科技（11）：29-31.
李仙兰 . 2004. 滇西北地区梨主栽品种花粉的亲合性研究［J］. 经济林研究，22（4）：39-42.
李新贵 . 1998. 梨黑胫病的发生与防治［J］. 北方果树（1）：14.
李永富，李世隽 . 1995. 早酥梨在新疆焉耆盆地生长结果的表现［J］. 中国果树（2）：47-48.
李玉梅，李梅，王学喜 . 2009. 3 种保鲜剂对常温贮藏早酥梨保鲜效果的影响［J］. 甘肃农业科技（8）：16-18.
梁尚武，宋金东，张宏建 . 2010. 不同套袋时期和纸袋类型对早酥梨果实质量的影响［J］. 安徽农业科学，38（25）：13 653-13 654.
林庆扬，张力，于润卿，等 . 1989. 早酥、锦丰梨乔砧密植早结果早丰产技术研究［J］. 中国果树（3）：11-15.
凌裕平，赵宗方，王羊宝，等 . 1993. 早酥梨叶片气孔开闭规律及其“午休”研究［J］. 园艺学报，20（2）：193-194.
刘剑丛，杨建太，刘建斌，等 . 2004. 20%灭多威乳油等几种杀虫剂对梨树锈线菊蚜的影响［J］. 林业科技，29（5）：29-30.
刘瑾瑾，李永才，毕阳，等 . 2015. 马铃薯变性淀粉基涂膜对早酥梨的保鲜效果［J］. 食品科学，36（16）：278-283.
娄汉平，李凤光，吴丽敏 . 2006. 早酥梨套袋对果实品质的影响［J］. 辽宁农业科学，3：78-79.
陆胜友 . 1983. 早酥梨在风沙寒地栽培的表现［J］. 中国果树（3）：20.
孟庆田，于连增 . 1995. 盐碱地早酥梨密植丰产栽培技术总结［J］. 中国果树（2）：38-40.
欧春青，姜淑苓，王斐，等 . 2015. 不同中间砧木对早酥梨的矮化效应研究［J］. 中国果树（5）：39-41.

钱卉苹，王亮，韩艳文，等．2016. 气调贮藏对早酥梨果实品质的影响［J］. 保鲜与加工，16（2）：22-26.

任丙永，周桂丽．2007. 1. 8%阿维菌素防治梨木虱药效试验［J］. 山西果树（5）：43.

沙广利，郭长城，唯薇，等．1996. 梨抗寒性遗传的研究［J］. 果树科学，13（3）：167-170.

水生裕，王华礼，李世忠．1999. 早酥梨施肥试验初报［J］. 甘肃农业大学学报，34（4）：410-412.

王春晖，曹礼，权花花，等．2010. 早酥梨酒酿造中葡萄酒酵母的选择研究［J］. 中国酿造（12）：62-64.

王娟，郝勇菲，张鹏飞，等．2014. 早酥梨销地缓慢降温结合冰温贮藏适宜条件的研究［J］. 食品研究与开发，35（18）：96-99.

王军节，毕阳，范存斐，等．2010. 采后水杨酸处理对早酥梨果实色泽和质地的影响［J］. 现代食品科技，，26（10）：1 047-1 051.

王军节，张怀予，马光勇，等．2012. 早酥梨果酒酿造工艺优化及其香气成分分析［J］. 生产与科研经验，38（3）：123-127.

王莉．2001. 梨轮纹病的发生与防治［J］. 果树实用技术与信息（11）：26-28.

王璐，贾静，安朱祥，等．1990. 早酥梨果实木栓化褐变发生规律及防治试验［J］. 中国果树，1：35-36.

王秋月，贾文明．1999. 早酥梨早果修剪技术［J］. 农村新技术（11）：11-12.

王森山，陈应武，张新虎．2004. 四种杀虫剂对梨上瘿螨的田间药效试验［J］. 甘肃林业科技，29（1）：32-34.

王玮，李红旭，赵明新，等．2013. 梨的 7 个授粉品种与早酥梨授粉效应的比较［J］. 经济林研究，31（3）：150-153.

王毅．1997. 早酥梨采前落果调查［J］. 中国果树（3）：22-23.

王振业．1997. 早酥梨黑胫病的发生及防治［J］. 西北园艺（2）：33.

魏娟，蔺佳良，张冠军，等．2011. 果胶酶对早酥梨汁的澄清试验研究［J］. 安徽农学通报，7（17）：178-181.

魏闻东，李秀根．1993. 早酥梨正反交后代亲本性状的遗传倾向分析［J］. 果树科学，10（4）：218-220.

魏治国，杨春花．2016. 神农纯绿色植物果类营养剂（CHESILWON）在早酥梨上的应用试验［J］. 甘肃林业科技（2）：19-22.

文丽华，贺宗津，吴均．2002. 天津市早酥梨规范化栽培技术［J］. 天津农林科

技（1）：20-21.

吴利华，董冬梅 . 2010. 保鲜剂和保鲜膜对早酥梨保鲜效果的影响［J］. 甘肃农业科技（6）：17-19.

熊春华，刘长青，隋霞 . 1999. 梨木虱的发生及防治［J］. 新疆林业（6）：38-39.

徐福利，马涛，赵世伟，等 . 2008. 宁南山区防雹网内梨园生境状态研究［J］. 干旱地区农业研究，26（4）：201-204.

薛光荣，杨振英，洪霓，等 . 1996. 茎尖培养等处理脱除梨病毒的技术研究［J］. 中国果树（3）：9-11.

杨封科 . 1998. 陇中半干旱区集雨节灌高效农业试验研究［J］. 甘肃农业科技（8）：26-27.

杨富银，陈明，罗进仓，等 . 2009. 不同食料对苹果蠹蛾生长发育和繁殖的影响［J］. 植物保护，35（5）：62-64.

杨谷良，谭晓风 . 2007. 梨自交不亲和新基因 S35-RNase 的克隆与表达分析［J］. 园艺学报，34（3）：751-754.

殷佩兰 . 1983. 早酥梨在皖东地区的表现［J］. 中国果树（3）：30-31.

于玮玮，王海威，李慧，等 . 2014. 培养条件对早酥梨花粉萌发和生长的影响［J］. 天津农学院学报，21（4）：29-32.

袁江，张绍铃，曹玉芬，等 . 2011. 不同方法对早酥梨和华酥梨果汁褐变的抑制效果［J］. 江苏农业科学（1）：298-300.

岳永红 . 2001. 防治梨树梨木虱的药剂试验［J］. 中国果树（1）：52-53.

翟锐，房晨，范二婷，等 . 2016. 早酥梨及其红皮芽变红早酥梨类黄酮组分变化与合成模式研究［J］. 果树学报，33（增刊）：75-82.

张范，张朝红，徐炎，等 . 2010. 早酥梨病程相关基因非表达子 1 基因（NPR1）克隆及原核表达［J］. 农业生物技术学报，18（1）：18-23.

张海霞，王强，毕阳 . 2010. 1-MCP 对早酥梨常温贮藏期间生理变化及贮藏品质的影响［J］. 食品科技，35（9）：61-65.

张宏建，梁尚武，张海红 . 2008. 早酥梨授粉结实能力初探［J］. 安徽农业科学，36（26）：11 303-11 304.

张洪磊，张朝红，王跃进 . 2010. 早酥梨抗黑星病相关新基因 Vnp1 的克隆及其表达分析［J］. 农业生物技术学报，18（2）：239-245.

张坤，刘小勇 . 2013. 土壤不同含水量对早酥梨光合特性的影响［J］. 干旱地区农业研究，31（1）：107-111.

张力，林庆扬，李子臣，等. 1986. 乙烯利对早酥梨果实的催熟效果［J］. 辽宁果树（4）：15-17.

张连忠，杨洪强，路克国. 2001. 早期疏花对梨果实早期发育影响［J］. 水土保持研究，8（3）：93-95.

赵明新，李红旭，龚卫，等. 2016. 早酥梨主干形整枝密植栽培要点［J］. 甘肃农业科技（4）：81-84.

赵明新，张江红，孙文泰，等. 2016. 不同树形冠层结构对早酥梨产量和品质的影响［J］. 果树学报，33（9）：1 076-1 083.

赵宗方，杨秀明，金白谋，等. 1953. 几种生长调节剂对早酥梨生长与花芽分化的影响（初报）［J］. 江苏农学院学报，4（2）：21-23.

周鹏，仇宗浩，翟锐，等. 2014. 早酥梨及其红色芽变 Ty1-*copia* 反转录转座子逆转录酶的克隆与分析［J］. 西北农林科技大学学报（自然科学版），42（5）：162-182.

周世鹏，张山林，陈秀蓉. 2014. 早酥梨灰斑病生物学特性及药效测定［J］. 森林保护（5）：45-47.

朱彬彬，朱稚琴，王世平，等. 2008. 不同根域容积对早酥梨树生长的影响：园艺学进展（第八辑）——中国园艺学会第八届青年学术讨论会暨现代园艺论坛论文集［C］. 上海：上海交通大学出版社.

第四章　早酥梨亲本及优良后代

第一节　父母本

一、苹果梨

苹果梨为早酥梨母本。

1. 品种来历

产于吉林省延边朝鲜族自治州，据传其原种来自朝鲜京儿道逛陵白杨山。主要集中在龙井、和龙、延吉三市，图们、珲春、汪清也有较多分布，在辽西、沈阳、甘肃河西、定西及内蒙古和新疆等地栽培较多。

2. 品种特征特性

（1）果实经济性状。果实大，单果重 212 克，纵经 6.4 厘米，横径 7.7 厘米。果实呈不规整扁圆形，形态似苹果。果梗长 3.6 厘米，粗 2.9 毫米。梗洼中深、中广，有沟纹，具条锈；萼片宿存，萼洼广，中深，有褶皱和隆起。果皮绿黄色，阳面有红晕。果点较小。果心极小，果肉白色，肉质细脆，石细胞少，味酸甜，汁液多。含可溶性固形物 12.8%、可溶性糖 7.05%、可滴定酸 0.26%，品质上等。果实极耐贮藏，可贮至翌年 5 月。

（2）植物学特征。树势中庸，枝条开张，多呈水平下垂状。9 年生树高 5.0 米，冠径 3.5 米。萌芽率 72.0%。定植后 4~5 年结果。成年树以短果枝结果为主，3~5 年生枝上的短果枝结果占 71.0%。花序坐果率 96%，每序平均坐果 1.72 个，丰产性强。

3. 适栽地区及品种适应性

抗寒性强，能耐－30℃低温，抗旱、抗涝能力强。在辽宁兴城，4 月上旬萌芽，盛花期在 4 月下旬至 5 月上旬，果实 10 月上旬成熟，10 月下旬至 11 月上旬落叶。果实发育期 140 天左右，营养生长期 206 天左右。

4. 栽培技术要点及注意事项

宜采用长方形栽植。密植园株行距 2 米×3 米、2.5 米×3 米、3 米×4 米等，稀植园可用 4 米×5 米、4 米×6 米的株行距。授粉品种有锦丰梨、朝鲜洋梨、秋白梨、冬果梨、早酥梨、茌梨、鸭梨、南果梨和延边谢花甜梨等。多采用基部三主枝疏散分层形或双层伞形的整形方法。一般条件以疏花为主，长果枝适当短截或疏除部分花及多而密的枝条，疏果时剪除病虫果、畸形果，留第二个或第三个边花坐的果实，尽量多留叶片，通常 30~35 片叶留一个果。弱树树冠外围少留果，以留单果为主。果园施肥一般采用以施有机肥为主，重施基肥，合理追肥，控施氮肥用量，禁用硝态氮肥，提倡施专用肥或生物肥。基肥主要以有机肥为主，在果实采收后，采用环状施肥法，即定植穴外挖环状沟施入，施肥量即以每收入 1 千克果施 1 千克肥为标准。用时配合叶面追肥。果园灌溉全年四次左右，主要在萌芽开花前、坐果后、果实膨大期、采收后休眠前，方法应掌握水渗入深度 1 米以下，灌水后地面三天不积水为宜。喷药时注意避免药害。

二、身不知梨

身不知为早酥梨父本。

1. 品种来历

来源不详。可能是砂梨与西洋梨的杂交种。

2. 品种特征特性

（1）果实经济性状。果实中等偏大，平均单果重 189 克。纵径 7.2 厘米，横径 7.0 厘米，呈阔倒卵形或近圆球形。果皮绿黄色，阳面有淡橙黄色晕，果面平滑有光泽，具不规则的小锈斑，果点大小均匀，果实肩部有锈块。果梗长 4.4 厘米，粗 3 毫米；梗洼浅狭，有沟状，具片锈。萼片脱落或残存；萼洼浅，中广。果心中等大。果肉白色，中粗；采时脆，味甜，汁多；经 5~7 天后熟即变沙面，汁变少，味甘甜，微香；含可溶性固形物 10%~13%，可溶性糖 7.70%，可滴定酸 0.19%；品质中等。果实不耐贮藏。

（2）植物学特征。植株生长势中庸偏弱，树冠较紧凑，24 年生树树高 3.6 米，冠径 3.5 米×3.3 米，新梢生长量 30~40 厘米，主枝角度较开张。4~5 年开始结果。萌芽力强，占 82.7%，发枝力中等偏弱，平均为 2.15 个。以短果枝结果为主，占总数的 70%，长果枝 13%，中果枝 9%，腋花芽 8%。花序坐果率 85%，平均每花序 1.56 个果。较稳产，16 年生树株产 110 千克左右。

3. 适栽地区及品种适应性

适应性强，抗寒能力强，能耐−30℃低温，较抗病。在辽宁兴城，4 月上旬萌芽，

盛花期在 4 月下旬至 5 月上旬，果实 9 月上中旬成熟，10 月下旬至 11 月上旬落叶。果实发育期 125 天左右，营养生长期 210 天左右。

身不知梨果实较大，丰产稳产，树体较小可适当密植，抗寒力强。授粉品种为朝鲜洋梨、苹果梨。果实品质一般，不耐贮藏，可在城郊及工矿附近适量发展。

第二节　优良后代

一、华酥梨

1. 品种来历

中国农业科学院果树研究所选育优质、大果、早熟梨新品种。亲本为早酥梨×八云梨。1977 年杂交，1989 年选出，经过多年多点品种比较试验、区域试验和生产试栽，优良性状表现突出，被评为 1999 年“中国国际农业博览会名牌产品”，1999 年通过辽宁省农作物品种审定委员会审定并命名，2002 年通过全国农作物品种审定委员会审定。

2. 品种特征特性

（1）果实经济性状。果实个大，平均单果重 250 克；果实近圆形，果皮黄绿色，果面光洁、平滑，有蜡质，无果锈，果点小而疏、不明显，外观漂亮美观；梗洼中深、中广，萼洼浅而广、有皱褶；萼片脱落、偶有宿存；果肉淡黄白色，肉质细，酥脆多汁，酸甜适口，风味浓郁，并具芳香，可溶性固形物含量 11.0%~12.0%；果心小，石细胞少，综合品质上等。在辽宁兴城果实 8 月上旬采收，室温下可贮放 20~30 天，在冷藏条件下，可贮藏 60 天以上。

（2）植物学特征。树冠圆锥形，树姿直立；枝干光滑，灰褐色；多年生枝光滑，灰褐色，1 年生枝黄褐色；叶芽圆锥形，花芽阔圆锥形；幼叶淡绿色，成熟叶片绿色，叶片卵圆形，平展微内卷，叶缘细锐锯齿具刺芒，叶尖渐尖，叶基圆形，花冠白色，花瓣圆形、多为 5 瓣，少数 6~10 瓣。

（3）生物学特性。树势中庸偏强，4 年生干周 16.0 厘米，树高 2.8 米，新梢平均长 82.3 厘米；萌芽率高（81.78%），发枝力中等；以短果枝结果为主，各类结果枝比例为：短果枝占 54%，中果枝占 5%，长果枝占 17%，腋花芽占 24.0%；果台连续结果能力中等；花序坐果率高（80.94%），花朵坐果率中（20.42%），每花序平均坐果 1.57 个；具早果高产特性，一般定植后第 3 年即可结果，6~7 年生树产量可达 30.0~37.5 吨/公顷。

在辽宁兴城4月上旬芽萌动，5月上旬盛花，花期10天左右；6月上旬新梢停止生长，8月上旬果实成熟，10月下旬至11月上旬落叶，果实发育期85~90天，营养生长期196~214天。

3. 适栽地区及品种适应性

在北京、辽宁、河北、江苏、四川等省市栽培较多；甘肃、新疆、云南、福建等省、区也有少量栽培。其适应性较强，既耐高温多湿，又具较强抗寒力。抗腐烂病、黑星病能力强，兼抗果实木栓化斑点病和轮纹病。

4. 栽培技术要点及注意事项

栽植行株距以4米×3米为宜，也可采用4米×1.5米的行株距，待植株成形、树冠即将郁闭时，再进行隔株间伐，恢复到正常的栽植密度。授粉品种以早酥、华金、锦丰、鸭梨等为宜。树形可采用疏散分层形。除对中心领导干及主枝延长枝进行必要的重短截外，对树冠周围或内部直立的侧枝应适当轻剪长放，并通过拉枝以开张角度，促进花芽形成。进入结果期后，对内膛着生过密枝条和细弱枝条，应适当疏剪，以保证通风透光；为提高果品质量，必须进行疏花疏果。疏花标准以两花序间距20厘米为宜；注意适时采收：当果皮由绿色开始转为黄绿色时，果实即可采收上市。

二、华金梨

1. 品种来历

中国农业科学院果树研究所选育的品种。亲本为早酥梨×早白梨。1974年杂交，1975年培育实生苗，1977年定植，1982年开始结果，1985年初选为优系，1989年复选为优系，1991年决选为优系，并扩繁苗木。1996—2000年被列为“九五”农业部重点科研项目参试优系，在辽宁、河北两省建立试验、试栽基点，对其进行全面的观察评价鉴定与生产试栽，并在京、苏、鲁、川、宁、内蒙古等14个省（市、区）扩大生产试栽。1998年通过农业部有关部门中期验收。多年、多点的试验和试栽表明，该品种早熟、大果、外形美观、品质优良、早果丰产、抗寒性较强，抗黑星病和果实木栓化斑点病能力强。目前，该品种已在全国16个省（市、区）的39个市、县（市）引种试栽，均表现良好，试栽面积还在进一步扩大。2003年获植物新品种权。2009年通过辽宁省品种审定委员会审定并命名。

2. 品种特征特性

（1）果实经济性状。果个大，平均单果重305克；果实长圆形或卵圆形，果皮绿黄色，果面平滑光洁、有蜡质光泽，无果锈；果点中大、中密；梗洼浅而狭，萼洼中深、中广；萼片脱落，有皱褶；果肉黄白色，肉质细，酥脆多汁，风味甜，并略具芳香；果心较小，石细胞少，可溶性固形物含量11.0%~12.0%，品质上等。在辽宁兴

城，果实8月上中旬采收，在室温下可贮放20~30天；在冷藏条件下，可贮藏60天以上。

（2）植物学特征。树冠圆锥形，树姿半开张；主干灰褐色；多年生枝光滑，灰褐色；1年生枝黄褐色，叶芽钝尖，花芽卵形；幼叶淡绿色，老叶绿色，卵圆形，革质，抱和，叶缘细锐锯齿具刺芒，叶尖渐尖，叶基圆形，每花序7.75朵花；花冠直径4.2厘米、白色，花瓣5枚、圆形，花药紫红色，雌蕊高于雄蕊，花柱5个。

（3）生物学特性。树势较强；4年生干高2.95米，干周14.1厘米；新梢平均长95.7厘米；萌芽率高，发枝力中等偏弱；以短果枝结果为主，间有腋花芽结果，果台连续结果能力中等；在自然授粉条件下，花序坐果率53.22%，花朵坐果率15.12%，平均每花序坐果1.06个。而且结果早丰产性好，定植后第3年全部植株开花结果，6~7年生树产量可达30~37.5吨/公顷。

在辽宁兴城，4月上旬花芽萌动，4月下旬至5月上旬初花，5月上旬盛花，花期10天左右；6月上旬新梢停止生长，8月上中旬果实成熟。10月下旬至11月上旬落叶，果实发育期90天，营养生长期195~213天。

3. 适栽地区及品种适应性

适于在东北、华北、华东、西北、西南梨产区推广，适应性较强；耐高温多湿，抗寒力、抗病力较强，高抗黑星病，兼抗果实木栓化斑点病和腐烂病等。

4. 栽培技术要点及注意事项

行株距以4米×3米为宜。为提高其早期产量和经济效益，密植园也可采用4米×1.5米的行株距。待树冠郁闭时，再隔株间伐，回归至正常的栽植密度。

授粉品种以配置华酥梨、早酥梨、锦丰梨、鸭梨等为宜，比例为5：1或6：1。

采用疏散分层形整形。修剪除中央领导枝及延长枝外，对树冠周围和内部直立的侧枝适当轻剪长放，并拉枝开张角度，促进花芽形成。对内膛着生的过密枝、细弱枝、病虫枝和病僵枝，应适当疏剪，以改善通风透光，提高坐果率和果实品质。

为提高果实品质，需进行疏花疏果。两花序间距以25~30厘米为宜，每花序留单果。负载量应控制在2 500千克/亩左右。

为提高果实外观品质，并减少农药在果品中的残留量，应提倡套袋栽培。纸袋为内袋黑色，外袋黄褐色的双层袋或内袋棉纸，中袋黑色，外袋黄褐色的三层袋。终花期1个月后，在喷洒1次杀菌、杀虫剂后套袋；采收前20~30天卸袋。

施肥以有机肥为主，化肥为辅。严格控制化肥和不合格肥料的施用，增加有机肥料（农家肥，商品有机肥与其他有机肥）的施用；提倡使用非污染水灌溉，适时灌、排水，以保持良好的土壤墒情；解冻后萌芽前、开花前、果实膨大期、采收后、落叶后入冻前田间须灌足水。

以农业防治和物理防治为基础，提倡生物防治，按照病虫害的发生规律和经济阈值，科学使用化学防治技术，有效控制病虫为害。禁止使用剧毒、高毒、高残留农药和致畸、致癌、致突变农药。提倡使用生物源农药、矿物源农药、新型高效、低毒、低残留农药和科学合理使用农药。

按成熟度标准适时采收，当果皮由绿开始转黄时，果实即可采收。

三、中梨 1 号梨

1. 品种来历

又称绿宝石梨。是由中国农业科学院郑州果树研究所培育而成。亲本为新世纪梨×早酥梨，1982 年杂交，1996—2003 年进行区域性试验。经过 18 年对高接树和连续 11 年对区域试验株系的生长、结果、丰产性、稳产性、抗逆性等农艺性状及果实经济性状的观察，结果表明，该株系各种性状稳定，且优良性状突出，早果、丰产；果实外观美、品质优、抗性强。1998—2004 年在农业部举办的全国优质早熟梨评比中，连续 5 年被评为优质早熟梨。2003 年获国家植物新品种保护权，同年通过河南省林木良种品种审定委员会审定，2005 年通过国家林木新品种审定。

2. 品种特征特性

（1）果实经济性状。果个大、平均单果重 220 克、最大果重 450 克；果实近圆形，果面光滑，有光泽，北方栽培无果锈，南方栽培有少量果锈，果点中大；果实翠绿色、采后 15 天呈鲜黄色，梗洼、萼洼中深、中广，萼片脱落或残存；果皮薄，果心中等大小，果肉乳白色，肉质细脆，石细胞少，汁液多，可溶性固形物含量 12.0%~13.5%，风味甘甜可口，有香味，品质上等。在郑州地区 7 月上中旬成熟，自然贮藏 20 天，冷藏条件下可贮藏 2~3 个月。

（2）植物学特征。树冠圆头形，幼树树姿直立，成龄树开张；树干浅灰色，多年生枝黄绿色、皮细、光滑；一年生枝黄褐色，梢无茸毛；皮孔中多、近圆形；叶片长卵圆形，深绿色，叶尖渐尖，叶基圆形，叶缘刺芒状，叶边齿为锐单锯齿；叶姿平展；叶芽中等大，三角形；花芽肥大，心脏形；花冠白色。

（3）生物学特性。树势较壮，生长旺盛；6 年生树高 3.3 米，新梢平均长 82.0 厘米；萌芽率高达 70% 以上，成枝力中等—剪口下可抽生 3 个 15 厘米以上的新梢；以短果枝结果为主，并有腋花芽结果，自然授粉条件下每花序平均坐果 3~4 个；一般定植 2~3 年结果，6~7 年生树产量可达 30.0~37.5 吨/公顷。经验表明，多头高接翌年即可批量结果，具良好的丰产性能。

在河北省中南部地区 3 月下旬芽萌动，4 月上旬初花，4 月上中旬盛花，花期 7~10 天，其花期物候期与黄冠梨、冀蜜梨等品种相近；果实成熟期为 7 月下旬；新梢 4

月中旬开始生长，6 月下旬停长；落叶期 11 月上旬，果实生育期 100 天左右。

3. 适栽地区及品种适应性

中梨 1 号性喜深厚肥沃的沙质壤土，红黄壤及碱性土壤也能正常生长结果，但在潮湿的碱性土壤上果肉有轻微的木栓斑点病（缺 Ca 及 B），抗旱、耐涝、耐瘠薄。对轮纹病、黑斑病、腐烂病均有较强的抵抗能力，在四川的成都地区高温多湿条件下，表现出生长旺盛、结果早、品质好、抗性强等优点。由于其成熟早，在正常管理条件下，果实不易受食心虫为害。在前期干旱少雨、采果前 1 个月多雨的年份，有轻微的裂果现象发生。

该品种在晋、冀、鲁、豫等梨主产区均生长结果良好；同时，在长江以南的滇、渝、皖及江、浙地区亦可正常结果。

4. 栽培技术要点及注意事项

该品种由于生长势强旺，容易形成较大的树冠而在栽培上应合理密植。建议沙荒薄地及丘陵岗地可适当密植，株行距应为 2 米×4 米或 2 米×5 米。土壤肥沃、水分充沛的地区可适当稀植。株行距应为 2 米×5 米或 3 米×5 米。该品种虽能自花结实，但仍需配备一定量的授粉树，这样结果更好。配置的比例通常为（6~8）：1。早美酥梨、金水 2 号梨、新世纪梨可用作中梨 1 号的授粉树。

按照“早果、优质、丰产”的栽培要求，对幼树可暂缓强调树形，修剪应立足于以轻为主，夏季（5—7 月）着重对直立枝、强旺枝采取拉枝、坠枝、拿枝软化等技术，使之平斜生长。为克服成枝力低的问题，在拉枝后应用抽枝宝涂抹背侧芽，促使发枝，提高成枝力。结果后根据种植密度，培养具体树形，通常以自由疏散分层形为主，10 年后逐步改造成一层一心或开心形。进入盛果期后，在合理负载原则基础上，要及时回缩结果枝组，疏除一些弱的结果枝组，短截一部分当年生枝，以保持中庸稳壮的树势，使营养生长和生殖生长平衡发展。

中梨 1 号梨坐果率高，连年丰产，在进入盛果期后，为确保果大优质，应严格控制坐果量。所以合理疏花疏果是必需的。留果标准是每隔 20 厘米留 1 个果，其余疏除，每亩大约留果 15 000个，每亩产量控制在 2 500千克以内，这样才能达到优质、丰产、稳产、高效益。一般花后 25 天应完成此项工作。注意果实生长发育期的水分供应。

幼树应于每年秋冬季扩穴并施入 50~100 千克/株的土杂肥，春夏季施 3~5 次追肥，以 N 为主，N、P、K 结合，除注意秋施基肥外，要更加注意果后补肥的供给，即采果后立即施入 0.5 千克/株速效 N 肥，以补充因结果而大量耗养对树体产生的饥饿所需。加强病虫害防治也是优质丰产的重要措施。应着重防治近年来广为发生的梨木虱、蝽象类害虫。

四、七月酥梨

1. 品种来历

中国农业科学院郑州果树研究所培育而成。亲本为幸水梨×早酥梨。1980 年杂交，1986 年实生后代开始结果，1999 年和 2002 年分别通过安徽省和河南省农作物（林木良种）品种审定委员会的审定，2004 年通过国家林业局林木品种审定委员会的审定，是一个极具推广价值的极早熟梨优良新品种。

2. 品种特征特性

（1）果实经济性状。七月酥梨果实大，平均单果重 220 克，最大 650 克；果呈卵圆形或近圆形；果皮翠绿色，果面光洁，无果锈；果点较小而密，外观较好；果实纵径 7.1 厘米，横径 7.8 厘米，果形指数 0.91；果梗稍粗，部分呈肉质梗洼浅、中广，萼洼中深、中广，萼片脱落或残存；果肉白色，肉质细，汁液丰富，风味甘甜；果心小，石细胞少，可溶性固形物含量 12.5%~14.5%，总糖含量 9.08%，总酸含量 0.10%，维生素 C 含量 5.2 毫克/100 克。品质上等。果实室温下可贮放 20 天左右，贮后色泽变黄，肉质稍软。

（2）植物学特征。幼树树冠近长圆形，成年树冠细长纺锤形。主干灰褐色。光滑，有轻微块状剥裂，1 年生枝红褐色，年新梢生长量为 38.3 厘米，叶片淡绿色，长卵圆形，叶长 12.2 厘米，宽 6.1 厘米，叶柄长 4.0 厘米，百叶鲜重 116.0 克；花冠直径 4.2 厘米，雄蕊 30 枚，雌蕊 6~7 枚，花药较多，浅红色，每花序有花 7~9 朵，多达 12 朵，花序自然坐果率为 42%左右。果心极小，可食率 78%，心室 6~8 个，含种子 2~6 粒，种子淡黄褐色，长 0.83 厘米，宽 0.4 厘米，圆锥形。

（3）生物学特性。七月酥梨树势强健，幼树生长旺盛，枝条直立，分枝少，定植 3 年开始结果，进入结果期生长势渐缓，大量形成中短枝，中短枝占总枝量 92%，其中短枝占总枝量的 82%，中短果枝占总果枝的 93%，较丰产稳产。10 年生树高 3.85 米，南北冠径 37.5 厘米，东西冠径 35.8 厘米，干周 3.88 厘米，成枝力较弱，萌芽率高达 73.0%，果台副梢抽生能力弱，顶花芽、腋花芽较少，以短果枝或叶丛结果为主，大小年结果和采前落果现象不明显。

七月酥梨在郑州地区 7 月初成熟，较早酥早熟 20 天，较日本幸水梨、新世纪梨早熟约 30 天；在云南、广西、湖南一些地区，果实 6 月底成熟；在石家庄地区，北京地区果实成熟期较郑州地区晚 5~7 天。在郑州地区花芽萌动期 3 月中下旬，初花期 4 月上旬，盛花期 4 月 12 日，末花期 4 月 15 日，花期持续约 10 天；果实生育期约 80 天；春梢停长期在 6 月下旬；落叶期为 1 月底。全年生育期 225 天。

3. 适栽地区及品种适应性

可在黄淮海地区及长江流域栽植。抗逆性中等，较抗旱，耐涝、耐盐碱；抗病性

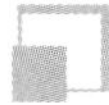

较差，枝干易感轮纹病，叶片易感早期落叶病和褐斑病；抗风力弱，较抗蚜虫、梨木虱。

4. 栽培技术要点及注意事项

七月酥幼树生长旺盛，枝条易直立生长，分枝少。因此幼树期应适当拉枝开角、刻芽分枝，或部分生长期拿枝软化，缓和生长势。对部分生长旺盛的营养枝或背上枝实行重短截，促进分枝，连年培养为结果枝组。对强旺营养枝有时还需主干主枝环割，以减缓生长势，促使尽早开花结果。进入盛果期后，成花量大，坐果率高，要疏花疏果，每序留 1~2 个果为宜；果实近熟期，还要注意防鸟害。修剪时，以果后回缩部分衰弱的结果长枝串花枝为主，不断更新复壮结果枝组，保证枝条健壮生长，提高负载量。

盛果期树还要加大肥水供给，有条件的要间作绿肥和树盘被草，铺秸秆等，可以保持土壤中水分养分，防止干旱板结和裂果现象的发生。采果后 8—9 月，注意保护叶片，及时施用有机肥、微肥和防治病虫害；还可以根外喷肥，尤其要增施磷肥或花期幼果期喷翻 1~2 次，可以防治早期落叶病和果实缺素症发生。砧木选用杜梨、豆梨和野生砂梨均可。栽植密度 83~111 株/亩，株行距为（2~3）米×4 米，10 年以后，可以隔株间伐或间移。七月酥梨有一定的自花结实能力，但大量栽培时仍需配备一定数量的授粉品种，以早美酥梨、金星梨、绿宝石梨、新世纪梨、幸水梨等为宜，配置比例为 1：(4~5)。

加强对褐斑病、早期落叶病及枝干轮纹病的防治。

五、早美酥梨

1. 品种来历

中国农业科学院郑州果树研究所培育而成的早熟、丰产、外观美、抗性强的新品种。亲本为新世纪梨×早酥梨。1982 年杂交，1999 年分别通过河南省、安徽省农作物品种审定委员会审定；2002 年通过全国农作物品种审定委员会审定。

2. 品种特征特性

（1）果实经济性状。果个大，平均单果重 250 克；果实近圆形或长卵圆形，果皮绿黄色，果面光洁、平滑，有蜡质光泽，无果锈，果点小而密集，外形美观；梗洼浅而狭，萼洼中深、中广，萼片部分残存；果肉乳白色，肉质细，石细胞较少，酥脆（常温下采后半月肉质变软），汁液多，酸甜适口；果心较小，平均可溶性固形物含量 11.0%~12.5%，品质上等。在河南郑州地区果实 7 月中旬成熟，室温下可贮放 15 天；在冷藏条件下，可贮藏 30~60 天。

（2）植物学特征。树冠圆头形，树姿半开张；主干和多年生枝光滑，灰褐色；1

年生枝黄褐色；叶芽长卵圆形，花芽卵圆形；幼叶黄色，成熟叶片暗绿色，卵圆形、平展，叶缘粗锯齿，叶尖突尖，叶基圆形，每花序5~8朵花，花冠中等大小、白色，花瓣倒卵圆形。

（3）生物学特性。树势强；5年生树高3.1米，新梢平均长68.0厘米；萌芽率高（66.00%），成枝力较弱；以短果枝结果为主，各类结果枝比例为：长果枝3%、中果枝8%、短果枝87%、腋花芽2%；果台副梢连续结果能力较强，花序坐果率高（70.75%），花朵坐果率中（25.15%）；该品种有早果早丰特性，定植后第3年即可结果，6~7年生树产量可达30.0~37.5吨/公顷。

在河南郑州地区3月中旬花芽萌动，4月中旬盛花，花期6~8天；6月中下旬新梢停止生长，7月中旬果实成熟，11月上旬落叶。果实发育期95天左右，营养生长期210天。

3. 适栽地区及品种适应性

适于华中、华南、西南及长江中下游地区等砂梨适栽的广大梨产区栽培。适应性较强；既耐高温多湿，又抗旱、耐涝，且较耐瘠薄。抗病力较强，对轮纹病、黑星病、腐烂病均有较强的抵抗能力，不抗蚜虫、梨木虱；在潮湿的碱性土壤中栽培，果实有轻微的木栓化斑点病。

4. 栽培技术要点及注意事项

树势强，可根据立地选择合适的栽植密度，平地肥沃土壤行株距可选用5米×2米；沙荒薄地及山地果园以4米×1.5米为宜。授粉树以七月酥梨、金水2号梨、幸水梨等品种为宜。采用自由纺锤形整形。幼树期应以轻剪长放为主，进入盛果期应及时回缩更新；为确保果大优质，盛果期大树必须进行疏花疏果。以留单果，且幼果间的距离不小于20厘米为宜。

六、八月红梨

1. 品种来历

八月红梨系陕西省农业科学院果树研究所与中国农业科学院果树研究所育成的中熟红色梨新品种，亲本为早巴梨×早酥梨。1973年杂交，1995年通过陕西省农作物品种审定委员会审定并命名。在我国北京、天津、河北、辽宁、山西、陕西、山东等省、栽培较多；甘肃、新疆等省、区也有少量栽培。

2. 品种特征特性

（1）果实经济性状。果个大，平均单果重262.0克；果实卵圆形，果皮黄色、向阳面鲜红色，果面光洁、平滑，稍有棱起，有蜡质光泽，略具果锈，果点小而密，不明显，外观漂亮美观；梗洼浅、狭，萼洼中深、中广、有皱褶，萼片宿存；果肉乳白色，肉质细，石细胞少，酥脆多汁，风味甜，香气浓，果心小，可溶性固形物含量13.60%，品质上等。果实在陕西杨陵8月中旬采收，室温下可贮放7~10天。

（2）植物学特征。树冠阔圆锥形，树姿较开张；主干光滑，暗褐色；1年生枝红褐色；幼叶绿黄色，叶片绿色、长椭圆形，平展微内卷，叶尖渐尖，叶基圆形，叶缘钝锯齿具刺芒；每花序6~8朵花，花冠小、白色，花瓣5瓣。

（3）生物学特性。树势强；5年生树高4.35米，新梢平均长57.0厘米；萌芽率高（87.3%），发枝力中等；长、中、短果枝及腋花芽均能结果；果台连续结果能力强，花序坐果率高，花朵坐果率亦较高，一般自然授粉条件下每花序平均坐果3.8个；采前落果很轻。定植后第3年即可结果，6~7年生树产量可达30.0~37.5吨/公顷。

在陕西杨陵地区，3月中旬花芽萌动，4月上旬初花，4月上中旬盛花，4月中旬终花，花期11天左右；6月上中旬新梢停止生长，8月中旬果实成熟，12月上旬落叶。果实发育期125天，营养生长期270天。

3. 适栽地区及品种适应性

八月红梨外观艳丽，果肉脆，具香气，是优良的中熟红色梨新品种，适于在黄土高原和温暖半湿区推广发展。在辽宁朝阳地区栽培，果皮色泽更为艳丽，在冷凉半湿区栽培亦有较大的发展前景。适应性较强；耐瘠薄，抗寒、抗旱力强。高抗黑星病、腐烂病和轮纹病；抗锈病和黑斑病能力亦较强，对果实轮纹病抗性较差。

4. 栽培技术要点及注意事项

八月红梨结果较早。幼树可进行高密栽培，行株距4米×1.5米，可有效地提高前期产量，郁闭时再行隔株间伐。采用纺锤形或小冠疏层形整形为宜。授粉树可用黄冠梨、硕丰梨、晋蜜梨等；该品种生长势强，枝条多直立，应注意开张角度，冬剪时多疏少截，轻剪缓放，利用1年生强旺枝顶芽和邻近侧芽易成花的特点，并结合夏剪进行主干环割、摘心、抹芽、拉枝等措施，促进幼树早结果、早丰产。

八月红梨坐果率高，易形成串果，应重视疏花疏果，开花前及早按15~20厘米距离留1个花序，落花后每花序留1~2个果，负载量应控制在37.5吨/公顷以内，以达到果实优质和持续丰产。长放枝结果后要及时回缩，并加强肥水管理，防止大量结果后树势衰弱。

八月红梨贮藏期较短，建议采用冷库贮藏。

七、早金酥梨

1. 品种来历

早金酥梨是辽宁省果树科学研究所以早酥梨为母本，金水酥梨为父本杂交选育而成。1994年杂交，获杂交种子280粒，1995年播种育出杂种实生苗127株，1996年实生苗全部定植，2000年母树首次开花，2001年结果，确定为初选优系，2002年繁育苗木，2003年进行高接，2004年在所内复选圃定植25株，同时在大石桥、海城、辽阳、苏家屯、铁岭、锦州等地进行区试鉴定，2009年通过辽宁省非主要农作物品种备案办公室备案。

2. 品种特征特性

（1）果实经济性状。果实纺锤形，平均单果质量240克，最大果质量600克；平均纵径8.6厘米，横径7.6厘米；果面绿黄、光滑，果点中、密；果柄长，梗洼浅，萼片脱落或残存，萼洼浅；果皮薄，果心小；果肉白色，肉质酥脆，汁液多，风味酸甜，石细胞极少；可溶性固形物含量10.8%，总糖含量83.43克/千克，可滴定酸含量2.527克/升，维生素C含量33.72毫克/千克，硬度4.82千克/平方厘米，品质极上。2001—2003年的常温贮藏期平均为22天。果实8月初成熟。

（2）植物学特征。树姿直立，树干绿黄色、光滑。1年生枝绿黄色、平均长度65.0厘米，节间长，平均4.9厘米，皮孔密度中等，平均4.8个/平方厘米。叶芽姿态为贴生，顶端尖，芽托小。叶片卵圆形，叶柄长度3.6厘米，叶平均长度11.9厘米、宽6.9厘米，幼叶黄绿色，叶面伸展为抱合状态，叶背无茸毛；叶尖急尖形状，叶基为宽楔，叶缘锐锯齿，裂刻无，刺芒无。每花序着花朵数为8.6朵，花蕾白色，花冠直径3.9厘米。花瓣相对位置无序，每朵花花瓣数为5枚。柱头位置高于花药，花药颜色为淡紫色。每朵花中雄蕊数目21枚，花粉败育。

（3）生物学特性。该品种树体生长势较强，幼树生长直立，4年生树高4米，冠径220厘米×180厘米，干周22厘米；萌芽率高，平均75.8%，成枝力强，平均3.4。腋花芽较多，占总花芽的28.9%。连续结果能力强；每花序坐果2.4个；早产、丰产、稳产性好，栽后第2年开始结果，3年生株产平均3.7千克，4年生21.8千克，5年生25.4千克。以每亩栽67株计算，3年生树每亩产量达248千克，4年生达1 461千克，5年生1 702千克。

早金酥梨在辽宁熊岳地区4月上旬萌芽，4月下旬盛花，8月初果实成熟，10月末落叶，树体营养生长期约200天。

3. 适栽地区及品种适应性

早金酥梨具有早熟、早产、早丰、优质、抗苦痘病等特点，是优良的早熟梨新品种，非常适于观光旅游园栽培；商品价值高。该品种在辽宁南部、西部、东部以及河北、山东等广大北方梨主产区有非常广阔的发展前景。适应性较强；耐瘠薄，抗寒、抗旱力强。抗梨苦痘病。

4. 栽培技术要点及注意事项

栽植密度为株距3米×4米或2米×4米，即亩栽55~83株。早金酥较喜肥水，因

此，建园应选择土壤肥力较好，土层较厚的平地或缓坡地。早秋每 100 千克果施有机肥 150 千克，施梨树专用肥 5 千克，6 月下旬果实迅速膨大期施尿素和硫酸钾各 1. 1 千克左右。花前或花后、果实膨大期及施肥后土壤较干燥时灌水。

早金酥梨没有花粉，必须配 2 种以上授粉品种，按 8 : 1 的比例。授粉品种可选择早酥梨、华酥梨等早熟品种。

八、新梨 3 号梨

1. 品种来历

新梨 3 号梨系新疆奎屯果树研究所选育的抗寒、优质、丰产梨新品种。亲本为古高梨×早酥梨。1978 年进行杂交，1979 年播种，1981 年定植于选种圃，1986 年初选为优系，并开始高接和繁殖苗木，进行多点试栽。1990 年决选，同时把试栽点扩大至辽宁、黑龙江、吉林、内蒙古、甘肃等 10 多个省和自治区。1994 年 1 月通过新疆农作物品种审定委员会审定，认为 78-35-8 抗寒、果实品质上等，丰产，定名为新梨 3 号梨。

2. 品种特征特性

（1）果实经济性状。果实长圆形，果面光滑，果点中大、密，果实底色黄绿色，萼片残存。平均重 178 克，大小整齐。果肉白色，肉质细嫩、酥脆，汁液多，石细胞少，酸甜适宜。可溶性固形物含量 9. 9%，可滴定酸含量 3. 5 克/升，维生素 C 含量 35. 0 毫克/千克，硬度 4. 82 千克/平方厘米，含糖量 9. 9%，维生素 C 含量 66. 12 毫克/千克。较耐贮藏，冷藏条件下（0~4℃）可贮 180 天。

（2）植物学特征。树冠狭圆锥形，主干灰褐色，有轻微纵裂；新梢绿黄，阳面赤褐色；皮孔中大，圆形灰白色；叶芽中大，花芽圆锥形，较小；叶圆形或广椭圆形，先端急尖，叶基圆形，叶面光滑平展，无茸毛，叶缘具刺芒状锯齿；花中大，每花序花朵数 6~10 朵。

（3）生物学特性。树势中庸，平均新梢长度 83. 9 厘米、粗 0. 87 厘米，萌芽力中，成枝力弱。长果枝占 1%，中果枝占 3%，短果枝占 96%。花朵坐果率 20% ~ 30%，平均每果台坐果 2~3 个，采前不落果。丰产，14 年生母树株产 46 千克；5 年生高接树株产为 28 千克。

该品种在新疆奎屯 4 月上旬开始萌芽，4 月中旬展叶，4 月下旬开花，9 月中下旬果实成熟，10 月中旬落叶。果实发育期约 146 天，营养生长期约为 197 天。

3. 适栽地区及品种适应性

该品种抗寒力强，母树在 16 年中经受了两次大的周期性冻害，能够安全越过 -35. 3℃的绝对最低温度，在 1987 年 11 月中下旬突然降温到-30. 7℃的条件下，其 1

年生枝条先端木质部变褐，少部分花芽受冻，大部分花芽开花结果正常，其抗寒力强于苹果梨和南果梨等品种。

抗病虫能力较强，食心虫为害极轻，其他常发性病虫害如蚜虫、李始叶螨发生亦较轻。

4. 栽培技术要点及注意事项

该品种树冠较小，树势中庸。适宜株行距为 3 米×5 米或 3 米×4 米，适宜树形为纺锤形或小冠疏散形，幼树修剪不宜太轻，力求多发枝条。易形成结果枝，坐果率高，应注重疏花疏果，适当控制负载量，并要及时回缩结果枝组，加强肥水管理，多施有机肥，生长后期早停水。适宜的授粉品种为红秀 1 号梨、红秀 2 号梨。

九、新梨 7 号梨

1. 品种来历

新梨7号梨为山东莱阳农学院与新疆塔里木农垦大学选育。亲本为库尔勒香梨×早酥梨。1983 年以新疆阿拉尔栽培的 20 年生的库尔勒香梨作父母本，早酥梨为父本进行杂交；1985 年播种；1987 年定植 261 个单株。1990 年梨实生苗开始陆续开花。

1995 年选出 85-8-15 实生单株优系，先后在新疆和山东作多点生产试验与区域试验；2000 年通过新疆维吾尔自治区农作物品种审定委员会审定，审定名为新梨 7 号。各地区试的曾用名有早香梨、酥香梨、阿克苏金梨等。

2. 品种特征特性

（1）果实经济性状。新梨 7 号梨果实椭圆形，底色黄绿色，阳面有红晕。平均单果重 165. 6 克。果形果色似香梨，果实比香梨大 17. 8%。果皮薄，果点中大、圆形。梗洼浅，萼片宿存，开裂。果肉白色、汁多、质地细嫩，酥脆，石细胞较少，果心小，可食比例 1. 06，可溶性固形物为 12. 33%，有机酸含量为 0. 1%，维生素 C 含量为 0. 43 毫克/千克。风味甜爽，清香，口感甜爽。

（2）植物学特征。新梨 7 号梨树势中庸，树姿半开张。10 年生树冠径东西长 3. 2 米，南北长 3. 3 米，干高 45 厘米，干周 3. 65 厘米。一年生枝皮绿色，初生新梢被有茸毛，略带红色，皮孔大、密、微凸、圆形。节间长 3. 29 厘米，叶片椭圆形，锐尖，叶缘锯齿形。叶片横径平均 6. 45 厘米，纵径 10. 3 厘米，叶片厚 0. 03 厘米，叶色深绿。花芽肥大、圆锥形。每花序有 5~12 朵花，雄性不育，无花粉型；花药鲜玫瑰红色。

（3）生物学特性。新梨 7 号梨树生长势强，幼树分枝角度大。一年生枝萌芽率高，成枝率强，易发二次分枝，新梢摘心易发生分枝，所以树冠成形快，结果枝组易培养，形成早期丰产。3 年生幼树新梢达 132 条/株，其中短枝占 66. 52%，中枝占

7.85%，长枝占25.62%；一年生枝甩放后易抽生短果枝，结果后回缩，易形成强壮的结果枝组，所以更新能力强；高接换头成形快，当年抽生副梢并形成花芽，第二年开始结果，第三年可进入丰产期。19年生树体高接换头第3~4年单株花序量达405~535个；由于采收期早，秋芽芽体饱满，树体连年丰产结果能力强，无大小年结果现象。

3. 适栽地区及品种适应性

新梨7号梨的遗传背景广阔，土适应性强，树体抗盐碱，耐旱力强。耐瘠薄能力良好，较抗早春低温寒流。树体和果实的抗病能力强。适应性强。凡是香梨、早酥梨、苹果梨、巴梨品种的适栽地域均适宜栽培发展。由于果实成熟早，溢香，易受鸟害。

果实耐热能力较强，货架期寿命长。

新梨7号梨与当地主栽品种（库尔勒香梨）相比较，花芽萌动期、盛花期、坐果期无明显差异。但是叶芽萌动期比对照晚3~5天；果实可食期早于种子生理成熟；盛花期至果实可食期80~95天，属早熟品种。采收期可延长至与中熟品种同期采收，果实仍然能保持原商品风味，只是9月上旬采收的果个比早采时增大。

4. 栽培技术要点及注意事项

新梨7号梨宜采用疏层形或改良扇形，小冠形可用纺锤形。该品种有雄性不育性，必须配置两个果形端正的品种做授粉树，辅助人工授粉。授粉品种可选用鸭梨、锦丰梨、雪花梨、砀山酥梨、巴梨等花粉量较大的品种。砧木可选用野生杜梨、砂梨、豆梨等。肥水供应要满足丰产性需要，其是6月至7月初果实迅速膨大期的养分需求。进入结果盛期后，要控制果实负载量，防止因结果过多，造成结果枝组的劈伤。适宜株行距为：4米×5米、2.5米×3米。

十、北丰梨

1. 品种来历

内蒙古呼盟农业科学研究所选育的品种。亲本为乔玛梨×早酥梨。1971年秋季采种后，直接在苗圃进行秋播，1972年获得杂交实生苗2 909株，1977年陆续开花结果，对每个株系进行系统观察记载。初选后进入试栽阶段，经过专家的分析认定，确定在呼盟、兴安盟、哲盟、巴盟、黑龙江、吉林等地设点试栽，从1979—1984年共设14个点试栽，每点10~20株，1986年已经全部结果，14个点的调查分析71-11-7为最佳梨抗寒新品系，1985—1989年转入生产示范，共设12个生产户，共栽2 376株，栽培面积72公顷，试栽、示范已经大量结果，在此基础上，召开了参观、品尝、鉴评会等。1989—1995年大面积推广应用。

2. 品种特征特性

（1）果实经济性状。果实中大，葫芦形，平均单果重 144.5 克，纵径 7.7 厘米，横径 6.1 厘米，形指数 1.26，果实黄绿色，贮后变黄，果皮光滑较薄，果点小，褐色，果梗长 3 厘米，粗 0.2 厘米，无梗洼，萼片宿存。果心中，肉质脆，石细胞少，汁液特多，可溶性固形物含量 9%~12%，含糖量 8.17%，可滴定酸含量 0.43%，风味酸甜，香味浓，品质上，食用期 20 天。

（2）植物学特征。树形为纺锤形，树姿为半开张，主干灰白色，一年生枝条斜生，色泽为绿色，皮孔大密。2~3 年生枝条黑绿色，叶芽大，三角形，离生。花芽肥大，圆锥形，鳞片松。叶片为卵圆形，长 8.5 厘米，宽 6.5 厘米，叶形指数 1.3，色泽浓绿，叶片平展，叶缘粗锯齿，叶尖渐尖，叶基圆形。

（3）生物学特性。北丰梨树势生长旺盛，3 年生树，树高 133 厘米，冠径东西 110 厘米，南北 145 厘米，新梢平均生长量 39.9 厘米，抗寒，抗旱，抗病虫害，树体有较强的恢复能力。5 月上旬花芽萌动，5 月中旬叶芽萌动，始花期 5 月 20 日，终花期 5 月 26 日，果实成熟期 8 月中旬，落叶期 10 月中旬，果实发育日数 80 天，营养生长 150 天。

3. 适栽地区及品种适应性

果实中大，抗寒性强，丰产，品质优良，改变了母本酸、涩、软的缺点，8 月中旬成熟，比母本提前 10 天成熟，在-39℃的低温下仍能正常开花结果，北丰梨适应性广，很有发展前途。

4. 栽培技术要点及注意事项

根据呼盟地区的气候条件，以及往日培育幼苗的经验，为避免接芽受冻，多采用高芽接的方法，待山梨长至 2~3 年生时，在离地面 50~60 厘米处进行芽接，这种接法，芽子没有冻害，提前结果，提高抗寒力，主干部分不发生腐烂病，而树势生长旺盛。

北丰梨的修剪与其他品种不同，该品种结果早，而且连年结果，修剪不当容易形成小老树，当年生枝条易形成花芽，修剪时要短截与缓放相结合，每年要有一部分结果枝更新，保持结果量的平衡，盛果期要疏花疏果，保证果实的质量。定植的株行距为 4 米×5 米，也可选用 4 米×4 米。

十一、甘梨早 6 梨

1. 品种来历

甘梨早 6 梨为甘肃省农业科学院林果花卉研究所选育。亲本为四百目梨×早酥梨，为极早熟梨新品种。1981 年杂交，收到杂交种子 355 粒，1982 年春播种，获得杂交苗118株，1983年春定植于本所选种圃中，编号81-14-59。1988年开始结果，1991年选为优系，1993—1996年在本所兰州梨品种园进行大树高接，以早酥梨为对照进行品种比较试验，1995—2005年在省内外进行多点区域试验，综合多年试验结果表明，81-14-59表现果实极早熟、果个大小整齐、外观好，品质优、结果早、丰产，综合性状优良。2006年12月通过甘肃省科技厅组织的专家鉴定，并定名为甘梨早6梨，2008年1月通过甘肃省农作物品种审定委员会认定。

2. 品种特征特性

（1）果实经济性状。甘梨早6梨果实大，纵径7.12~8.03厘米，横径7.45~8.50厘米，平均单果质量238克，最大果质量500克，宽圆锥形，果面光滑洁净，果皮细薄、绿黄色，果点小、中密；果梗长3.2厘米，粗0.35厘米，基部肉质，梗洼浅、广，萼片宿存，中等大，萼洼浅、中广；果肉乳白色、肉质细嫩酥脆，汁液多，石细胞极少，味甜、具清香，可溶性固形物含量12.0%~13.7%，可溶性糖7.83%，有机酸含量0.12%，维生素C含量49毫克/千克，果心极小，品质上等。果实室温下可贮放15~20天，冷藏条件下可存放50~60天。

（2）植物学特征。甘梨早6梨树冠圆锥形，树姿较直立。枝干灰褐色，表面光滑，1年生枝红褐色，皮孔较稀。叶芽小、离生，花芽圆锥形，较大。叶片长卵圆形，叶尖渐尖，叶基心脏形，叶缘锯齿粗锐，叶片较大，平均叶长12.8厘米，宽6.7厘米，叶柄长4.0厘米，叶片色泽浓绿，革质较厚，叶面平展，叶背具茸毛，嫩叶黄绿色。每花序6~8朵花，花冠白色，直径3.6厘米，雄蕊20~30枚，花药紫红色。果实5个心室，种子圆锥形，中等大，黄褐色。

（3）生物学特性。甘梨早6梨树势中庸。6年生树高（砧木为杜梨）3.05米，冠径2.6~2.8米，干周30.5厘米。树形紧凑，1年生枝条充实，新梢平均长69.8厘米，粗0.82厘米，节间短，平均长度3.8厘米，具有矮化性状（6年生早酥梨树高4.5米，1年生枝节间长度4.6厘米）。枝条萌芽率高（70.1%），成枝力弱，以短果枝结果为主（85.7%），有腋花芽结果习性，坐果率高，平均每花序3个果。甘梨早6结果早，在正常管理条件下，幼树定植2~3年结果，大树高接2年结果，枝条长放易成花，果台连续结果能力强。2000年在甘肃条山农场定植的甘梨早6，第2年开花株率68.5%，第3年全部挂果，4~5年进入盛果期，株产25.6~46.8千克，每亩产量达1 650~2 800千克。2002年在酒泉市沙河村7年生早酥树上高接的甘梨早6，第2年平均每株结果56个，株产达165千克，第3年即恢复高接前产量，平均株产31.8千克，折合每亩产量为1 749千克。在相同管理条件下，甘梨早6的早期产量和盛果期产量均高于对照品种早酥梨，具有良好的丰产稳产性能。

3. 适栽地区及品种适应性

甘梨早6梨抗逆性强，在甘肃河西走廊冬季极端最低温度-28~-25℃，风速大，大气干燥度4~9的严酷条件下，甘梨早6幼树露地可安全越冬，未见发生抽条，大树花芽无冻害，生长结果正常，表现出较强的抗旱、抗寒和越冬抗性。经多年多点试栽观察，甘梨早6生长健壮，抗寒性强，适应性广，在甘肃省各梨主栽区均可种植。田间观察，新建甘梨早6梨果园没有发现梨黑星病、轮纹病、腐烂病为害，通过改接的老果园，其发病与对照品种早酥相当，多雨年份叶片轻感黑斑病，应加强防治。

在兰州地区，一般3月下旬花芽萌动，4月中旬初花，4月中下旬盛花，4月下旬终花，7月下旬果实成熟，11月上中旬落叶，果实成熟期较目前甘肃主栽品种早酥梨提早25天，果实发育期85天左右。

4. 栽培技术要点及注意事项

甘梨早6梨建园时应选择水肥条件较好的地块栽植。选用杜梨作砧木，采用高位嫁接（30厘米以上）或实行砧木建园，分枝嫁接，以防灌区梨黑胫病为害。栽植密度以株行距（1.5~3）米×4米为宜。授粉品种可选用早酥梨、七月酥梨、幸水梨、黄冠梨等，配置比例为(4~5)：1。

宜采用小冠疏层形或自由纺锤形。幼树轻剪少疏，多留辅养枝，主侧枝中度短截，以增加枝叶量，注重生长季修剪管理，运用拉枝、拿枝等技术开张角度，缓和树势，促进花芽分化、提早结果。进入盛果期后，逐步疏除过密辅养枝，以利通风透光。果枝成花或结果后，应适度回缩，以调节结果量，更新复壮。

甘梨早6梨成花容易，坐果率较高，必须进行严格的疏花疏果。冬季结合修剪，疏除过多、过密花芽。花序分离后，及早疏花，每20~25厘米留1个花序，每花序留基部1~2朵边花，谢花后15天定果，果间距20~25厘米。

甘梨早6梨果实成熟早，应注意生长前期肥水管理。秋季每亩施入有机肥2 000~3 000千克，萌芽前后每亩追施氮磷复合肥100千克，6月、7月结合灌水，追施1~2次氮、磷、钾三元复合肥。

在甘肃天水、平凉、兰州、临夏、酒泉、白银等地市，以及湖北、河南、湖南、河北、浙江等省，经多年引种栽培，甘梨早6梨表现为果型大，极早熟，外观美，品质优良，丰产稳产，树体矮化，适应性广，适宜在我国白梨产区及大部分砂梨产区栽培，综合性状优良。该品种极早熟，可作为梨树保护地促成栽培的首选品种之一，利用该品种耐低温冷凉的特性，可在我国西部高寒冷凉地区推广发展，且树型紧凑、树体矮化、适宜进行矮化密植栽培，具有良好的推广应用前景。

十二、甘梨早8梨

1. 品种来历

甘梨早8梨为甘肃省农业科学院果树研究选育的早熟、优质、丰产、抗病的梨新

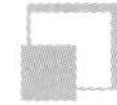

品种。亲本为早酥梨×四百目梨。1981 年杂交，1982 年播种，1983 年定植，编号为 81-14-58。1989 年开始结果，1992 年选为优系，1993—1996 年在本所兰州梨品种园进行大树高接，以早酥梨为对照进行品种比较试验。1996 年 8 月经专家鉴定，一致认为：该品种生长势强，结果性状好，果实早熟，果大，形正美观，肉质细脆，汁液多，酸甜适口，风味好，成熟期较早酥梨早 15~20 天。区试栽培观察，确定甘梨早 8 梨结果早、丰产性强、抗寒、耐旱、适应性强等特性，是优良的早熟梨新品种。

2. 品种特征特性

（1）果实经济性状。果实卵圆形，平均单果重 256 克，大果 380 克；果皮细薄、黄绿色，富蜡质光泽，果点稀小，外观美；果肉乳白色，肉质极细酥脆，汁液特多，石细胞少，果心小，酸甜适口，有香味，含可溶性固形物 12.6%~15.4%，总糖 8.69%，有机酸 27%~0.37%，每 100 克含维生素 C 2.5 毫克。果实在室温下可贮放 20 天左右，比早酥梨提早成熟 15~20 天。

（2）植物学特征。树冠圆锥形，树姿直立，枝干灰褐色，裂纹细，1 年生枝黄褐色，皮孔较稀；叶芽小、离生，花芽圆锥形，较大；叶片长 13.0 厘米，宽 9.5 厘米，叶柄长 4.5 厘米，叶片宽椭圆形，深绿色，革质较厚，叶面较平展，向内微合，叶缘锯齿粗锐，有针芒，嫩叶黄绿色；每花序有 6~9 朵花，花蕾粉红色，花冠直径 4.1 厘米，花瓣白色，雄蕊 20~30 枚，花药紫红色，雌蕊高于雄蕊，花柱 5 枚。

（3）生物学特性。树势较强，生长旺盛。6 年生树高 3.8 米，冠径 2.9~3.4 米，干周 38.4 厘米。树冠半开张，1 年生枝条充实，新梢平均长 86.5 厘米，粗 0.76 厘米，节间长度 4.7 厘米。枝条萌芽率高，成枝力弱，以短果枝结果为主，有腋花芽结果习性，坐果率中等，平均每花序 2.3 个果。幼树定植 2~3 年结果，大树高接 2 年结果，枝条长放易成花。

3. 适栽地区及品种适应性

该品种抗寒、耐旱性强。在甘肃省气候干燥、寒冷的酒泉、民勤、武威等地，幼树露地可安全越冬，未见抽条，大树花芽无冻害，生长结果正常。抗病性强，田间调查抗梨黑星病、轮纹病、腐烂病。

在兰州地区，3 月下旬花芽萌动，4 月中旬初花，4 月中下旬盛花，4 月底终花。8 月上旬果实成熟，11 月上中旬落叶，果实发育期 93 天左右，营养生长期 220 天。

4. 栽培技术要点及注意事项

砧木宜选用杜梨、木梨等，采用高位嫁接（30 厘米以上）或实行砧木建园，分枝嫁接，以防灌区梨黑胫病为害。合理的栽植密度，不但可以实现早期丰产，而且有利于长期稳产及管理。

适宜授粉品种有早酥梨、七月酥梨、幸水梨、黄冠梨等。配置比例为（4~

5）：1。

宜采用小冠疏层形或自由纺锤形。幼树轻剪少疏，多留辅养枝，主侧枝中度短截，以增加枝叶量。注重生长季修剪管理，运用拉枝、拿枝、扭枝等技术开张角度，缓和树势，促进幼树花芽分化、提早结果。进入盛果期后，逐步疏除过密辅养枝，以利通风透光。果枝成花或结果后，应适度回缩，以调节结果量，更新复壮。保持合理的枝类比例和果实负载量，确保树势中庸健壮，连年丰产，并延长树体经济寿命。

幼树定植时开丰产沟施足底肥，以后每年结合施用有机肥料，对土壤深翻扩穴，将秸秆、落叶等翻入，以改良土壤，提高土壤有机质含量。进入盛果期后，基肥在采果后落叶前施入，以有机肥为主，施肥量为斤果斤肥。追肥在萌芽前后、花芽分化期、果实膨大期、果实生长后期 4 个时期进行。追肥后及时灌水，并中耕保墒。

成花容易，坐果率较高，必须进行严格的疏花疏果。冬季结合修剪，疏除过多、过密花芽。花序分离后，分次疏花，晚霜后定果，疏除畸形果、小果、病虫果，留单果，果间距 20~25 厘米。壮树、壮枝应适当多留，弱树、弱枝适当少留。树冠中后部多留，枝梢先端少，侧生、背下果少留。

十三、红早酥梨

1. 品种来历

西北农林科技大学园艺学院 2004 年发现的早酥梨红色芽变。经过多年观察鉴定、区域试验，果实红皮性状稳定。

2. 品种特征特性

（1）果实经济性状。果实大，平均单果重 250 克，卵圆形，全面着色，色泽鲜红。果梗较长，萼片宿存或残存。果肉白色，肉质细、酥脆，汁液多，味淡甜。可溶性固形物含量 10.5%~12%，可滴定酸含量 0.25%，品质上等。果实贮藏性和早酥相当。

（2）植物学特征。树冠纺锤形，树姿半开张，树姿直立；主干棕褐色，表面光滑；2~3 年生枝暗褐色；1 年生枝直立，红褐色。幼叶褐红，成熟叶绿色。卵圆形、平展微内卷，叶尖渐尖，叶基圆形，叶缘粗锯齿具刺芒，叶芽圆锥形，花芽卵形；每花序 6~8 朵花，花蕾粉红色，花药紫红色，雄蕊低于雌蕊。

（3）生物学特性。生长结果习性。植株生长势强，萌芽力强，成枝力较弱。结果早，苗木定植后第 3 年开始结果，高接树第 2 年挂果，以短果枝结果为主。丰产稳产，应注意疏花疏果。

3. 品种适应性

适应性强，比较抗旱、抗寒、耐瘠薄，可在北方主要梨产区栽培。

4. 栽培技术要点及注意事项

适宜栽植株行距（2~2.5）米×（3.5~4）米，授粉树为砀山酥梨、金二十世纪梨等品种。采用小冠疏层形或纺锤形。加强夏季修剪，充分利用该品系拉枝成花效果极佳的特性，在 7 月进行拉枝。

该品种多为长放枝上的短果枝群结果，很少形成中小枝组，不宜采用枝组内三套枝修剪，要采用长枝间交替结果，轮替更新。

尽早施入基肥，一般在 9 月底前结合土壤深翻施入。以腐熟的粪尿肥、堆沤肥等农家肥为主，每亩施 5 000~6 000千克，加入过磷酸钙 200~300 千克。

十四、早香脆梨

1. 品种来历

早香脆梨为陕西省果树研究所选育。亲本为早酥梨×早白梨。1974 年春获得杂种苗 95 株代号 28-14 表现尤为突出，经过区域试验示范和生产试栽，综合性状均表现优良，受到广大果农的重视，随之发展速度迅猛，经济效益十分显著。2001 年经过有关专家鉴定并定名。

2. 品种特征特性

（1）果实经济性状。早香脆梨果个大，平均单果重 228 克，最大 455 克。规则的椭圆形，绿黄色，果点小而密，果梗较短，约 2.6 厘米，梗洼有少量的锈斑。萼片宿存。果肉乳白色，肉质细，酥脆多汁，味香甜，微酸，风味浓郁，品质上等。可溶性固形物含量 11.8%~13.7%，总糖含量 8.96%，可滴定酸含量 0.244%，维生素 C 含量 3.88 毫克/100 克。果心小，可食率高。在陕西中部，7 月底至 8 月初成熟，最佳食用期 15 天左右。室温下可贮存 20 天左右。

（2）植物学特征。早香脆梨树姿均直立，树干灰色，一年生枝红褐色，叶芽较小，近圆锥形，花芽为长卵形，花蕾粉红色，盛开后白色。

（3）生物学特性。早香脆梨生长势强，树冠高大，树姿直立，10 年生树冠径东西 4.2 米，南北 3.96 米，新梢平均生长量 115.9 厘米。萌芽率高为 88.2%，成枝力中等，剪口下可抽生 2~3 个新梢，定植后 4 年开始结果，主要以短果枝结果，中长果枝及腋花芽结果能力弱。坐果力高，连续结果能力较弱，有大小年结果现象。在株行距 2 米×3.5 米的密度下，8 年生亩产量 3 836千克。

3. 适栽地区及品种适应性

在陕西中部早香脆在 3 月上中旬花芽萌动，3 月下旬或 4 月初开花，7 月上中旬果实成熟，果实发育期 90 天，12 月上旬开始落叶。

抗性强，抗旱、抗寒、耐涝、耐瘠薄。抗黑星病、黑斑病、腐烂病，较抗疫腐病，但对白粉病抵抗能力弱，在湿度大的情况下，易生锈斑。

4. 栽培技术要点及注意事项

栽植株行距（2~3）米×（3.5~4）米；幼树期应控制氮肥的使用，7月以追施磷钾肥为主。宜选用细长纺锤形和小冠疏层形，幼树修剪应注意开张角度，轻剪长放，成年树注意疏枝，回缩长放枝和过长的结果枝组，促使交替结果。坐果率高，应注意疏花疏果，提高品质。

翠冠梨、丰水梨、秋水晶梨、黄冠梨可做其授粉树。

十五、早香蜜梨

1. 品种来历

早香蜜梨为陕西省果树研究所选育。亲本为早酥梨×早白梨。1974年春获得杂种苗95株代后51-6表现尤为突出，经过区域试验示范和生产试栽，综合性状均表现优良，受到广大果农的重视，随之发展速度迅猛，经济效益十分显著。2001年经有关专家鉴定并定名。

2. 品种特征特性

（1）果实经济性状。早酥蜜梨果实大，平均单果重218克，最大果重406克。卵圆形，果皮翠绿色，较厚，耐运输，果点小而密，果梗较长，约4.3厘米。梗洼有极少量的锈斑。萼片宿存或脱落。果肉浅黄色，肉质细嫩，酥脆多汁，味香甜，浓郁，品质极佳。可溶性固形物含量12%~14%，总糖7.57%~8.6%，可滴定酸0.13%~0.17%，维生素C 4.11毫克/100克。果心小，可食率高。在陕西中部，8月上中旬成熟，最佳食用期10天左右。

（2）植物学特征。树姿均直立，树干灰色，一年生枝红褐色，新梢覆有灰色茸毛，叶片长卵形，浓绿色，无光泽。叶芽大，长三角形，覆有少量灰色绒毛，花芽中等大，椭圆形。

（3）生物学特性。早酥蜜梨树冠大，生长势旺盛，9年生高接树冠径东西3.62米，南北4.13米，平均新梢长102.8厘米。萌芽率强为84.8%。成枝力亦强，剪口下可抽生3~5个新梢。定植后3年结果，以短果枝结果为主，中长果枝具有结果能力，但腋花芽结果能力较弱。坐果率极高，每花序坐果5~8个，连续结果能力弱。大小年现象不明显，在株行距2米×3.5米的密度下，6年生亩产量4 184.6千克。

3. 适栽地区及品种适应性

在陕西中部早酥蜜在3月上中旬花芽萌动，3月下或4月初开花，7月上中旬果实成熟，果实发育期90天，12月上旬开始落叶。

抗性强，抗旱、抗寒、耐涝、耐瘠薄。抗黑星病、黑斑病、腐烂病，较抗疫腐

病，但对白粉病抵抗能力弱，在湿度大的情况下，易生锈斑。

4. 栽培技术要点及注意事项

早酥蜜梨栽植株行距（2~3）米×（3.5~4）米；幼树期应控制氮肥的使用，7月以追施磷钾肥为主。宜选用细长纺锤形和小冠疏层形，幼树修剪应注意开张角度，轻剪长放，成年树注意疏枝，回缩长放枝和过长的结果枝组，促使交替结果。坐果率高，应注意疏花疏果，提高品质。

丰水梨、秋水晶梨、黄冠梨可做其授粉树。

十六、中梨4号梨

1. 品种来历

中梨4号梨系中国农业科学院郑州果树研究所选育的。亲本以早美酥梨（新世纪梨×早酥）为母本、七月酥梨（幸水梨×早酥梨）为父本，于1999年3月采用人工杂交，7月中旬收获果实冷藏于冷库，9月上旬获取杂交种子、晾干后冷藏于冰箱中，12月底经沙藏催芽，2000年3月上旬在小拱棚内营养钵育苗，待苗高4~5片真叶时带钵移栽于苗圃中。杂种苗经过1年的培育，于2000年12月定植在杂种选育圃内，株行距1米×3米。之后对杂种苗采取正常的田间管理，除间或疏掉基部下垂枝和背上徒长枝外，一般不修剪，地上每年喷药4~5次。2003年单株99-3-5开始结果，按照品种选育程序，自开花结果起，即对果实经济性状和丰产性能进行观察记载，2005年被初选为优株，并进行高接观察。经过对高接株系连续多年观察研究，结果表明，该株系植物学特征、生物学特性、丰产稳产性、抗逆性等农艺性状稳定；果实经济性状优良，2008年被决选为优系，并开始少量繁殖苗木，开展比较试验。经过连续4年观察比较，该优系各性状指标达到优良新品种的要求，2013年通过河南省林木品种审定委员会品种审定，定名为中梨4号梨。

2. 品种特征特性

（1）果实经济性状。梨果实大，平均单果质量300克，圆形，果面光滑洁净，具蜡质，果点小而密，绿色，采后10天鲜黄色且无果锈；果梗长3.5厘米、粗0.3厘米，梗洼、萼洼浅狭，萼片残存，外形美观；果心极小，果肉乳白色，肉质细脆，常温下采后20天后肉质变软，细胞少，汁液多，可溶性固形物含量12.8%，风味酸甜可口，无香味，品质上等，货架期20天，冷藏条件下可贮藏1~2个月。

（2）植物学特征。树姿半开张，株型乔化，树势中强，树形阔圆锥形；1年生枝红褐色，皮孔多、大、密呈椭圆形，茸毛浓密，有韧性，平均长度91厘米，粗度0.8厘米，节间长度4.0厘米；叶片形状卵圆形，浓绿色，叶尖渐尖，叶基楔形，叶姿横切面有皱，叶缘细锯齿，叶片边缘锯齿上方有刺芒，叶柄斜生，基部无托叶；每花序花朵数7~8个，花冠白色，花瓣圆形、单瓣或重瓣；雄蕊23~27个，比雌蕊低，花药紫红，花柱6~7个，花粉多。

（3）生物学特性。普通高大株型，3年生树高2.7米，冠径，东西2.0米、南北1.8米；生长势强，萌芽率高、成枝力低，结果较早，一般嫁接苗3年即可结果。2009年冬季定植，2012年结果株率达68%。该品种以短果枝结果为主，腋花芽也能结果。果台枝1~2个，连续结果能力强，花序坐果率达36%，花朵坐果率中等13.5%，采前落果不明显，极丰产，无大小年。

郑州地区气候条件下，花芽萌动期为3月10日，初花期4月1日，盛花期4月3日，落花期4月8日，通常气候条件下花期6~8天。果实成熟期7月中旬，新梢停止生长较迟，一般6月下旬才停止生长，并能生长秋梢，落叶期一般在10月下旬，果实生育期为100天左右，植株营养生长期约为210天。气候条件不同各地的物候期略有差异。

3. 适栽地区及品种适应性

经过在四川和河南的比较试验，结果表明，中梨4号梨与七月酥梨相比，具有耐高温多湿性、丰产和抗黑斑病的特点；与早美酥梨和早酥梨相比，具有果个大、成熟早、品质好的特性；同时在黄河故道表现出耐瘠薄的特性。由于其成熟早，在正常管理条件下，果实不易受食心虫为害。该品种可在华南、华中、西南及黄河故道地区种植。

4. 栽培技术要点及注意事项

中梨4号梨由于生长势较旺，容易形成较大的树冠而在栽培上应合理密植。建议沙荒薄地及丘陵岗地可适当密植，株行距应以1.2米×3.5米或1.2米×4米为宜。土壤肥沃、水分充沛的地区可适当稀植。株行距应为1.5米×3.5米或1.5米×4米。

中梨4号梨具有部分自花结实能力，仍需配备一定数量的授粉树。配置的比例通常为4∶1。试验表明，授粉品种为翠冠、中梨1号梨、新世纪梨、黄冠梨等。如果花期遇到阴雨低温天气，应做好人工辅助授粉工作。

中梨4号梨坐果率高，丰产稳产，在进入盛果期后，为确保果大质优，应严格控制坐果量。所以合理疏花疏果是必需的。留果标准是每隔15厘米留1个果，其余疏除，大约留果225 000个/公顷，产量控制在60 000吨/公顷以内，这样才能达到优质、丰产、稳产、高效益。一般花后25天应完成此项工作。

按照"早果、优质、丰产"的栽培要求，对幼树可暂缓强调树形，修剪应立足于以轻为主，夏季（5—7月）着重对直立枝、强旺枝采取拉枝、坠枝、拿枝软化等技术，使之平斜生长。为克服成枝力低的问题，在拉枝后应用抽枝宝涂抹背侧芽，促使发枝，提高成枝力。结果后根据种植密度，培养具体树形，通常以自由纺锤形为

主。进入盛果期后，在合理负载原则基础上，要及时回缩结果枝组，疏除一些弱的结果枝组，短截一部分当年生枝，以保持中庸稳状的树势，使营养生长和生殖生长平衡发展。

加强土肥水管理，保持树势稳状是早果、优质、丰产的基础。幼树应于每年秋冬季扩穴并每株施入 50~100 千克的土杂肥，春夏季施 3~5 次追肥，以 N 为主，N、P、K 结合，除注意秋施基肥外，要更加注意果后补肥的供给，即采果后每株立即施入 0.5 千克速效 N 肥，以补充因结果而大量耗养对树体产生的饥饿所需。

加强病虫害防治也是优质丰产的重要措施。应着重防治近年来广为发生的梨木虱、蟒象类害虫，各地应以病虫发生为害的频度和程度不同而灵活掌握喷药次数。

十七、苏翠 1 号梨

1. 品种来历

苏翠 1 号梨为江苏省农业科学院园艺研究所选育。亲本为华酥梨（早酥梨×早白梨）×翠冠梨。2003 年配置杂交组合，2004 年 3 月中旬播种，2004 年 6 月定植于选种圃，2007 杂种实生苗开始结果。其中 0305-12 单株表现出果实成熟早、品质优、外观好等特点。经进一步生产比较试验和区域试验，表明该品系果面光洁，果形端正，肉质细脆，丰产稳产，于 2011 年 11 月通过江苏省农作物品种审定委员会鉴定，定名为苏翠 1 号梨。

2. 品种特征特性

（1）果实经济性状。果实倒卵圆形，平均单果质量 260 克，大果 380 克。果面平滑，蜡质多，果皮黄绿色，果锈极少或无，果点小疏。萼片脱落，萼洼中，果梗直立，梗洼中等深度。果心小，中位，5 心室。果肉白色，肉质细脆，石细胞极少或无，汁液多，味甜，可溶性固形物含量 12.5%~13.0%。

（2）植物学特征。一年生枝条青褐色，节间长度 3.72 厘米；叶片长椭圆形，长 13.87 厘米，宽 7.65 厘米，叶柄长 2.54 厘米，叶面平展，绿色，叶尖急尖，叶基圆形，叶缘钝锯齿。每花序花 5~7 朵花，幼蕾浅粉红色，花瓣重叠，圆形；花药浅粉红色，花粉量多。

（3）生物学特性。树体生长健壮，枝条较开张。成枝力中等，萌芽率 88.56%，果枝比率 85.1%，其中长果枝 16.6%，中果枝 13.6%，短果枝 70.8%。花芽容易形成，其中腋花芽比例 26.57%。定植第 3 年开始结果，产量 1.89 吨/公顷，第 4 年 6.05 吨/公顷，早果丰产性强。

3. 适栽地区及品种适应性

苏翠 1 号梨抗锈病、黑斑病。

在南京地区3月下旬萌芽，初花期3月下旬至4月上旬，盛花期4月上旬，果实生育期110天，11月下旬落叶，7月中旬果实成熟。

4. 栽培技术要点及注意事项

在江苏、浙江、湖南、湖北等砂梨适宜栽培区均可种植。为使新果园获得较高的早期产量，种植上可先密后疏，开始种植密度可选择2米×4米，2米×2.5米，2米×3米，成龄后根据封行情况进行疏移，使种植密度逐渐变成4米×4米，4米×5米，4米×3米。生产中除加大疏花疏果力度外，还要加强土肥水管理，花后可追肥1次，秋后施足基肥。需配置丰水梨、清香梨、黄冠梨等品种作为授粉树。盛花后105～110天为果实最佳采收期。

参考文献

杜萍，韩其庆，廖庆安，等.1995. 抗寒优质梨新品种—新梨3号［J］. 中国果树（4）：15-16.

方成泉，陈欣业，林盛华，等.2000. 梨新品种华酥［J］. 园艺学报27（3）：231.

方成泉，陈欣业，米文广，等.1990. 梨果实若干性状遗传研究［J］. 北方果树（4）：1-6.

冯月秀，李从玺，王琨.2004. 优质早熟梨新品种早酥蜜、早香脆的选育［J］. 果农之友（1）：18.

冯月秀，徐凌飞，王琨，等.1995. 中熟梨优良新品种—八月红［J］. 中国果树（4）：1-2.

姜淑苓，贾敬贤，等.2006. 梨树高产栽培（修订版）［M］. 北京：金盾出版社.

姜淑苓，贾敬贤，马力.1999. 早酥梨栽培适应性及育种利用价值［J］. 中国果树（4）：23-24.

李红旭，马春晖，李隐生，等.2006. 早熟、优质梨新品种—甘梨早8［J］. 山西果树（5）：9-10.

李红旭，王发林，马春晖，等.2008. 极早熟梨新品种—甘梨早6的选育［J］. 果树学报，25（5）：776-777.

李俊才，刘成，王家珍，等.2012. 优质早熟梨新品种早金酥［J］. 北方果树（1）：58.

李秀根，阎志红.1997. 早熟梨新品种—早美酥［J］. 果树科学，14（4）：275-277.

李秀根，杨健，王龙，等.2014. 早熟大果型梨新品种—中梨4号的选育［J］.

果树学报，31（4）：742-744，524.
李秀根，杨健，王龙．2006. 优质早熟梨新品种—中梨 1 号的选育［J］. 果树学报，23（4）：648-649.
蔺经，盛宝龙，李晓刚，等．2013. 早熟砂梨新品种苏翠 1 号［J］. 园艺学报，40（9）：1 849-1 850.
刘建萍，阎春雨，程奇，等．2008. 早熟、优质、耐贮梨—新梨 7 号选育与品种特性研究［J］. 塔里木大学学报（3）：26-28.
蒲富慎，黄礼森，孙秉钧，等．1985. 梨品种［M］. 北京：中国农业出版社.
沈德绪，景士西，陈振光，等．1992. 果树育种学［M］. 北京：中国农业出版社.
王迎涛，方成泉，刘国胜，等．2004. 梨优良品种及无公害栽培技术［M］. 北京：中国农业出版社.
魏闻东，韦小敏．1997. 极早熟梨新品系—七月酥［J］. 北方果树（4）：12-13.
吴长荣，塔娜．1998. 抗寒梨新品种—北丰梨选育［J］. 北方园艺（6）：26-27.
徐凌飞．2009. 早熟红色梨优良品系—早酥红［J］. 山西果树（4）：44.

第五章　优质早酥梨生产

第一节　培育优质苗木

一、优质苗木的标准

培育优质早酥梨苗木，是新建果园达到早果、优质丰产、高效益目标的基础工作。优质早酥梨苗木的基本条件是：品种纯正，砧木种类和类型一致；地上部枝条健壮、充实，具体标准如下（表 5-1、表 5-2）。

表 5-1　优质乔砧早酥梨苗木标准

	品种与砧木	纯度≥95%
根	主根长度（厘米）	≥25.0%
	主根粗度（厘米）	≥1.2%
	侧根长度（厘米）	≥15.0%
	侧根粗度（厘米）	≥0.4%
	侧根条数（条）	≥5
	侧根分布	均匀、舒展而不卷曲
基砧段长度（厘米）		≤8.0
苗木高度（厘米）		≥120
苗木粗度（厘米）		≥1.2
倾斜度		≤15°
根皮与茎皮		无干缩皱皮，无新损伤，旧损伤总面积≤1.0 平方厘米
饱满芽数（个）		≥8
接口愈合程度		愈合良好
砧桩处理与愈合程度		砧桩剪除，剪口环状愈合或完全愈合

注：①侧根基部粗度：指侧根基部 2 厘米处的直径

②砧段长度：指各种砧木由地表至基部嫁接口的距离

③茎粗度：指品种嫁接口以上 10 厘米处的直径

④茎倾斜度：指嫁接口上下茎段之间的倾斜角度

⑤整形带：地面以上 40~75 厘米的范围

表 5-2　优质矮化中间砧早酥梨苗木标准

品种与砧木		纯度≥95%
根	主根长度（厘米）	≥25.0%
	主根粗度（厘米）	≥1.2%
	侧根长度（厘米）	≥15.0%
	侧根粗度（厘米）	≥0.4%
	侧根条数（条）	≥5
	侧根分布	均匀、舒展而不卷曲
基砧段长度（厘米）		≤8.0
中间砧段长度（厘米）		25.0~30.0
苗木高度（厘米）		≥120
苗木粗度（厘米）		≥1.2
倾斜度		≤15°
根皮与茎皮		无干缩皱皮，无新损伤，旧损伤总面积≤1.0平方厘米
饱满芽数（个）		≥8
接口愈合程度		愈合良好
砧桩处理与愈合程度		砧桩剪除，剪口环状愈合或完全愈合

注：①侧根基部粗度：指侧根基部2厘米处的直径

②砧段长度：指各种砧木由地表至基部嫁接口的距离

③茎粗度：指品种嫁接口以上10厘米处的直径

④茎倾斜度：指嫁接口上下茎段之间的倾斜角度

⑤整形带：地面以上50~75厘米的范围

二、苗圃地的选择及准备

（一）圃地的选择

苗圃地条件的好坏，直接影响到苗木的产量，选地不当，在生产上会造成巨大损失，也不利于提高经济效益。因此，选择圃地必须十分慎重。

圃地应设在交通方便，有电源，靠近居民点的地方，使育苗物资能及时供应，也便于解决灌溉等动力问题和劳动力的来源。

苗圃应尽量选在地势平坦、开阔、排水良好的地方。一般坡度以30°~50°为宜，坡度太大容易引起水土流失，降低土壤肥力，也不便于排灌和机械作业。在山地设置苗圃时，应选择适宜的坡向。北方地区，气候寒冷干旱，不宜设在北坡和东北坡，最好是东南坡，其次为西南坡和西坡。

土壤是供给苗木生长所需要的水分、养料和空气的场所，又是根系生长发育的环境。苗圃地首先最好选择肥沃的沙壤土和轻壤土，其次为中壤土和轻黏土，土层厚度不少于50厘米。因为这些土壤结构疏松，通气透水性良好，保水保肥能力较强，土温变化小，有利于种子发芽和幼苗根系发育。同时，由于其物理机械性质好，又便于耕作、松土、除草和起苗作业。黏土干旱时土面容易板结和开裂，雨后则因透水不好而出现泥泞，苗木根系发育不良，易发生病害，圃地作业十分困难。沙土干旱贫瘠，保水保肥能力差，往往由于水分不足而遭旱害，夏天地面高温易灼伤苗木。所以不经过改良，黏土、沙土就不宜作苗圃地。此外，还应考虑土壤的酸碱性。土壤酸碱度以pH值6.5~7.5为宜。盐渍土地区育苗要选择盐分轻的土壤，一般含盐量不超过0.25%，灌溉用水含盐量不超过0.10%，过酸或过碱都不适合作苗圃地。

苗圃最好设在水源充足、灌溉方便且排水良好的地方。如无自然水源，则必须打井灌溉，特别是在干旱地区，更为重要。苗圃的地下水位不宜过高。否则，会使苗根发育不良，苗木贪青徒长，到秋末由于顶部嫩枝来不及木质化而使苗木遭受冻害，同时也易导致土壤盐渍化。但地下水位太低，则苗木易遭旱害。苗圃适宜的地下水位，一般沙壤土1~1.5米，轻黏土2.0米以下为宜。

苗圃地由于苗木集中且同种苗木数量较大，极易遭受病虫害的侵染，而且传播速度很快，给生产上带来巨大的损失。所以，根据“防重于治”的原则，一般地下害虫数量较多和有病菌感染的地方，不宜选作苗圃。在选用圃地时，应首先调查病虫害的感染程度。长期种植烟草、棉花、玉米、蔬菜等作物的土地，苗木易发生病虫害，如必须选用时，育苗前要作好消毒、灭菌和杀虫工作。

苗木繁育前2年内，未繁育果树苗木。

（二）整地

对苗圃土地进行深耕细整是培育壮苗重要措施之一。通过整地可以起到加深土壤耕作层、疏松土壤、改良土壤结构，加强土壤的通气性和透水性，改善土壤温热状况，促进微生物的活动，加速有机质的分解，消灭杂草和病虫害的良好作用，为种子发芽和苗木生长发育创造有利条件。

1. 整地方法

（1）耕地。是苗圃整地工作的主要环节。耕地季节应按气候土壤条件选择，秋季耕地有利蓄水保墒，改良土壤，消灭病虫害，但在秋季或早春风蚀较严重的地方及沙地不宜秋耕，春耕最好是土壤刚解冻即耕。

（2）耙地。可疏松表土、耙碎土块、平整土地、清除杂草，混拌肥料，轻微镇压土壤，借此达到蓄水保墒目的，为作床作垄打下良好基础。耙地时间：在无积雪地

区秋耕后应及时耙地，在冬季有积雪地区应在翌年春季耙地。

（3）镇压。目的是破碎土块、压实松土层，是抗旱的重要措施之一。镇压时间：耕地后需要压碎土块时，镇压工作可与耙地同时进行，也可作床或作垄后进行镇压。

2. 作床作垄

在已经整好的土地上，除了平床以外，还需要作床或作垄，一般应在播种前10天左右把苗床或垄作好。

（三）土壤消毒

土壤消毒目的是消灭土壤中的枯死病等病原菌和地下害虫，土壤消毒可采用高温处理和药剂处理两种方法。

1. 高温处理

在柴草方便之处，可在苗床上堆放柴草焚烧，使土壤耕作层加温灭菌杀虫，并能提高土壤肥力。

2. 药剂处理

（1）每平方米用40%浓度的福尔马林50毫升加水6~10千克，在播种或扦插、埋节前10~20天洒在苗床上，用塑料布覆盖，在播前一周揭布散药，待药味全部散失后再播种。

（2）用五氯硝基苯75%加代森锌或苏化911、敌克松25%，每平方米用4~6克与细沙土混匀，播种前将药土撒于播种沟底，厚约1厘米。

（四）施肥

要提高土壤肥力，增加合格苗的产量，缩短育苗年限，提高出圃苗木的质量，必须合理施肥。施肥可以改善土壤的物理性质，增加土壤的容气量，促进土壤微生物活动，加速有机质的分解，还可以减少养分的淋溶和流失，并能调节土壤的化学反应，促进某些难溶性物质的溶解，减少养分固定，从而提高土壤可供给生态养分的含量。

1. 苗木的营养诊断

苗木的外部形态是内在因素和外部环境的综合反映，某种元素缺乏时苗木的外部形态即可表现出来。例如，缺氮，苗木则短小瘦弱，叶小而少，叶色黄绿，老叶枯黄或脱落，枝梢生长停滞。严重缺磷时，叶变紫色。缺钾时，叶发黄，而且有光泽。缺铁时，叶发白等，若能配合土壤的化学分析，苗木的营养诊断结果会更可靠。

2. 肥料种类

苗圃肥料多种多样，概括分为有机肥料和无机肥料两大类。

（1）常用的有机肥料。人类尿、畜类粪、绿肥、饼肥等，其特点是含有多种元素，肥效长，能改良土壤的理化性质和土壤结构。

（2）常用的无机肥料，也就是化学肥料的氮肥、磷肥、钾肥三大类。其特点是易溶于水、便于苗木吸收利用、肥效快，在苗圃如长期不使用有机肥料，单一使用无机肥料，土壤的物理性就会变坏。

（3）施肥时间。应适时施肥。有机肥大多作为基肥在春秋整地前施用，在翻耕过程中埋入耕作层，追肥一般是在苗木生长出侧根时追第 1 次肥，隔 10 天左右追 1 次，到 7 月下旬停止，磷肥可在播种和苗木生长初期施用，钾肥一般在 8 月中下旬追肥。

三、苗木的培育

（一）砧木的选择与培育

1. 砧木种类

（1）杜梨。别名棠梨、土梨、灰梨、梨丁子、白毛丁子。乔木，树高 10 米。树冠开张，有刺枝，嫩梢密生白色茸毛。叶片长卵圆形或菱状卵形，长 5~8 厘米，宽 2~4 厘米。叶尖为渐尖，叶基广楔形，叶缘为尖锐锯齿，叶柄长 2~3 厘米。外被茸毛，嫩叶表面有白色茸毛，后即脱落而又光泽，背面茸毛特厚，后期不完全脱落。花小，直径 1.5~2 厘米，白色，花瓣宽卵形，花蕊 20 枚，花药紫色，花柱 2~3 个，基部微具毛。果实近球形，直径 0.5~1 厘米，褐色，有淡褐色斑点，顶端萼片脱落，基部具有带茸毛的果柄，2~3 心室。种子褐色，较小。根系极发达，富有须根。本种抗寒、耐旱、耐涝、耐盐碱。经抗逆性鉴定，赞皇杜梨耐旱性、耐涝性和耐盐性均强，为多抗资源类型。

本种在北方除东北地区外均做梨的砧木，南方部分地区也做砧木利用，作砧木嫁接后亲和力强，结果早，连年丰产。

杜梨多野生于华北、西北各省（区）。辽宁南部、湖北、江苏、安徽等省均有分布。以河南、河北、山东、山西、陕西最为常见。

（2）豆梨。别名鹿梨、犬梨、赤罗梨、明杜梨。乔木，树高 10 米。新梢褐色，无毛。叶片阔卵形或卵圆形，叶长 4~8 厘米，宽 3.5~5 厘米。叶尖短而渐尖，叶基圆形至宽楔形，叶缘锯钝齿，叶边呈波状，叶柄长 2~4 厘米。幼叶初期背面有茸毛，后即脱落。花序的伞房总状，每序花 6~12 朵，花小，直径 2~2.5 厘米，无毛，花梗长 1.5~3 厘米。花瓣卵圆形，白色，雄蕊 20 枚，稍短于花瓣，花柱 2~3 个。果实圆球形，褐色，甚小，直径 1 厘米，萼片脱落，2~3 个心室。种子小，有棱角。

本种适应性强，在较恶劣的条件下亦能生长良好，抗腐烂病能力强，抗寒性较差。适于温暖、湿润气候，也能适应黏土及酸性土壤。

中国南方、日本、朝鲜均作梨的砧木利用。与西洋梨亲和力强，为其良好砧木。

本种野生于华东、华南各省，常生长在海拔 1 000～1 500米的高山上。日本和朝鲜亦有分布。

（3）砂梨。别名沙梨。树体与枝干乔木，树高 7～15 米。嫩枝和幼叶初期具灰白色茸毛，不久脱落或无毛。2 年生枝条紫褐色或暗褐色。实生苗发育良好，微有刺枝。叶片宽大，长 7～12 厘米，宽 4～6.5 厘米，呈阔卵形，叶尖特尖而长，叶基圆形、广楔形或心脏形，叶缘具刺芒状贴附性锐锯齿，叶柄长 3～4.5 厘米，无毛。花为伞房总状花序，有花 6～9 朵，白色，花瓣卵圆形，长 15～17 毫米，花梗长 3～3.5 厘米。花柱 5 个，少数 4 个。果实多呈近圆形，间或有长圆形或卵圆形，直径 3 厘米，果皮褐色，果梗特长，萼片脱落。种子卵圆，黑褐色，长 6～8 毫米。

根系发达耐热，抗旱力强，抗火疫病。但抗寒力较弱，一般在－25℃低温下有冻害发生。

本种产于中国长江流域各省。四川、湖北、云南及河南等省均有分布。日本亦有分布。适宜生长在温暖多湿的气候区域。

来源于此种的栽培品种甚多，中国南方所栽培的品种多属于此种，有 400 多个品种。其中有名的品种有：四川的苍溪梨、咸宁大黄梨、云南呈贡的宝珠梨、浙江义乌的三花梨等，日本砂梨如二十世纪梨、丰水梨、幸水梨、新水梨等。三倍体品种如江西婺源大叶雪梨、江苏泗阳的黄盖梨，四倍体品种有新长十郎梨和土佐锦梨。野生沙梨是中国南方梨和西洋梨的良好砧木。

（4）秋子梨。别名山梨、酸梨。乔木，树高 10～15 米。树冠呈广圆锥形，多年生枝黄灰色或黄褐色，嫩枝或 1 年生枝无毛或微带毛。幼树常有很多针刺。叶片卵圆形，具显著的刺毛状锯齿，叶表面光滑，有光泽。幼叶均光滑无毛或初期具茸毛后即脱落，叶尖为渐尖，叶基呈圆形或近心形，叶片长 5～10 厘米，宽 4～6 厘米，叶柄长 2～5 厘米，无毛。叶片脱落前多为绿黄色。花序密集，有花 5～7 朵，花白色，花瓣倒卵形或广卵形，雄蕊 20 枚，短于花瓣，花药紫色，花柱 5 个，离生，基部具稀茸毛。果实大小形状不一，多呈圆形或扁圆形，绿色或黄绿色，大小直径在 2～6 厘米，果梗为 1.5～2 厘米，顶端萼片宿存。种子大，褐色。

本种是梨属植物中抗寒能力最强的种，可耐－50～－45℃的低温，抗黑星病、腐烂病能力强，但耐盐性较差。实生苗根系旺盛，须根繁多。

本种主要产于东北、西北和华北北部，以吉林、辽宁、河北、山西和山西北部最多。在吉林和辽宁还保留有野生秋子梨林，仅东北地区有栽培品种 150 多个。代表品种有香水梨、满园香梨、尖把梨、秋子梨等。品质优良风味极佳的有京白梨和南果梨。三倍体品种有辽宁兴城安梨，甘肃兰州软儿梨和甘肃榆中皮胎果梨。

秋子梨可用于抗寒育种，秋子梨系统又作为寒地栽培品种利用，野生秋子梨做东北地区的良好砧木，培育苗木。

（5）褐梨。别名棠罐儿梨、红丁子梨。乔木，树高5~8米，嫩梢具白色茸毛，2年生枝紫褐色。叶片长卵圆形或长卵形，叶尖6~10厘米，宽3.5~5.5厘米；叶尖渐尖，叶基阔楔形，叶缘粗锯齿，齿尖向外，幼时具稀疏柔毛，不久全部脱落，叶柄长2~2.5厘米。花伞房总状花序，每序花5~8朵，花大而美观，花冠直径3厘米，花柱3~4枚，个别2枚。花瓣卵圆形，白色，雄蕊20枚。果实椭圆形或球形，长2~2.5厘米，褐色，有点密。种子较大，每克种子34粒，紫红褐色。

树势旺盛，结果年龄较迟。

本种产于华北各省，以河北北部、甘肃河西走廊最多。山西、山东、陕西也有分布。

多用于作梨的砧木。在甘肃境内此种有栽培品种20多个，分布于陇中、陇南、武都等地。以吊蛋梨和糖梨为代表。

2. 种子的采集、处理

选择品种纯正、类型一致、生长旺盛、无严重病虫害的植株为采种母树。采种用果实必须充分成熟。果实采收后，可放入容器内，或堆放在背阴处，促使果实后熟、果肉软化，并经常翻动果实。果实软化后揉碎，用清水洗出种子，在背阴、通风处摊开阴干。如遇阴雨天气，难以阴干，需要人工干燥时，可在室内生火加温。温度从25℃开始，逐渐升高，然后保持在40℃以下，干后冷却。无论是自采或购买的砧木种子，均需剔除杂质、破粒、瘪粒和小粒种子，保证纯度达到95%以上。

采收后的种子必须经过层积处理才能育苗。方法是用洁净河沙作层积材料，河沙用量为种子的3~5倍。先将种子倒入盛有清水的水桶内，充分搅拌清洗，捞出漂在水面的瘪种子和杂物后，捞出下沉种子，倒入装有河沙的容器内，充分混合。河沙的湿度以手攥成团不滴水为限。种子数量较少时，可在容器内直接层积处理，即在湿沙上覆盖一层厚约6厘米的干沙，标明种子名称、数量和层积日期，放入房内或地下室、菜窖内，使温度保持在0~5℃。种子量大应进行地下层积，即选择背风、高燥、排水良好的地方，挖深60~100厘米的沟，长宽可视种子数量而定。先在沟底铺6~7厘米厚湿沙，然后按种子：湿沙为1：5的比例混匀，放入沟内，上覆6~7厘米厚湿沙，再其上覆土30厘米左右，高出地面呈丘状，以利排水。应定期检查温度和湿度，注意翻拌种子使上下温度均匀，避免下层种子过早发芽或霉烂。发现有霉烂种子时，应彻底清除。霉烂严重时，须连沙一起清洗后再层积。如果种皮开裂、种子已过早萌动，但尚不到播种期时，要将层积种子移到低温环境中，延缓发芽。层积期间，还要注意预防鼠害。未经层积处理的小粒种子，可在播种前进行低温处理。先将种子放入清水中浸泡1~2天，捞出，置5℃以下低温处，或放入温度为1~5℃的冰箱或冷库中，经 15~20 天，移入温度为 25~28℃的室内。地面铺一层 2~3 厘米厚的湿沙或锯末，上覆一块湿纱布，将种子摊在纱布上，厚度 3~4 厘米。种子上面再盖一层纱布，撒一层湿锯末保湿。种子露白时即可播种。

未经沙藏的种子，可在播种前 30 天左右，用两份开水对一份凉水的温水，浸种 10 分钟，并充分搅拌，待自然降温后继续浸泡 2~3 天，每天换水一次，然后进行短期沙藏。播种前将种子放在暖炕上（温度 20~23℃）并覆盖湿布，每天翻动并洒水两次进行催芽，待种子部分开口露出白尖时，即可播种。

3. 播种

为了确保合理播种量，播种前需鉴定种子的生活力。常用的方法有三种：第一种目测法。一般生活力强的种子种皮有光泽，种子饱满，大小均匀，种胚和子叶呈乳白色，不透明，有弹性，用指甲压挤种仁呈饼状，无发霉气味。第二种染色法。将被鉴定的种子浸水一昼夜，充分吸水后剥去种皮，放入红墨水 20 倍液中染色 1~2 小时，然后用水洗净，全部着色者表明种子已失去发芽力，仅子叶着色者表示部分失去发芽力，不着色者为生活力良好的种子。第三种发芽试验，将经过沙藏的种子，放在室温（20~25℃）条件下，将种子放在铺垫湿润的棉花或软纸的器皿中或点播在盛有湿沙的容器中催芽，计算种子的发芽率。这种方法最为可靠，接近田间发芽率。

播种时期分为秋播和春播。在冬季较短、不太严寒、土质较好、土壤湿度较稳定的地区可采用秋播。秋播种子不用层积，在田间自然通过后熟，翌年春季出苗早，生长期长，苗木生长健壮。秋播宜在土壤冻结以前适当早播为好。在冬季干旱、严寒、风沙大，土壤黏重及鸟类、鼠类为害严重的地区，宜采用春播。一般，长江流域地区在 2 月下旬至 3 月下旬春播。华北、西北地区在 3 月中旬至 4 月上旬春播。东北地区在 4 月春播。春播宜早，以增加苗木前期的生长量。

播种量：单位面积生产一定数量砧苗的用种量。以千克/公顷表示。可用下列公式求得。

$$\text{播种量（千克/公顷）}=\frac{\text{计划成苗数}}{\text{每千克种子粒数}\times\text{种子发芽率（\%）}\times\text{种子纯洁率（\%）}}$$

实际播种量应高于计算值，因为还需考虑播种质量、播种方式、田间管理以及自然灾害等因素造成的损失。生产上常用的砧木每千克种子数和习惯每公顷播种量。

繁殖方法和播后管理。种子繁殖可分为露地繁殖和塑料小拱棚繁殖两种方法。

第一种露地繁殖。播种前，苗圃地撒施有机肥料，再耕翻 30 厘米左右，耙碎磨平土壤。雨水较多的地区做高畦，雨水较少的地区做平畦。畦向为南北向，畦宽×畦长为 0.9 米×10 米。顺畦向在畦上距两侧各 15 厘米锄两条南北向的窄沟，距两条窄沟各 20 厘米的中间锄 1 条南北向宽 20 厘米宽沟，窄、宽沟的深度均约 2.5 厘米，在沟内充分灌水，待水渗下后，在两条窄沟内按株距 3.0 厘米点播催芽露白的种子，在宽沟内撒播催芽露白的种子，种子上覆土厚度 1 厘米左右。

播种后，应在畦面覆盖地膜或草帘或稻草保墒。北方春季少雨多风地区，还应设风障。当有 20%～30%幼苗出土后，应撤除保墒覆盖物。幼苗长出 5～7 片真叶时，必须选阴天或傍晚移栽和稍断主根。畦上两条窄沟（点播）的砧苗，可按行株距 60 厘米×6 厘米留苗，其他苗可起出移栽，留下的苗用宽竹片倾斜插入土中稍断主根。砧木幼苗期间，一般有蚜虫、立枯病、白粉病等。蚜虫可喷 40%氧乐果乳油 1 000倍液防治，立枯病可在苗根处浇灌 50%多菌灵可湿性粉剂 600 倍液预防，白粉病可喷波美 0.2 度石硫合剂防治。移栽和稍断主根后，要注意灌水，提高砧苗成活率。砧苗开始生长后，要经常保持土松无草。结合灌水，每公顷追施 46%尿素 75 千克。6 月末以前，应完成间苗工作，砧苗的行株距以 60 厘米×12 厘米或 50 厘米×14 厘米为宜。如保留砧苗数和出圃嫁接苗数过多，则出圃的一、二级苗比率将低于 70%，不利提高苗木质量。6 月里，可间隔 15 天对砧苗叶面喷 46%尿素 333 倍液 2 次，促其生长。8 月可叶面喷含磷 24%、钾 27%的磷酸二氢钾 333 倍液 1～2 次，促其健壮，并抹除砧苗基部 10 厘米范围的萌芽，以利 8 月进行芽接。

第二种塑料小拱棚繁殖。为了确保较高的出苗率，提早砧苗的生长期，常采用塑料小拱棚提早繁殖砧苗。床土，可用表土与腐熟农家肥按 3∶1 混匀过筛后，再拌入少量草木灰或煤灰及少量过磷酸钙，并对床土喷洒 14%～19%硫酸亚铁或 80%代森锌可湿性粉剂 500 倍土。苗床宽×长为 1 米×10 米，床土厚 10 厘米左右，床土充分喷洒水后，在其上撒播经沙藏的种子，覆盖约 1 厘米厚筛过的心土或锯末。然后在苗床上扣上塑料拱棚，拱棚四周膜边用土压实。床温保持 20～25℃，当床温超过 30℃，要揭膜通风降温。待苗长出 5～7 片真叶时即可稍断主根移栽至圃地。移栽前苗床充分洒水，以利起苗，应选阴天或傍晚进行移栽。

4. 移栽

当幼苗长到 2～3 片叶时，及时开大通气口，以防高温灼伤叶片。到 4 月中旬，分段揭开棚膜炼苗。为使幼苗健壮生长，可喷甲基托布津 800～1 000倍液加 0.2%过磷酸钙和 0.3%尿素。幼苗长到 5～7 片真叶时移栽，阴天或小雨天为好。移苗前，中午往苗床灌足水，待下午水下渗、粘手时，用小铲带土起苗。大田育苗地，按 15 厘米×44 厘米的株行距，开深 10 厘米的沟，填入湿土或带水移栽。栽后，往根颈处及时培土至 3 厘米高。温度较低的地区，苗生长量较小，可在第二年春天移栽，以提高苗木质量。

5. 追肥、喷药

移栽苗经过半月左右的缓苗，开始生长，顺行开浅沟，每亩施氮肥 10 千克左右。

喷200倍倍量式波尔多液，加2.5%敌杀死3 000倍和0.3%~0.4%的尿素。移栽1个月后，苗木进入速长期，每亩施氮肥15千克左右。当苗高30厘米左右时进行摘心，抹除苗干嫁接部位的叶片，培土5厘米，以利砧苗加粗生长。8月中旬至9月上旬，苗干基部直径达到0.5厘米的，即可开始嫁接。

（二）嫁接苗的培育

1. 乔砧苗培育

（1）嫁接前的准备工作。一是确定嫁接品种。从品种纯正，丰产、稳产优质，无检疫对象早酥梨植株的树冠外围，选择生长充实的发育枝作接穗，更要严格从有典型性状的早酥梨植株上采集接穗。生长期嫁接，最好随采随接，采下枝条应立即剪去叶片，减少水分蒸发，叶柄剪留1厘米长，便于芽接时操作和检查成活，注意保持接穗新鲜。休眠期采集的接穗，可贮藏于地窖，基部培湿沙。接穗外运，须用保湿材料包裹，并附上品种标签。嫁接前，要检查接穗是否皱皮或变色，轻度皱皮可在水中浸泡后再用，重度皱皮不能利用。三是准备好嫁接工具和捆绑材料。四是砧木的准备。嫁接前，全面检查一次砧木生长情况。芽接用的砧木，须剪去基部分枝，喷一次80%敌百虫可湿性粉剂1 500倍液，杀死刺蛾类害虫，以便于嫁接。嫁接前3~4天灌一次水，锄一次草，以利于离皮和愈合。

（2）主要嫁接方法。根据对接穗所取用的部分（芽或枝）不同而分为芽接和枝接。凡是用一个芽片作接穗（芽）的称芽接。用具有一个或几个芽的一段枝条作接穗的叫枝接，这是生产中应用最广的两种基本嫁接方法。嫁接分芽接和枝接两类。

①芽接：芽接是应用最广的嫁接方法，优点是利用的接穗最经济，愈合容易，结合牢固，成活率高，操作简便易掌握，工作效率高，可接的时期长，未成活的便于补接，便于大量繁殖。

芽接时期一般以形成层细胞分裂最盛时，皮层容易剥离，接芽也容易愈合。因此无论南、北方，无论春夏秋，凡皮层容易剥离，砧木已达到要求的粗度，接芽也已发育充实，都可进行芽接。在北方由于气候寒冷，主要在秋季芽接，过早接芽当年易萌发，冬季易受冻，过晚则不宜离皮，愈合困难。东北、西北、华北地区一般在7月上旬至9月上旬，华东、华中地区一般在7月中旬至9月中旬，华南和西南地区在秋季8—9月。

常用芽接方法有以下几种。

芽接：芽接是以栽培品种的一个侧芽为接穗的嫁接方法，技术简单，节省接穗，适于大规模生产苗木。芽接宜在生长旺盛期进行，5—9月都可。

“T”字形芽接：是生产中常见的一种方法。第一步削芽片。剪取优良品种的当年生充实饱满的枝条作接穗，剪去叶片，需保留叶柄，左手拿着接穗，右手用嫁接刀在侧芽上方约0.5厘米处横切一刀。深入木质部1.5~2毫米，再从叶柄下方约1厘米处向上略倾斜推削，削到芽上方的横切口处，取下芽片放在干净处或含在口中。第二步切砧。在砧木主干北侧距地面10~15厘米处横切一刀，长约1厘米。从横切口中点向下纵切一刀，长1.5~2厘米，成“T”字形切口，并撬开“T”字形切口皮层。第三步插芽。将芽片插入“T”字形切口，使芽片和切口的上端横切口处相吻合。第四步绑扎。用塑料条带绑扎，不要把芽片上的叶柄绑进去。接后7~10天进行检查，如果芽片上的叶柄一碰即落，说明已接活，反之要重新再接。嫁接成活后，当年秋季接穗芽片萌发抽枝，但生长量少。第二年春季从距接口0.5厘米处的上方剪去砧木，以保证接穗生长（图5-1）。

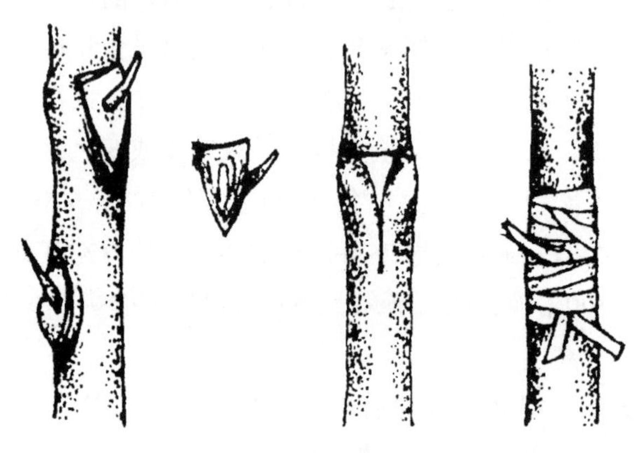

图5-1 “T”字形芽接

嵌芽接：接穗或砧木不易离皮时可用带木质部嵌芽接法。削取接芽时倒拿接穗，先在芽上方0.8~1厘米处向下斜削一刀，长约1.5厘米，然后在芽下方0.5~0.8厘米处斜切呈30°角到第一刀口底部，取下芽片，砧木的切口比芽片稍长，插入芽片后注意芽片上端必须露出一线砧木皮层，最后绑紧（图5-2）。

②枝接：枝接时期通常分春秋两季。在北方落叶果树为主的地区，春季枝接，在3月下旬至5月上旬进行。南方气候暖和，枝接，春季在2—4月进行。北方寒冷地区，秋季一般不进行枝接，而在落叶后将砧木与接穗贮于窖内，冬季进行室内嫁接，春季栽到苗圃。常用的枝接方法如下。

切接法：选择优良品种的一年生壮实营养枝，剪成6~8厘米长的枝段作为接穗。每个接穗至少带两个芽。用嫁接刀把接穗基部削成两个斜面，一面长1.5~2厘米，另一面长0.5厘米，削面一定要平，最好是一刀削成。以1~2年生实生苗或扦插苗作砧木，从距地面10~15厘米处把砧木剪断。在横断面上靠北侧向下纵切一刀，长2~2.5厘米，砧木纵切面与接穗长斜面宽度要一致。掰开砧木纵切口，插入接穗，接穗长斜面与砧木纵切面吻合好，最后用塑料条绑扎（图5-3）。

图 5-2 嵌芽接

图 5-3 切接法

劈接法：当砧木比较粗时采用劈接。劈接取接穗的方法与切接相同，但是接穗基部两个斜面不同。劈接的两个斜面长度一样，接穗基部削成楔形，两侧厚度略有不同，有芽的一侧稍厚，另一侧稍薄。选好砧木嫁接部位后截断，在砧木横切面上从中心向下劈开，成一个大裂口，深度与接穗斜面长度相同，在裂口两侧各插入一个接穗，接穗较厚的一侧朝外，并与砧木皮层对齐，最后绑扎（图 5-4）。注意包好砧木切口。

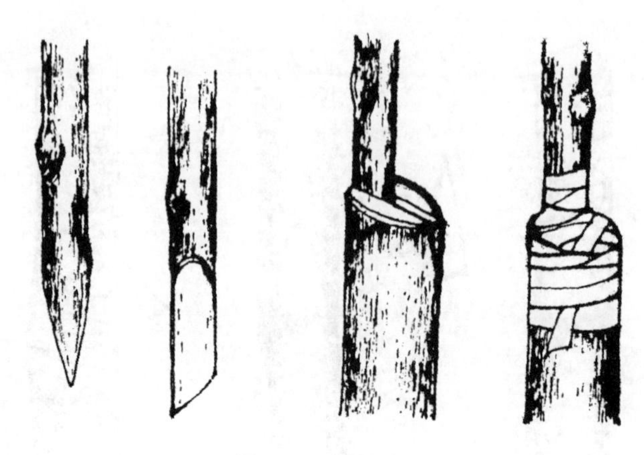

图 5-4　劈接法

插皮接法：当砧木较粗并易离皮时采用插皮接，又叫皮下接。插皮接成活率高，应用广泛。将接穗基部一侧削出一个略带弧形的削面，长 2~3 厘米。另一侧削一短斜面。选好砧木嫁接处截断并削平截口，在截口一侧向下将树皮划一纵切口，长度略短于接穗弧形削面，剥开树皮，将接穗插入，使接穗弧形削面紧贴砧木木质部。最后用塑料薄膜条绑扎（图 5-5）。

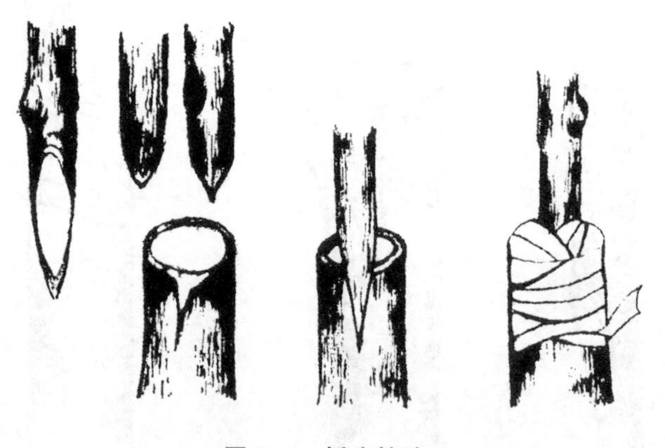

图 5-5　插皮接法

2. 矮砧苗培育

目前，梨树还未有矮化自根砧在生产上应用。生产上推广栽培的矮化砧木大多为中国农业科学院果树研究所选育的梨矮化砧木中矮 1 号、中矮 2 号、中矮 3 号、中矮 4 号、中矮 5 号等，主要作为中间砧木利用。

矮化中间砧苗木培育可分为 3 年出圃苗和 2 年出圃苗。3 年出圃苗第一年春进行实行砧播种，秋季在砧苗上嫁接矮化砧接芽；第二年春剪砧，当矮砧芽抽梢 30 厘米以上时，于其上 20~25 厘米处，芽接果树良种接芽；第三年春剪砧，秋季成苗。2 年出圃苗有以下几种方法，一是小拱棚法，即第一年培育实行砧苗并在秋季嫁接矮砧

芽；第二年春剪砧，6—7 月在一定高度接果树品种芽。接后，对矮砧苗顶摘心，以利接芽成活，待接芽成活 7~8 天后剪砧，以促进接芽抽梢，秋季成苗。二是分段嫁接法，即第一年同小拱棚法；第二年秋在矮化中间砧段上，每 25~30 厘米左右接 1 个芽，次年春季分段剪下，使每个中间砧面顶部带有一个品种接芽，再分别嫁接到其他乔砧上，秋季成苗。

3. 无病毒梨苗的培育

梨树树体感染病毒后，表现为生长衰弱，产量低、品质差，直接影响梨树的经济效益。病毒一旦感染，将终生带毒，且病毒不断增殖，唯一防治途径是培育无病毒苗木。

（1）梨树病毒的主要特点。

①传染方式：梨树病毒主要通过嫁接传染，嫁接换头或嫁接繁育苗木时，很容易传染病毒而发生病毒病。梨树在嫁接后，首先是形成层的愈合，从而使输导系统连接起来，使病毒能从接穗或砧木传到另一方而侵入。迄今尚未发现传毒媒介。

②侵染与症状：梨树病毒具有病毒类的一般特征，其侵染也是系统性侵染，病株周身带有病毒，但症状只表现在树体的某一部分。梨树病毒病的症状与大田作物基本相同，主要表现为花叶、褪绿、畸形、坏死、卷叶等。我国栽培的梨树，潜带病毒株率相当高。潜伏侵染是由寄主与病毒的组合不同所决定的。因病毒与品种、砧木的组合不同，有的表现明显症状，有的表现不完全症状。

③分布：病毒在植物体上的分布是不均匀的。幼嫩的组织比成熟的组织含毒量低。茎尖分生组织几乎不带病毒。

（2）梨树病毒的种类。20 世纪 90 年代初，世界已发现的梨树病毒病害达 23 种。可分为非潜隐性病毒病害、潜隐性病毒病害和类菌原体病害三类。非潜隐性病毒病害有梨皮坏死病、梨裂皮病、梨疱溃疡病、梨落芽病、梨栓痘病、梨麻痘病、梨坏死斑点病、梨环纹花叶病、梨粗皮病、梨茎痘病、梨石痘病、梨脉黄病以及梨轮斑病，共 13 种。潜隐性病毒病害有苹果茎沟病、香石竹斑病、煤污环斑病、榅桲矮化病、黄斑病、烟草花叶病以及烟草坏死病，共 7 种。类菌原体病害有梨衰退病、梨软枝病及梨扁枝病，共 3 种。在已知的梨树病毒中，梨脉黄病、梨环纹花叶病和苹果茎沟病等发生普遍，在世界各地广泛存在，几乎所有梨树品种和砧木都已被病毒所侵染。我国梨树病毒研究工作则起步较晚，直到 1988 年，王国平、洪霓等才开始探讨我国东方梨品系病毒种类及较敏感的田间指示植物。目前，我国已鉴定明确的有 5 种，即梨茎痘病毒、梨环纹花叶病毒、梨脉黄病毒、榅桲矮化病毒和苹果茎沟病毒。王国平等鉴定研究了我国北方梨产区主栽品种的病毒种类并指出我国北方梨产区 15 个主栽品种的带病毒株率平均为 86.3%，其中梨环纹花叶病毒（PRPMV）44.3%，梨脉黄病毒

(PVYV) 61.8%，苹果茎沟病毒（ASGV）32.8%，榅桲矮化病毒（QSV）11.5%。国家梨种质资源圃中5个梨系统23个主要品种均带有上述4种病毒，带病毒株率为60.9%。

①梨环纹花叶病：该病在欧美颇为流行。据荷兰（1963）调查，梨圆环纹花叶病树达23%，无症带毒树有20%。

梨环纹花叶病毒在梨树叶片上产生的症状，因品种和气候条件不同有异。典型症状是感病品种叶片上产生浅绿色或黄色环纹和线纹斑及不规则状斑驳。在高温干旱条件下症状加重，叶片扭曲、破裂。在尤诺维梨等品种的果实上产生暗绿色环斑。但在多数品种不表现明显症状。

梨环纹花叶病毒主要影响梨的生长量。据德国（1960）报道，梨树感染该病毒后，干周减少10%，枝条长度和叶面积减少20%。在匈牙利发现（1979），感染该病毒的梨树易受冻害。

②梨叶脉黄化病：梨叶脉黄化病是梨树上发生最普遍的病毒病。据美国（1973）调查，华盛顿州86%的安久梨和6%的巴梨受这种病毒侵染。该病毒在感病品种及指示植物上，5月末或6月初，沿叶脉产生褪绿条斑。症状受气候影响。在高湿低温地区如英国和荷兰，其症状较明显。而在干热地区如美国华盛顿，症状极轻或无症。它的某些株系在梨叶上还产生红色斑驳。

脉黄病毒虽在多数梨品种上不显症状，但对梨的生长和产量有明显影响。据英国（1973）试验，病树产量减少13.4%～69.7%，减产30%～50%。又据西班牙研究（1990），艾格梨感染该病毒后，产量减低2%，干周生产效率降低18%。

③梨石痘病：它是梨树上为害性最大的病毒病害，果实发病后完全丧失商品价值。但其发生不普遍。石痘病的症状主要表现在果实和树皮上。

果实症状：首先出现在落花10～20天后的果实上，在表皮下产生暗绿色区域，病区由于组织发育受阻而凹陷，导致果实畸形。凹陷区周围的果肉内有石细胞积累。果实成熟时，石细胞变为褐色。

树皮症状：病树新梢、枝条及枝干树皮开裂，其下组织坏死。在老树的死皮上产生木栓化突起。

据德国研究（1979），梨石痘病毒与梨脉黄病毒和苹果茎痘病毒是同种病毒的不同株系。在榅桲和杂种榅桲上也产生石痘症状。西洋梨品种对石痘病较敏感，而东方梨系统中的许多品种带毒而不表现症状，但长势衰退，一般减产30%～40%。

④苹果茎沟病毒：美国丽特沃斯等（1969）首次发现在梨树上有苹果茎沟病毒存在。日本研究结果表明，梨树潜带苹果茎沟病毒的株率一般较高。

在日本梨中，二十世纪、丰水、幸水三个主栽品种，茎沟病毒侵染株率分别为

16.6%、5.7%、10.4%，茎沟病毒与脉黄病毒混合侵染株率分别为75.3%、5.5%、50.2%。

苹果茎沟病毒在大多数梨的栽培品种上，呈潜伏侵染，不表现明显症状，但引致慢性为害，带毒树生长减弱，产量下降20%~40%。当砧木对苹果茎沟病毒敏感时，梨树长势衰退，产量锐减，且接合部产生条状沟槽。

⑤榅桲矮化病：在普遍栽培品种上常不表现症状。许多榅桲品种和实生苗，感染榅桲矮化病毒后，出现严重的症状。病株叶片变小，皱折、扭曲，并有明显的退绿叶斑，新稍生长严重受阻，染毒2~3年后，常造成整株死亡。

（3）梨树病毒的检测技术。梨病毒及类病毒多数在栽培品种中潜伏侵染，一般症状不明显，因此，要明确梨病毒发生状况，检验梨脱毒材料是否脱除了病毒，均需进行病毒检测。目前，应用于梨病毒检测的方法有以下3种。

①物理学方法：现已报道可用于梨病毒鉴定的指示植物有A20等十多种木本植物和昆诺黎等多种草本植物。常采用草本指示植物、木本指示植物温室鉴定与田间鉴定相结合的方法，缩短了检测时间，并保证了检测的准确性。我国采用生物学方法鉴定明确了我国梨病毒的主要种类有ACSLV、ASPV、ASGV等，带毒株率为80%左右，并筛选出适合我国梨病毒鉴定的木本指示植物。由于同种病毒在不同的木本指示植物上及不同生长期表现的症状不尽相同，因此，对指示植物的筛选、接种方法的探讨仍具有重要意义。

②血清学技术：当前应用在梨病毒检测上的血清学技术主要有酶联免疫吸附法（EHSA）、免疫电镜技术（ISEM）、斑点免疫结合（Dot immunobinding）。继Flegg报道了采用ELISA方法检测苹果上的ACLSV之后，不同的研究者探讨了F（ab）2′-ELISA、DAS-ELISA改进的F（ab）2′-ELISA等方法检测ACLSV及ASGV的条件和效果。Designes et al. 在梨ACLSV和ASGV的研究中指出DAS-ELISA检测的结果不稳定，易受梨品种、病毒种类、采样时间和环境的影响。Ciesllinska对来自不同寄主的ACSL分离株，采用多克隆和单克隆抗体比较了间接或直接ELISA方法，发现检测梨的ACSLV时，其最佳采样器官为待成熟的果实，花瓣次之。Dicenta and Kanpp还利用免疫组织印迹法分析了ACLSV和ASGV在离体苗中的分布及含量，并且发现该方法更简便快速，且与常规方法灵敏度一致。我国也对梨或苹果等的ACLSV及ASGV分离株采用多种ELISA方法进行了检测比较，并制备了多克隆和单克隆抗体。其中，吴雅琴报道DAS-ELISA方法简便但不能检测出ACLSV，并认为是由于植株内的钝化物质作用的结果，另外还发现DAS-ELISA方法和改进了的该方法均具株系特异性，易出现漏检现象。虽然现已建立了较完善的血清学检测方法，但由于梨病毒难提纯，同时受采样时间、部位、植株汁液钝化物质等影响，仍

有必要进一步弄清株系关系，制备和选择有效的抗血清及单克隆抗体，优化实验方法以提高检测的准确性。

③分子生物学技术：应用于梨病毒与类病毒检测的分子生物学技术包括核酸杂交和PCR技术。目前，梨类病毒的检测主要采用核酸杂交技术，Ambors et al. 因应用P32和地高辛标记的RNA探针检测了PBCVD的存在。Hurrt et al. 对嫁接指示植物芽尖抽提的总RNA采用P32标记的CDNA探针杂交进行ASSVD检测，后来，他又改进了原有的核酸杂交技术，采用化学发光剂标记的CDNA探针对嫁接的指示植物进行斑点印迹杂交检测ASSVD，从而减少了从组织提取RNA所用试剂对环境造成的污染及材料的浪费，而且更方便、经济。另外，在梨树的ASSVD检测上也应用了RT-PCR技术。ACLSV、ASGV、ASPV的检测均可采用RT-PCR和IC-RT-PCR技术。Cliesl-linska et al. 研究发现，由ACLSV高度的分子变异，不同分离株在采用相同引物进行RT-PCR检测时有可能出现漏检现象。Kinard应用RT-PCR技术分析了ASGV和ACLSV不同分离株的分布，发现降低退火温度有助于目标片段的获得。Maliowski et al. 对ACLSV分析发现，由于寄主及病毒核苷酸的差异，制样缓冲液、引物及其反应条件对PCR反应结果的准确性影响很大。Nemehinov and Malinowski也应用PCR方法对梨病毒ASPV进行了分析。我国对ACLSV的苹果分离株也采用了RT-PCR分析。RT-PCR、IC-RT-PCR等技术已广泛应用于梨病毒的检测，但是RNA的提取条件、引物的设计有待进一步改进。

(4) 脱毒方法。在梨长期的营养繁殖过程中，病毒病不断传播蔓延，为害日趋严重，而在当今的技术条件下尚未找到有效的防治药剂。因此，培育和栽培无病毒苗木是解决梨病毒为害的有效途径。既可以有效地防治病毒病，又可以显著提高产量和质量。目前，在梨上采用的脱毒方法主要有以下5种。

热处理脱毒法。热处理脱毒主要有恒温和变温两种。早在1965年就报道了该方法除去梨病毒的应用。后来，美国、英国、西班牙等国也采用热处理脱除了西洋梨的ASPV和ACLSV。我国也已成功的采用该方法脱除了梨的ASPV和ACLSV病毒，但对ASGV的脱毒效果较差，该结果与国外报道的一致。同时，恒温处理植株易死亡，变温处理植株死亡率低且脱毒率高。因此，热处理脱毒需要综合考虑脱毒梨品种的耐热性、病毒的种类、嫁接成活率等因素，在实际应用中选择适宜的处理方法及温度。

茎尖培养脱毒法。茎尖培养脱毒效果好，后代遗传性稳定，已成功的应用到葡萄、苹果等多种果树的脱毒上。梨茎尖培养较困难。因此，有关该技术在梨上应用的报道较少。我国在1993—1995年对北方梨进行了茎尖培养脱毒，但对ASGV脱毒效果较差。由于茎尖培养成活率与茎尖大小呈正相关，而脱毒率又与茎尖大小呈负相

关，因此，操作难度相对较大。鉴于梨茎尖培养较难，对梨的茎尖增殖分化诱导生根以及小植株移栽也需同时开展研究。

茎尖微嫁接脱毒法。主要是试管培养无毒砧木，嫁接约1毫米的待脱毒苗茎尖达到脱毒目的。Faggioli et al. 通过该方法脱除了西洋梨的两个品种的PVYV，嫁接成活率高，脱毒效果与嫩梢长度直接相关，且两个品种脱毒效果有差异。这种方法在国内尚未见报道。考虑到梨茎尖培养较难，对诱导生根难的品种可采用此方法，但成活率与操作者的熟练程度密切相关。

热处理与茎尖培养结合脱毒法。热处理与茎尖培养相结合是现有的效果最好的一种脱毒方法，尤适用于单独热处理或茎尖培养难以脱除的ASGV和ASSVD等。日本开展了这方面的研究，我国也应用该方法脱除了梨的ASGV和ACLSV病毒，脱毒效率均为100%。另外，Postman还试用低温处理与茎尖培养相结合的方法脱除了梨的ASSVD：4℃低温处理49天，然后茎尖培养，脱除效果达85%。此法对于一些耐热性差的梨品种脱除其类病毒尤为重要。

化学制剂脱毒法。由于有些化学制剂对病毒的复制具有抑制作用，因此用它们处理组培苗的培养基可以脱除部分病毒。现已证明抗病毒醚和DHT对梨病毒具有潜在的治疗作用，在培养基中加入抗病毒醚可脱除梨的ACLSV。总之，病毒病仍是梨树生产和资源保存上亟待解决的重要问题。进一步弄清我国梨病毒种类、株系的特征、分布以及与其他地区梨病毒的关系，研究建立梨病毒及类病毒灵敏可靠的快速检测体系和高效脱毒技术，对有效的防治梨病毒的发生、阻止病毒的传播蔓延、实行梨的无病毒化栽培、提高梨的品质及产量具有重要意义。

（三）嫁接苗的管理

1. 检查成活、解绑和设支柱

芽接后15天左右即可检查成活，解绑。凡芽片新鲜，叶柄一触即落表明成活。枝接则待芽萌发抽梢后逐步解绑。枝接的接穗进入旺长后，特别是皮下接接穗，易遭风折，须设支柱绑扶。

2. 剪砧和除萌

芽接成活的苗木于春季萌芽前，将接芽以上的砧木部分剪除，不留残桩。在多风地区可留10厘米左右的活桩，用以绑缚新梢，待新梢基部木质化后再剪除活桩。剪砧时刀刃应迎向接芽一面，在芽片上0.3~0.5厘米处下剪，剪口向接芽背面微向下斜，有利于剪口愈合和接芽萌发生长。越冬后未成活的，春季可用枝接法进行补接。剪砧后要及时抹除萌芽和萌蘖，越早越好，以保证接芽苗健壮生长。枝接的接穗若萌发多个新梢，应选留1个，其余去除。

3. 田间管理

及时除草松土增加地温，促进苗木根系发育。5—6月追施尿素，每公顷150千克左右，施后及时灌水；7月以后宜于叶面喷肥，用磷酸二氢钾200倍液间隔10~15天喷1次，共喷2~3次，促使苗木充实健壮。苗木迅速生长的5—7月要及时灌水。8月以后要控水，防止苗木贪青徒长。注意防治卷叶虫、蚜虫等。发现花叶病、锈果病的病株要拔除销毁。

（四）苗木出圃

1. 出圃前的准备

出圃是育苗工作的最后环节，出圃的准备工作和出圃技术直接影响苗木的质量、定植成活率及幼树的生长。出圃的准备工作主要包括：对苗木的数量进行核对和调查。根据调查结果及定植数量制订出圃计划及苗木操作规程。及时包装、运输，缩短苗木运输时间，保证苗木质量。

2. 起苗

起苗时间依栽植时期而定。分为秋季和春季。秋季可于土壤结冻前进行，须调运外地的可适当提早；春季于土壤解冻后至苗木发芽前起苗。起苗前应对田间苗木情况做一调查并作好标记，防止苗木混杂。土壤干燥宜在起苗前2~3天灌水。为了提高起苗质量和工效，应改人工起苗为起苗机起苗。

3. 苗木保管、包装、运输

秋末起苗后，在背风、向阳、干燥处挖假植沟。沟宽50~100厘米、沟深和沟长分别视苗高、气象条件和苗量确定。须挖两条以上假植沟时，沟间平行距离应在150厘米以上。沟底铺湿沙或湿润细土厚10厘米，苗梢朝南，按砧木类型品种清点数量，做好明显标志，斜立于假植沟内，填入湿沙或湿润细土，使苗的根、茎与沙、土密接，地表填土呈堆形。苗木无越冬冻害或无春季抽条现象的地区，苗梢露出土堆外20厘米左右；苗木有越冬冻害或有春季抽条现象的地区，苗梢应埋入土堆下10厘米。冬季多雨、雪的地区，应在沟四周挖排水沟。包装。苗木运输前，可用稻草帘、蒲包、麻袋和草绳等包裹绑牢。每包50株，包内苗根和苗茎要填充保湿材料，以达到不霉、不烂、不干、不冻、不受损伤等为准。包内外要附有苗木标签，以便识别。运输。苗木运输要注意适时，保证质量。汽车自运苗木，途中应有帆布篷覆盖，做好防雨、防冻、防干、防失等工作。到达目的后，要及时接收，尽快假植或定植。运输时，应附有苗木标签和苗木质量检验证书。

第二节　建立优质高效省力化梨园

一、科学建立规范化早酥梨园

（一）园地选建与规划设计

果园规划主要包括：土地道路系统、防护林、排灌系统等的规划与设计。园址选定后，要实地调查，测量，作出平面图或地形图，然后再根据图、地配合作出具体规划。

1. 土地规划

梨园面积大时，特别是山丘区，要根据地形、地势等把全园划分成若干小区，便于作业，地势平坦一致时，小区面积可以 100 亩，地形复杂时可以 30~50 亩，一家一户栽植时要集中连片，统一规划。

2. 道路与建筑物规划

干路是梨园的主要道路，位置居中，把梨园划分成几个大区，内与建筑物、支路相连，外与公路连通，路宽 6~8 米。支路与干路垂直连接宽 4 米左右。小路与支路连通，宽 1~2 米便于作业。山丘地果园道路设置可随弯就势，因形设路，要盘旋缓上为好，不要上下顺坡设路，路面内斜 3°~4°，内侧设排灌渠。

3. 防护林的设计与规划

营建保护林，不仅可以防止风沙侵袭，保持水土，涵养水源，还可调节果园的小气候，减少风害、霜冻等自然灾害。防护林配置的方向应垂直当地主要风向，一般西北风猛烈，故应在西北向建立防护林带，树种北方以高大速生的三倍体毛白杨、苦楝、臭椿为主，南方以桑树、桉树等树种为宜，最好乔灌结合，灌木以枸橘、紫穗槐、杜梨等，避免种植与梨树有相同病虫害和互相寄主的树种。

4. 排水、灌水系统规划

排灌系统是果园防止旱涝、霜冻等灾害和优质丰产的基本设施。无论采用明、暗渠，滴、渗、喷哪种灌水方式，第一要解决水源（河、湖、井、水库、蓄水池等均可）；第二要有输水系统，干、支、毛渠三者垂直相通，与防护林带和干、支路相结合。主路一侧修主渠道，支路修支渠道。山地果园的蓄水池应设在高处，干渠设在果园上方，以方便较大面积的自流灌溉。山地果园的排水与蓄水池相结合，在果园上方外围设一道等高环山截水沟，使降水直接入沟排入蓄水池，防止冲毁果园梯田。每行梯田内侧挖一道排水浅沟，沟内作成小埂，做到小雨能蓄，大雨可缓冲洪水流势。

总之，在果园规划中，尽量增加果园面积，压缩非生产性面积，将自然条件取利避害，将园、林、路、渠协调配合，达到果树占地90%以上，非果园占地10%以下。其中林5%，路3%、渠道1%、建筑物0.5%的比例较为理想。

（二）授粉树配置

突出早酥梨为主栽品种，主栽品种占全园的80%左右，使早酥梨能形成一个批量的商品拳头，打入市场，创出品牌。授粉品种要选本身经济价值较高、丰产、适应当地生态条件，与早酥梨品种花期相一致，授粉亲和力好，花粉量大，花粉发芽力高，能互相授粉，且成熟期、始果期相近的品种。

授粉品种栽植数量不宜过多，一般主栽品种4行配1行授粉品种。如两个品种都好，能互相授粉，可以等量栽植。若果园小，可加大主栽品种的比重，也可用中心配置方式，即中心1棵是授粉树，周围8棵是主栽品种（1∶8），为防止因天灾或小年时，一个授粉品种花粉不足，可栽植两个授粉品种（1∶4∶1）。授粉品种配置方式如图5-6。

○○××	○○○○×○○○○	○○○	×○○○○□
○○××	○○○○×○○○○	○×○	×○○○○□
○○××	○○○○×○○○○	○○○	×○○○○□
2∶2	4∶1	8∶1	1∶4∶1

（注：□和×表示授粉品种；○表示早酥梨）

图5-6　早酥梨相互授粉配置表

（三）栽植方法

1. 定植密度与栽植方式

合理密植能更好地利用日光和地力，合理密植，要依据栽植的砧木、果园地势、土壤情况、作业方式等决定。一般认为，亩栽培100株以上为高度密植，60~99株/亩为中度密植，50株/亩以下为稀植。生产当中早酥梨通常的栽培密度为55~83株/亩，株行距（2~3）米×（3~4）米。随着生产技术的发展，栽植密度也可以采取计划密植方式，即先密后稀法，待后期产量、树冠上来后，可实行间移间伐，既充分利用光能和地力，又保证丰产优质。

栽植方式多种多样，有长方形、正方形、三角形、带状式、等高式和丛状式等。这些栽植方式，都是为了适合不同土地条件和管理水平而分别采用的。生产上应用最多的形式为长方形栽植，即行距大于株距，通风透光好便于行间作业和前期间作。是平原大面积果园栽培的最佳方式。群众俗话说："宁可行里密，不可密了行"，很有道理。

栽培行向，平地南北成行优于东西行。南北行向日光好，光能利用率高，有时产量可以相差 10%~20%。尤其是在密植的条件下。在山地为了保持水土的需要。只好按等高线安排行向，上行高，下行低，光照影响不大。

2. 提高栽植成活率的技术要点

栽植成活率高的技术要点总结为“十三字”，即“选壮苗，填肥土，灌透水，根土密结”。

选壮苗。选根系发达，芽子饱满，高度在 1~1.2 米的健壮苗木，栽前修根，剪去因起苗造成的旧伤面和机械伤根等，用生根粉或奈乙酸浸沾根系效果更好，有利于伤口尽快愈合，发根快。远处购苗要保护好根系，栽前浸泡一天，以吸足水分。

填肥土。挖大穴栽植或挖沟栽植时，定植坑为 1 立方米见方，或 70~100 厘米深、宽的定植沟，施足底肥（坑大、沟大可以更多地施底肥），沟底铺玉米、花生等秸秆 15~20 厘米厚，上压优质农家肥粪，表土回填在下，底土在上层。

灌透水。栽植沟或定植坑回填后，即可灌一次透水，使虚土沉实，待苗木到位时挖开定植。定植时使嫁接口与地面相平或略高出地面 1 厘米左右。

根土密结。苗木埋土深度要与嫁接口相平，栽后踏实，全园及时灌一次透水，使根系充分舒展与土壤密切结合，培 30 厘米高土堆防冻和风摇。然后苗木树盘覆盖地膜，有利于保墒增温、防杂草、缓苗快、长势旺，成活率高。

梨苗栽植时期，南方秋冬气温较高有利于根系活动，秋栽比早春栽生长旺，成活率高，效果好。北方冬季温度过低，易冻死或抽干苗子，多在早春栽植。总之，苗木在落叶后栽植越早，越有利于生长成活。

3. 栽后当年管理

“三分种，七分管”，管理得好，不但成活率高，成形早，而且早见效益。

首先定干。栽后立即定干，高度为 70~80 厘米。将来采用纺锤形或单层高位开心形整枝的，干宜高些。土质差，坡度大、风大的地方，干宜低些。计划密植园中的永久行、株，需定干。临时行、株可不定干，成活后 6 月拉弯主干，以利提早结果。

防寒。当年小树枝条充实度差，不抗寒，易发生根颈部冻害和枝干日灼。可采用枝干涂白、埋土堆、绑草等方法保护。还要做好防虫、追肥、除草、查苗补栽，管理树盘和防止机械意外伤害等工作。

二、丘陵山区早酥梨园建立

丘陵山地建立早酥梨园时，应选土层厚度在 50 厘米以上，有机质丰富，坡度 15℃以下，坡向南、西、东均可（北坡光照稍差），坡面完整连片的地段为园址。土质薄的山地丘陵区要用凿石填土，修筑梯田、撩壕、挖鱼鳞坑的办法（坑内填土），给梨树生长创造良好的立地条件。要特别注意防止土壤冲刷，每年秋冬季进行检修，大量植树，营造防风林。在园界四周，排水沟两侧，山谷谷口，风力大，降水多，坡面大的地方都要植树种草或种紫穗槐、枸橘等防风护土，要林果结合。

三、沙荒地早酥梨园建立

我国具有大面积的沙荒地，大部分分布在北方。如新疆、陇北、宁夏、陕北、河南、河北等省都有大面积的沙土地。因此，沙地建立优质早酥梨园，在我国是十分普遍和重要的生产基地。沙土地的缺点是缺乏有机质，植物生存条件不好。但沙土有一定的优点，即土质疏松，易于耕作，透水性好，不易受涝，增温快，易发苗，结果早，品质优良，经过改造建立优质梨园是完全可行的。改造沙荒的方法很多，有平整土地、植树造林、育草封沙、深翻盖土、增施有机肥、设置沙障等。经过大量的改造工作，栽植梨树，建立优质高效商品梨园具有很好的经济效益。梨树在透气性良好的土壤上根系深广，抗性增强，果实皮细，色泽好，肉质脆甜，品质优良，植株也比较矮化，便于操作管理和密植栽培。

四、盐碱滩地早酥梨园建立

我国有很多江、河、湖、海冲积成的滩涂，淤废河床，河泛迹地，轻度盐碱地，退耕还林地等，只要有0.5米深的土层，pH值不高于8.5，地下水位在1米以下，含盐量不超过0.3%，无很大的风沙、旱涝威胁的成片土地，即可发展早酥梨生产，但在建园前需稍加改造。修建通畅完整配套的排水系统，建立条田、台田，抬高种植梨树的地面，即可有效地排除地下水，减少土壤盐碱含量，有利于梨树根系生长。还要选择耐盐碱的砧木。北方用杜梨，南方用褐梨。大种绿肥，培肥地力。

第三节 优质高效栽培技术要点

一、适宜树形和整形修剪技术

根据早酥梨的生长结果习性，通过修剪技术，将树体剪成一定的树形并加以保持，是优质高效栽培技术中重要的一环。适宜的树形不仅能使植株早结果、早丰产稳产、经济结果年限较长，而且还为生产优质果实奠定基础，更加有利于梨园的管理。

（一）优质丰产树体形态指标

目前，早酥梨生产中应用的树形较多，但不管哪种树形，要达到优质丰产高效，应具备以下几点。

首先是树高要适当。早酥梨是高大的乔木，干性和顶端优势均强，在自然生长条件下极易形成高大的树冠，给栽培管理造成很大的困难，果实品质差，经济效益低。因此，为了实现优质丰产高效，必须控制树高。根据各地早酥梨栽培的经验，疏散分层等大冠树形的早酥梨盛果期树高宜控制在4.0米以下，纺锤形等中冠树形树高在3.5米以下，“Y”字形、斜式倒“人”字形或柱形等密植栽培小冠树形树高应在3米以下，才能保证树冠良好的通风透光，生产出优良的果实。

其次是骨干枝成层分布，数目适当。骨干枝主要用来扩大树冠、充分利用空间。骨干枝过少不能充分利用空间，利用光能不充分，产量低。骨干枝过多，树冠内枝条密集，通风透光不良，果实品质降低，多年后还会出现冠内小枝枯死，降低产量。

第三是枝量合理。枝量是枝条总量的简称。在一定范围内，枝量越大，产量越高，果实品质也越好。但枝量过大则造成郁闭，影响产量和品质。梨树的交叉枝、重叠枝过多，会阻挡阳光透射，着生过多侧枝消耗养分，使果树整体生长不佳。因此，应调整树冠外围的分枝、侧枝，剪除生长方向不适的枝条，或改变其伸枝方向，抬高下垂枝的伸展角度，以保持良好的透光条件。各级骨干枝的延长枝分布过多，会造成养分浪费。根据延长枝条的长势进行短截，长50厘米以上的延长枝剪留30厘米左右，长30~50厘米的延长枝剪留3/4。要掌握好短截的程度，过重会形成较少的短枝，过轻会使新梢生长不良。盛果期尤其是盛果前期，会形成大量的短果枝、中果枝和长果枝，而且不同类型枝条具有不同的生长形态。提高早酥梨的产量和品质，做好盛果期的整形修剪极其重要。因此，要针对不同结果枝采用适宜的修剪方法，选留、培养健壮的短枝，以促进形成充足的花芽。盛果期早酥梨树某些品种果枝群是主要的结果部位；短果枝群本身没有营养枝。为了维持短果枝群的健壮生长，应掌握去弱留强、去上留斜、去远留近的修剪方法。保留健壮的短枝，细致疏剪、回缩短果枝群，防止分枝太多过密而消耗养分。有些过长的单轴结果枝组长势一般或较弱，又细又长而且下垂，这是由于多年连续缓放而造成的。在单轴结果枝组上所结的果实品质较差。应在有健壮分枝处回缩，一般剪去1/3~1/2。

（二）适宜树形选择和整形修剪技术

整形修剪是梨树生产上一项重要的管理技术之一，整形修剪能调节枝梢生长量和结果部位，构建合理的树冠结构，改善树冠通风透光条件，有效利用光能，提高果实商品品质，提高梨树栽培的经济效益。

合理的整形修剪技术体现在以下几个方面。

1. 树形与栽培方式相适应

生产上常根据栽培方式的不同，确定合理的树形，如早酥梨矮化密植栽培，常采用细长纺锤形整枝，我国梨主要产区普遍应用的乔砧栽培，大多采用疏散分层形或延迟开心形整枝，而近年来在江苏、山东和浙江等省推广面积较大的梨树棚架栽培，则需应用棚架形整枝。

2. 调节树体营养分配

根据树体营养利用的来源不同，梨树全年的营养供应分为两个时期。前期（5月上旬前）主要利用树体上年的贮藏营养，维持萌芽、展叶和开花坐果等生命活动；后期（5月下旬后）主要利用当年叶片同化产物，满足树体的新梢生长、果实发育和花芽分化，两个时期之间通常称为营养转换期。利用修剪技术，可以调节营养转换期出现和结束的时间，促进两个时期营养的合理分配，保证生长、开花和结果的正常进行。

3. 提高梨果商品性和生产稳定性

根据早酥梨特点，合理应用整形修剪技术，能够减轻或控制“大小年”的出现，调节果形大小，增加果形的一致性。

二、合理修剪量的评价

修剪通常具有“整体抑制和局部刺激”的双重作用，所谓“整体抑制”应理解为只要剪掉树上的枝条，对这一单株的整体生长就起到了抑制作用，修剪量越大，减少整体生长的作用越强。“局部刺激”是指修剪对剪口附近的枝芽生长具有刺激作用。在一定程度上修剪量越大，刺激作用越强。单株合理修剪量要根据树势确定，通常所形容的轻剪或重剪，只是表示对各类枝组采用不同程度的修剪，只关注单枝或枝组的修剪量，忽略整体的修剪量，必然影响到单枝的修剪反应。因此，合理修剪量的评估要注意树体整体与局部之间相辅相成的关系。

三、枝梢生长特性与修剪的关系

早酥梨枝梢生长特性对合理整形修剪有重要影响，由于梨树的顶端优势强，上强下弱，致使枝组下部极易光秃，尤其角度直立的枝组更易秃裸。因此，枝组的及时更新是早酥梨修剪的重要措施。梨树木质硬脆，发枝角度小，多年生枝加粗慢，负载能力差，枝组易从基部劈折，为提高单株负载能力，对基角小于45°的骨干枝，要及时开张角度。梨树隐芽寿命长，强刺激后均可萌发，多数品种只要皮层尚未粗皮或粗皮层刮皮后，经修剪刺激可促其萌发，利于枝组更新。

四、影响修剪效果的因素

南方、北方、山区平原、高原滨海等不同的气候条件，直接影响着早酥梨树的生

长、成花和坐果，修剪时要按修剪后的综合反应，因树制宜采用相适应的剪法和剪量。地力及水肥条件也直接影响着生长、成花及坐果，在修剪时要按地力及水肥条件调节剪量和剪法。

第四节　主要树形及培养方法

早酥梨树形可分为有中心干形、无中心干形、扁形、平面形和无主干形。有中心干的树形有小冠疏层形、纺锤形、细长纺锤形、主干形等。无中心干有开心形、“Y”字形、斜式倒“人”字形等。疏散分层形，虽然产量较高，但树体高大，疏果、修剪、喷药及采收等操作管理十分不便。近年来为适应密植栽培和优质生产，树形发生了较大的变化。目前生产上采用的早酥梨树形有小冠疏层形、纺锤形、细长纺锤形、“Y”形、开心形、“3+1”树形、主干形、斜式倒“人”字形、棚网架树形等。随着我国农村劳动人口的老龄化，劳动力价格的提高和果园机械化的实现，梨树树形的发展也必须与之相适应。围绕高光效、高品质、轻劳化（省工、省力、操作简便）这三个要求，树体高度由高到矮，改多层为两层或单层，树冠形状由圆到扁，骨干枝分级数由多到少，树形结构进一步简化应该是我国梨树形的发展趋势。

一、小冠疏层形

（一）树体结构

小冠疏层形又称简化疏散分层形。树形类似于疏散分层形，中心领导干较矮，主干高 50 厘米，树高 2. 5 米左右，全树共有主枝 5~6 个，第一层主枝 3~4 个，第二层主枝 2~3 个（或叫大枝组），第一层与第二层的层间距为 100 厘米左右，每层主枝均匀分布在中心干上互不重叠，主枝基角 50°~60°，腰角 60°~70°。该树形优点通风透光，丰产、稳产，也可用于计划密植的临时株的树形。

（二）主要技术步骤

一年生苗木定植以后，离地面 60 厘米左右剪截定干，剪口下第二芽抹去，第三至第五芽要刻伤，促进萌发抽枝，培养第一层主枝。为平衡枝条长势，对生长势强的枝条要结合夏季拉枝或用竹签开角使培养主枝的枝条基角达到 45°~55°，弱枝到冬季修剪时把枝条基角撑至 45°~55°。

第一年冬季修剪时，对剪口第一芽抽生的枝条培养中心干，在 3 芽以下抽生的枝条选 3~4 根枝条培养第一层主枝，留 40~60 厘米短截，剪口选择外向或侧向。其次是用里芽外蹬方法剪截，剪截的长短根据枝条的长短粗细而定，在剪口下的第二芽或第三芽如果是背上芽，要及时抹掉。如果主枝预备枝条的数量不够，可对中心干重剪截或对主干进行刻伤，促进发枝。

第二年冬剪时，对主枝延长枝继续按第一年冬剪方法剪截，只是对竞争枝或背上直立旺长枝条要疏除，可用第二芽抽生的枝条培养副主枝，枝条要适当短截。对抽生的长中果枝的枝条也要适当短截，特别是形成串花枝，只能留 2~3 花芽短截，防止大量结果，影响树势。

第三年修剪方法与上年一样，只是在第一层主枝上同一侧培养副主枝。如果有第一副主枝的要在另一侧距 40~50 厘米位置培养第二副主枝，中心干上应考虑培养辅养枝和枝组。如果层间距达到 100 厘米，可培养第二层主枝，培养的方向要错开。其次是防止主枝生长角度过小，生长直立，影响树势平衡，主枝上抽生的枝条要按位置和空间合理培养辅养枝和结果枝组。

第四年冬剪时，应根据树冠骨架培养情况进行合理修剪，一层主枝的副主枝和二层主枝的要继续培养，对空间有较好的位置的，要继续培养辅养枝和结果枝。

第五年冬剪时，由于树体结构已基本形成，也进入大量结果期。此时的冬剪主要是调整骨干枝的生长角度和生长方向及生长势，平衡一层与二层主枝、副主枝及主枝和副主枝上的辅养枝、结果枝组长势，防止局部旺长，影响树冠其他部位枝条正常生长和结果。其次，对结果枝组和辅养枝要合理修剪，运用回缩、短截、长放、疏枝技术，使枝组常截常新，增强长势，延长枝组的结果年限。

二、纺锤形

（一）树体结构

干高一般 50~60 厘米，中心干直立健壮，其上直接分布骨干枝（小主枝）12~15 个，单轴向四周延伸，骨干枝间距不少于 20 厘米，骨干枝开张角 70°~80°，同方位骨干枝间距大于 50 厘米，骨干枝长度不超过 1.5 米，骨干枝上直接着生中小型结果枝组，树高一般 3.0~3.5 米。

（二）主要技术步骤

第一年栽植定干高度 80 厘米，萌芽前在第二芽以下刻 2~3 个芽促使发出角度大的中枝，夏季在 6—7 月，对竞争枝和壮枝呈角至 70°~80°。第二年冬剪中心干延长枝留截 50~60 厘米，第二芽以下按要求的方向刻 3 个左右的芽促发中长枝；夏季对长势强旺的骨干枝进行拉枝呈 70°~80°，对第一年留的骨干枝背上部长出的枝条连续疏除，保持各骨干枝顶端的生长势力和促发短枝成花，对影响骨干枝（中干，各级主

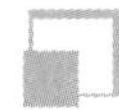

枝）生长的竞争枝，过强枝条采用拉枝、环剥、刻芽等方法，促进枝类转化、成花、结果。3~4 年生进入初果期，整形修剪主要任务是结果与整形并重，全树有呈现螺旋状排列的小主枝 12~15 个。在整形过程中要注意一是利用梨树干性强，培养强旺直立的中干；二是梨树分枝角度较小，枝条也相对较硬，要进行拉枝、撑枝等措施开张骨干枝角度；三是纺锤形修剪以疏、缩为主，轻剪、长放、多拉枝，充分利用空间排列枝条，达到早果丰产的目的。

三、细长纺锤形

（一）树体结构

干高 60 厘米，树高 2.5 米左右，冠径 2 米左右。在中心干上呈螺旋状均匀地分布 10~15 个小主枝，小主枝与中心干的角度在 70°~80°，同侧 2 个小主枝间相距 50 厘米，小主枝的粗度不能超过中心干的 1/2。小主枝上配置中小型枝组，结果枝组粗度不能超过小主枝粗度的 1/2。

中心干的修剪：定干高度 80 厘米左右，中心干直立生长。第 1 年冬中心干的延长枝剪留 50~60 厘米。第 2、第 3 年冬中心干的延长枝不短截，当小主枝数选够时就可落头开心。为了保持 2.5 米左右的树高，可用弱枝换头。

（二）主要技术步骤

小主枝的培养：每年在中心干上选留 2~4 个小主枝。新梢长出 30 厘米时，由于比较幼嫩，可用竹签（用牙签代替）支撑以开张角度。在定植后的 4 年，冬季对小主枝不行短截，2 年以上的小主枝达到 1 米长时，可用撑、拉等方法开张角度 70°~80°。小主枝的粗度不能超过中心干的 1/2 以上。对过粗的小主枝，可在小主枝上疏掉部分分枝，以削弱其长势。在小枝数够用的情况下，也可疏掉过粗的小主枝，小主枝上要配置和培养中小结果枝组。

无效枝的疏除：对中心干上的竞争枝、小主枝上的直立枝和内膛的徒长枝、密生枝。

四、“Y” 形

（一）树体结构

通过人工整形把梨树整形成“Y”形，其树冠有一个主干，干高 40 厘米，主干上着生伸向行间的两大主枝，每一个主枝培养 4 个副主枝，根据栽培的密度，每个副主枝再培养 3~5 个大枝组，如果栽植密度大，可以使副主枝继续向前延伸，枝组也相应地向前培养，直至占领网面。优点是树冠通风透光，骨架牢固，树体衰老较慢，结果年限较长，有利于管理和提高果品质量。该种树形在韩国应用较多。

（二）主要技术步骤

一年生苗定植后，离地面60厘米处短截定干，剪口1~2芽要去掉，第3~4芽留两侧，在枝条抽生40~55厘米长时，用竹签把新梢基角开成55°~65°的角，其余的枝条拉成90°角，削弱其生长势。

第一年，将主干两侧第3~4芽抽生的枝条绑扎到架面第一层铁丝上，留40~50厘米剪截培养主枝，剪口芽留背后或两侧，背上芽全部抹除，防止形成竞争枝。

第二年，在主枝上选留一根直立生长的枝条作为主枝延长枝绑扎到架面的第二层铁丝上，留40~50厘米剪截，抹去背上芽，然后从主枝上选留一根中庸枝条，基角30°~40°，绑扎到网面第一层铁丝上，留40~50厘米剪截培养第一层副主枝，剪口芽留背后或两侧，抹去背上芽。在另一主枝上也同样选留一根枝条按反方向绑扎到网面第一层铁丝上，基角30°~40°，留40~50厘米剪截，培养第一层副主枝，剪口芽留背后或两侧，抹去背上芽。其余着生在主枝上的枝条按粗细选留，粗壮枝条可直接从基部疏除，中庸偏弱的枝条，在不影响主枝、副主枝生长的情况下，可绑扎到架面上按枝留花芽剪截。

第三年，继续从主枝上选留一根直立生长的枝条作为主枝延长枝绑扎架面的第三层铁丝上，留40~50厘米剪截，抹去背上芽，在主枝延长枝下，选留一根中庸枝条，基角留30°~40°，与第一层副主枝相对侧，绑扎在架面第二层铁丝上，留40~50厘米剪截，抹去背上芽，培养第二副主枝，另一主枝也培养第二副主枝，方法同上。此时应在第一副主枝上，选留一根中庸偏强的枝条，按照基角生长的方向绑扎在网面上，留30~40厘米剪截，作为第一副主枝的延长枝继续培养，剪口芽留背后或两侧，抹去背上芽，在副主枝上两侧选留一根枝条培养枝组，对其他过粗过密枝条可直接从基部疏除，对中庸偏弱的有空间、有位置的枝条绑扎在网面上，按枝留花芽剪截。

第四年，从上年主枝延长枝上选留一根直立生长，生长势较强的枝条作为主枝延长枝绑扎在架面第四层铁丝上，留40~50厘米剪截，剪口芽留背后两侧，抹去背上芽。在主枝延长枝下，选留一根中庸偏弱的枝条，基角留30°~40°绑扎在网面第三层铁丝上，留40~50厘米剪截，培养第三副主枝，抹去背上芽。另一主枝也同样培养第三副主枝，方法同上。在第二副主枝上选留一根中庸偏强的枝条，按照基角生长的方向留30~40厘米剪截，作为第二副主枝延长枝，剪口芽留背后或两侧，抹去背上芽，同时，在该副主枝两侧选留一至两根枝条培养枝组。对第一副主枝，继续选择较强壮枝条按基角生长方向绑扎到网面上，留30~40厘米剪截，培养和延伸第一副主

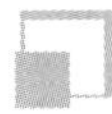

枝，剪口芽留背后或两侧，抹去背上芽，根据副主枝上空间和枝条着生多少，可再选择 1~2 根枝条培养枝组，对上一年培养的枝组，要继续培养，占领空间，提高架面的利用率。对过密过粗枝条可直接从基部疏除，对中庸偏弱，有空间、有位置的枝条可绑扎在架面上，按枝留花芽剪截。

第五年，主枝不再延伸培养，只是培养第四副主枝，方法是从上年主枝延长枝上选留中庸偏强，并与第二副主枝同侧位置的枝条作为第四副主枝，以基角 30°~40°的方向绑扎在架面的第四层铁丝上，留 40~50 厘米剪截，另一主枝也用同样方法培养第四副主枝。在第三副主枝上选留中庸偏强的枝条，按照基角生长的方向留 30~40 厘米剪截，剪口芽留背后或两侧，抹去背上芽，作为副主枝延长枝。第二副主枝上应继续选择较强壮枝条，按基角生长的方向绑扎到架面上，留 30~40 厘米剪截，培养和延伸第二副主枝，剪口芽留背后或两侧，抹去背上芽。第二副主枝按上年的方法继续培养和延伸，两侧可选留一至两根枝条培养枝组。第一副主枝是否需继续培养延伸，需根据树冠生长情况决定，如果树冠已交接搭头，第一副主枝可控制不再延伸，如果有空间，可根据枝条生长方向再继续培养延伸，若有空间有位置，在第一副主枝两侧选择一至两根枝条培养枝组，对已培养的枝组要不断更新复壮，防止衰老枯死。过粗过密枝条可直接从基部疏除，对中庸偏弱、有空间位置的枝条，可绑扎在网面上，按枝留花剪截。

第六年，一是对第四、第三主枝，继续培养和延伸，方法同上，对于第二、第一副主枝，只对着生在副主枝上的枝组进行调控和稳定长势，做到枝组常截常新。经过 5~6 年整形修剪，树形已基本形成，也进入初果期，这时要边整形边结果，培养牢固的树体骨架和结果枝组，向盛果期过渡，平衡枝组之间生长势，运用回缩、短截、长放、疏枝等修剪技术，防止局部徒长，影响树体正常生长与结果。

五、开心形

（一）树体结构

与“Y”形相似，但多一个主枝；也类似于没有中心干、只有第一层主枝的小冠疏层形。没有中心干，主干高 60 厘米，主枝与主干夹角 45°，三大主枝呈 120° 方位角，三主枝保持 15~20 厘米的间距，各主枝配置 2~3 根侧枝，主枝和侧枝上均匀配置枝组。该树形树势均衡，通风良好，但要防止主枝角度过大，并控制基部徒长枝。

（二）主要技术步骤

定植当年主要培养树体骨架，配备生长均衡的枝组，促使枝叶增长和扩大树冠。

定植后在梨树距地面60~70厘米处定干，待顶端2个新梢长到20厘米时扭梢，促使下部芽生长。8、9月按水平方向夹角120°选择3个主枝，基角开张到约50°，强枝开张角较大，弱枝较小。冬季剪除顶端扭梢枝，中度短截（剪除1/3~1/2）3个主枝，强枝略重，弱枝略轻。如当年3个主枝难以形成，各枝可适当重剪，第二年再培养。

第二年春季对背生直立强枝扭梢。8、9月对主枝延长梢拉枝，开张角度45°左右，将主枝两侧生长较强的新梢与主枝的夹角调整到近90°，用拉、撑的方法开张角度60°左右，作侧枝培养。冬季修剪继续中度短截主枝延长枝，轻截侧枝，同侧侧枝间隔距离30厘米左右。

第三年后生长期修剪同上。冬季继续重短截主枝延长枝。五年生树树冠基本形成，为避免主枝延长枝相互交叉，可采取重截或换头的方法避开两枝重叠，冬季修剪后树高保持在2.5米左右。疏除距主干分枝点50厘米以内的侧枝及过密枝，将同侧三年生侧枝的间隔距离调整到70厘米。

六、“3+1”树形

（一）树体结构

该树形树高2.5~3米，主干高0.6~0.7米，仅保留第一层主枝3个和中心干1个，因此称之为“3+1”新树形，中心干上螺旋状配置大中小型结果枝组。该树形树冠矮小，成形容易，骨干枝上直接着生枝组，管理方便，是梨树栽培的理想树形，具有简便易行的特点。

（二）主要技术步骤

第一年，苗木定植后选饱满芽定干，定干高度80厘米；定干时可刻芽促萌，以利新梢抽发。由于该树形产量主要集中在基部三主枝，定干不宜过矮，以免枝条结果下垂影响树冠下的通风透光和田间作业。生长季节采用木棍撑枝或用竹竿进行拉枝，拉开主枝基角。在基部3个方向选出3个主枝，主枝间水平夹角120°。定植当年冬季在中心干延长枝基部瘪芽处（距上一年剪口20厘米）重剪，待第二年重新培养，这是梨树“3+1”整形的关键技术之一。冬季修剪时，主枝选旺芽进行短截，对于主枝延长枝的竞争枝可疏除或拉平。

第二年，生长季节调整主枝角度及方位。冬剪时对中心干延长枝的弱枝、弱芽带头修剪，对中心干旺枝从基部去除，其余枝条一律缓放，成花后让其结果，并改造成中、小型结果枝组。生长季节对主枝进行诱引，要求主枝基角与中心干呈60°~70°，主枝梢角利用直径2厘米的竹竿对主枝先端进行垂直诱引，这是梨树“3+1”整形的第二项关键技术。

第三年，主枝和中心干上的枝条尽可能利用其结果，夏季采用牙签开角技术，这是梨树“3+1”整形的第三项关键技术。冬季修剪时中心干延长采用“弱芽带头”、主枝延长头采用“壮芽带头”短截，其余枝条不要短截，以疏枝和缓放为主。主枝延长头角度过小的，冬剪时也可选健壮的背后枝换头开张角度。由于中心干的生长滞后一年，中心干要立支撑杆加强保护，以防风和增加中心干的果实负载量，从而提高产量，这是梨树“3+1”整形的第四项关键技术。

第四年，中心干选斜生的弱枝或结果枝落头，中心干延长枝的修剪程度依其长势而定，长势过旺的利用弱枝转主换头，长势偏弱的选健壮营养枝适当重截。到第四年，树体整形基本完成。

七、主干形

（一）树体结构

干高60厘米左右，主干上着生24~28个结果枝组，枝组基角70°~90°，枝组上直接着生小型结果枝组和短果枝群。结果枝组为单轴枝组，换头不落头，以果控冠；结果枝组轮替更新，去大留小，实现控冠效果。

（二）主要技术步骤

嫁接后第一年，当苗木长至20厘米时及时疏除竞争枝，40厘米左右时用竹竿绑缚，扶植中干，防止风大导致苗木折断。6月底解除嫁接部位的保护膜，解除过早愈合不好，过晚则会导致愈伤组织过大。在解除过程中注意不要用刀片等金属物体进行划割，以免伤害树干，导致病害侵染和发生。苗木长至80厘米左右时，抹除或疏除40厘米以下的芽体或枝条，让养分更加集中，用以培养健壮的中心干；嫁接后第二年，早酥梨叶芽萌动前7天，在主干上离地面55厘米至顶部30~40厘米，在每个芽体上部0.5厘米处做刻芽处理，长度为主干粗度的1/2~2/3，深至木质部，促进发枝。若第一年树体下部形成叶从枝，刻芽的同时需点涂发枝素或在芽体上方刻成“月牙”状以促发分枝。如果第一年树体上出现长枝，次年刻芽时需对朝着生处中心干1/3处的枝组留厥疏除，确保主从关系，保证树体均衡稳定。待枝条半木质化后用牙签或开角器开角70°~80°。为控制树体长势和促进腋花芽形成，可在枝条长至30厘米左右后除主枝头外其余枝组喷施PBO 300倍液2~3次，每次间隔30天，或于当年5月20日左右对树干进行适度环割；嫁接后第三年，对未达到树高要求的树体继续进行刻芽直至距顶部30~40厘米，对下部出芽不整齐或缺枝部位较长的，在3月中下旬用单芽切腹接的方法补芽，为确保出枝率可涂抹发枝素。疏除过密枝，确保树体有30~32个枝组；旺枝枝组需刻芽，背上芽芽后刻，侧下芽芽前刻，以促发中短果枝，使树冠紧凑。花期做好授粉和花前复剪工作，根据枝组粗度，花芽和腋花芽数量，每株树留果80~100个，以果控冠。通过3年的树体管理，可实现成形早、结果早、丰产早的“三早”效果。

八、斜式倒“人”字形

（一）树体结构

适于高度密植栽培，行株距为（3~3.5）米×1米。树体结构干高70厘米，南北行向，2个主枝分别伸向东南和西北方向，主枝腰角70°，大量结果时为80°，树高2米左右。

（二）主要技术步骤

两大主枝的培养该树形要求栽大苗、壮苗，苗高1.5米以上，定植时直立栽植，不定干，待苗木发芽后按腰角70°拉向东南和西北方向，并在弯曲处选一好芽，在距地面70厘米处好芽的上方刻伤，或在芽上涂抹发枝素，促进发出直立枝。第二年将第1主枝上培养出的直立枝加以控制。对两大主枝背上萌发的直立芽应抹除。主枝延长枝一般不短截，如树势较弱，可轻度短截，相邻植株主枝间应呈平行状态。两大主枝上着生中小型枝组，而以小型枝组为多。小型结果枝组多用先放后缩法，即1年生枝缓放，形成短枝结果后在分枝处回缩。中型结果枝组则用截后放再回缩法培养，枝组间以“多而不挤，疏密适当，上下左右，枝枝见光”为原则，以相互不交叉、不重叠为度，每主枝上配置小型枝组12~14个。要注意对枝组的调整，当侧生枝少时，可把较直立的枝组下压，把下垂枝上抬，增补侧生枝组；下垂枝组少时，可用侧生枝组下压，增补下垂枝组，要保持幼树枝组不动，老树枝组不衰。枝组常以回缩的方法更新，其回缩程度掌握抽枝多而短，壮而不徒长。丰产后，枝组内要采用“三套枝”修剪法修剪，即当年结果枝、形成花芽枝、生长枝各占1/3。

九、棚架树形

（一）棚架形树体结构

主干高50~160厘米均可，以60~120厘米较为适宜。顶端分生2~4个主枝，无中心干。每个主枝以40°~50°角达到架面呈杯状形，以后随主枝、侧枝在架面水平伸展，架面部分呈盘状，整个树形呈喇叭形。各主枝间水平夹角相等。两主枝者要伸向行间，并适用株距小于3米、行距大于5米的树。每主枝有2~3个侧枝。第1侧枝距主干80~100厘米，第2侧枝在另一侧，距第1侧枝80~100厘米，第3侧枝与第1

侧枝同侧，距第 2 侧 100 厘米左右。侧枝的开张角度与主枝相同，侧枝与所从属的主枝水平夹角，第 4 主枝为 45°，第 3 主枝树形为 60°，第 2 主枝大于 60°。相邻两侧枝伸展方向要平行。在主、侧枝的左右两侧，配置枝组，而且是以单轴延伸的长轴枝组为主，其上分布果枝。同侧相邻两长轴枝组之间的距离为 40~50 厘米。主枝上的与主枝夹角为 60°，侧枝上的为 90°。这样侧枝外侧的长轴枝组就向冠中心延伸，以充分利用架面。

（二）主要技术步骤

上架以前的修剪根据苗木的高度，定干 80~100 厘米。发芽后留顶端 20 厘米为整形带，下部萌芽抹除。如苗木达不到高度或第 1 年的生长选不出 3 个长枝作主枝，则第 1 年冬剪时，选顶端直立的长枝在需要的主干高度处短截，重新定干。下部如有长枝留 1~2 个芽重短截。第 2 年从下部发生的长枝中选 3 个长势强、方向均匀的作主枝，不留中心枝。长到 50~60 厘米时，拉开基角达 45°左右，然后任其自然向上生长。下部其余长枝，通过拿枝开角，到 7—8 月，拉成 90°作为辅养枝利用。第 2 年冬剪时，主枝剪留约 2/3，剪口留旁芽，注意平衡三主枝的长势，抑强扶弱。第 3 年冬剪时，所选主枝各选一个长势强的长枝作延长枝，剪留 2/3 左右。剪口芽留旁芽。延长枝以下的长枝，背上或向冠内生长的疏除，左右两侧的，留两芽重短截。其余中短枝不剪。第 4 年冬剪时，主枝枝龄已 3 年生，自下向上数分为 3 龄枝段、2 龄枝段和 1 龄枝段，对 1 龄和 2 龄枝段的修剪与上年的剪法相同。对 3 龄枝段的长枝“两侧和背后的“轻或中度短截”并拉向主枝两侧或背后。与主枝同龄选留的辅养枝，妨碍主枝生长的可以疏除；暂时不妨碍的，使其单轴延伸，保持 80°~90°的开张角度。每年选留的主枝延长枝，可能形成腋花芽。2 龄枝段上可能形成各类果枝。为了保证主枝旺盛生长，这部分花芽在下年萌发后，要将花疏去。只有 3 龄枝段上的果枝可以使其适度结果。辅养枝上的果枝，在保证质量的前提下，充分利用其结果。定植后四五年，主枝长度达到 250 厘米以上时，就可在春季建设棚架。将主枝拉开至 50°左右，用绳绑缚到架上。如主枝长度高出架面，不要急于拉平在架面，仍要以 50°左右的开张角度翘在架面上。架面以下主枝 3 龄和 4 龄枝段上的侧生分枝，用绳牵引向主枝两侧和以 60°左右的开张角度，绳上端拴在架面的钢丝上。主枝下部前期保留的辅养枝也要用绳牵引到架上。

上架以后的修剪。主枝的培养。主枝先端达到架面以上之后，如何保持主枝先端延长枝的生长优势，是快速扩大冠幅、提高产量的关键。对主枝培养修剪的要点，一是主枝先端 1 龄和 2 龄枝段不急于呈 90°拉平于架面，而是 2 龄枝段以 60°、1 龄枝段以 30°呈上弓状翘于架面之上。二是 1 龄、2 龄枝段上的果枝花芽，不让其结果，以保持前端的生长优势。三是 3 龄枝段才拉平在架面，用绳固定，3 龄枝段的花芽才可以让其结果。具体修剪方法是：对主枝1龄、2龄枝段的修剪基本与上架前的修剪相同，即每年选主枝延长枝留枝长的1/2短截，其下2龄枝段上的其余长枝，背上的疏除，两侧的剪留1~2芽，其余的中短枝不剪。3龄枝段的背上长枝疏除，两侧的，包括上年重短截后发出的长枝和由中短枝转旺发生的长枝，进行轻或中度短截，关于角度，3龄枝段拉平于架面，用绳绑缚固定。其上剪留的长枝，拉向两侧，呈60°角用绳固定于架面。3龄枝段前端的2龄和1龄枝段（新选留的延长枝）随着3龄枝段拉平，会较自然的由60°减小到30°呈上弓状翘于架面之上。如此年复一年地靠3龄枝段的拉平扩大冠幅；靠1龄、2龄枝段上翘，保持顶端生长优势。当主枝前端将与邻树主枝或侧枝交接时，主枝前端就可以不需上翘，可作为一个长轴枝组看待，既可让其结果，也可以回缩更新。为了保持1龄和2龄枝段的上翘角度和顶端所发新延长枝直立旺长，最好用支架支起。

侧枝的选留和培养。主枝达到架面2~3年以后，在主枝距主干80~100厘米处的分枝中选留第1侧。各主枝的第1侧枝均留在同一侧。主枝第1侧枝要保持与主枝相同的开张角度引向架面。从距第1侧枝的100厘米处的分枝中选留第2侧。株行距大于6米还可以选留第3侧枝，与第1侧枝在架面的距离要达到180厘米。各侧枝的培养修剪方法与主枝的培养修剪方法相同。

枝组的培养和更新。在主、侧枝头逐年向外延伸过程中，3龄枝段上的左右两侧，每隔40~50厘米选留一个长枝，培养长轴枝组，对其中度短截，并拉向两侧架面。以后逐年留延长枝向前延长。后部长枝一般要疏除。为了减少枝组后部萌发长枝，枝组每年剪留的延长枝，也可拉成60°左右，翘于架面之上。长轴枝组3~5龄枝段如形成枝芽密集的短果枝群，应对短果枝群上的短果枝或短枝间疏，只留2~3个，既有利于病虫的防治，也有利于提高果实品质。在长轴枝组之间或架面空间较小处，利用长中枝采用先放后缩法培养短轴枝组，不留延长枝。这种枝组起填补空间、遮阴骨干枝、减轻日灼的作用。长轴枝组发展到以下状态之一时就需要回缩更新：枝组后部光秃或结果能力下降时；枝组基部直径粗度超过2.5厘米以上时；向前发展已无空间而本身长势又强，发生很多长枝时。更新时在枝组基部10厘米处回缩，用其上的分枝或由隐芽萌发的新枝重新培养。对要更新的枝组如果在上一个生长季、预先在基部约10厘米环剥或刻伤，刺激萌发更新枝，则效果更好。

第五节　梨树修剪技术

一、修剪时期

梨树修剪时期一般可分为休眠期修剪（冬季修剪）和生长期修剪（夏季修剪）。冬季修剪在冬季树体正常落叶后至春季萌芽前进行，此时果树贮藏养分充足，伤口易愈合，地上部修剪后，枝芽减少，集中利用贮藏营养，有利于加强来年新梢生长，修剪过晚，例如，春季萌芽后，贮藏营养已部分被萌动枝芽消耗，一旦已萌动的芽被剪去，下部芽再重新萌动，生长推迟，长势明显削弱。

夏季修剪在梨树生长期进行，正确进行夏季修剪有利于控制徒长枝的发生，调整枝量和花量，节约树体贮藏养分，提高坐果率，维持生长与结果的平衡，改善树冠通风透光条件，提早形成树形和减少冬季修剪工作量，但是，当树体生长势较弱时，应谨慎进行夏季修剪。

二、休眠修剪方法及其作用

（一）冬季修

1. 修剪方法

（1）短截。即剪去一年生枝的一部分。短截程度不同，翌年其生长、发育的差别很大（图 5-7）。

轻短截。只剪去枝条先端的 1~2 芽。此法对枝条刺激作用少，有利于促生短枝，提早结果。

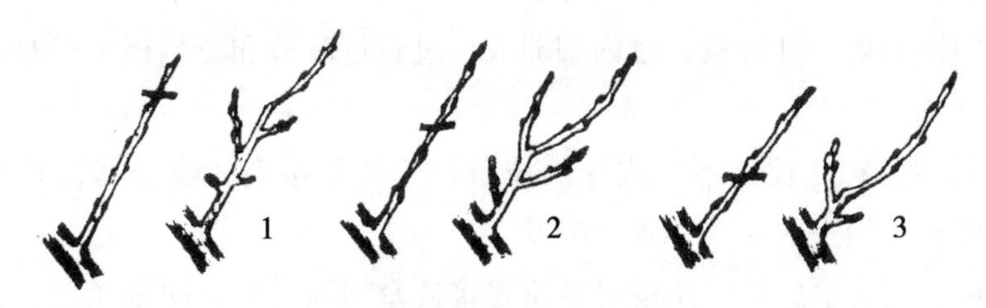

图 5-7　短截

1. 轻短截　2. 中短截　3. 重短截

中短截。在一年生枝中部饱满芽处短截。此法壮芽当头，长势旺壮，适用生长势较弱或受病虫为害较重的弱树。对中短枝的树种，此法延迟结果，且形成过旺枝条往往扰乱树形，应慎用。幼树为增加枝量和整形，可用此法，其截留长度常依造型需要而定，此后需配合促花措施或整形。

重短截。在一年生枝下部不甚饱满芽处短截。剪口芽发枝较弱，停长较早，有利缩小树体和形成花芽。

极重短截。在一年生枝基部留 1～2 个瘪芽处短截，甚至仅保留基部休眠芽（潜伏芽）剪截。翌年可发出弱枝。此法可减低发枝部位，明显缩少树体，促生结果枝和内膛结果，但过多使用易造成树势衰弱。适用以中短枝结果树种的成形树或个别过旺枝的处理。

（2）缩剪。又称回缩修剪，是指从多年生部位剪去一部分。此法对整树具有削弱作用，可有效地抑制树冠扩大。轻度缩剪（指剪除多年生枝长度的 1/5～1/4）且留壮枝、壮芽带头，可促进生长。重缩剪（指剪除多年生枝长度的 1/2～2/3）和弱枝带头则抑制生长（图 5-8）。

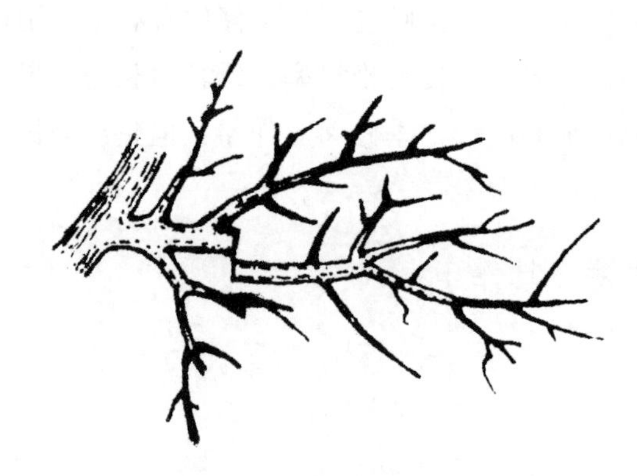

图 5-8　缩剪

（3）疏剪。是指从枝条（一年生或多年生枝）基部剪除。疏剪可减少枝量和分枝，削弱树体和长势，有利于树体内的通风透光和花芽分化。由于疏剪的剪口使上下营养运输受阻，造成剪口以上生长受抑制而易于成花，剪口以下生长有促进作用。疏剪多用于成型树中生长过密枝，冠内细弱枝，过直过旺枝和影响树形而难以改造利用的枝条（图 5-9）。

（4）拉枝。是将旺长和不易成花的枝条拉大开张角度，改变其极性位置和先端优势，控制旺长、促进成花（图 5-10）。

拉枝也可在生长季进行。拉枝时，应先将枝弯到预定的方向或角度，而后选择着力点并用塑料绳等固定。

（5）长放。又称甩放，即不修剪或冬剪时只剪除梢尖上成熟很差的部分。长放能缓和枝梢的生长势，有利于向结果方向发展（图 5-11）。

2. 休眠期修剪的注意事项

（1）修剪时期。寒冷地区一般修剪时期是初春解除休眠后至发芽前进行。因为

图 5-9　疏剪

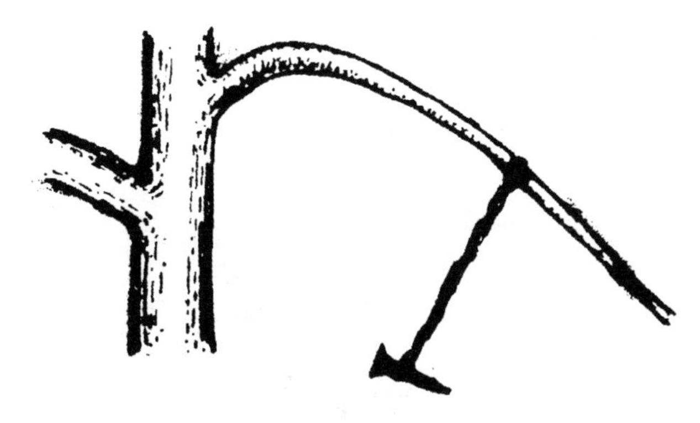

图 5-10　拉枝

图 5-11　长放

冬季防寒过程中有枝、芽被碰伤的情形，多余的枝条可起到保护作用。精细地修剪之后，枝、芽均已确定，一旦受损，难以弥补。

（2）各种修剪方法的合理应用。修剪时，要认准花芽、花枝以及预计的成花部位，尽量使结果部位紧靠主干和主枝，使全树丰满紧凑。初结果的树往往花芽数量较少，应尽量保留利用。经一年结果之后，树势即可缓和，成花量亦即增多。花量较大时，可疏除部分花芽，使之按树形的需要合理地分布。

（二）生长期修剪（夏季修剪）

生长期修剪掉部分枝、叶，便减少了有机营养的合成，同时，由于修剪刺激造成再度萌发，加大了养分的消耗，因而对树体和枝梢生长有较强的抑制作用。此时修剪量宜少，且针对旺树、旺枝，难以成花即一年内发生多次生长的树种进行。运用得当，可调节生长结果间的矛盾，有利于正常生长发育，提早成花。

1. 修剪方法及其作用

(1) 摘心。即对尚未停止生长的当年生新梢摘去嫩尖。摘心具有控制枝条生长，增加分枝，有利成花的作用。摘心不宜太早，否则所留叶片过少，严重削弱树势和枝势，一般在 5 月中下旬，对促进成花有利（图 5-12）。

图 5-12　摘心

果台副梢摘心。当果台副梢长出 5~6 片叶时，将其生长点和少量嫩叶摘掉。枝条暂时停止生长所节省的养分，供给果实需要，可提高坐果率。

(2) 扭梢和折枝。是将当年生直立枝在长到 10 厘米左右，下半部半木质化时，用手扭弯，使其先端垂下，或折伤，使其先端垂斜。由于枝条木质部及皮部受伤和生长极性的改变，有利缓和生长和成花。在前部结果或后部发生短枝以后，可将扭、折部分剪除，以免影响树形（图 5-13）。

（3）环割（环刻）。在枝、干的中下部用刀环状割一圈或数圈，深达木质部，但不剥皮。生长季进行。其作用与环剥基本相同，但强度稍小。多刀环割的间距一般为 1 厘米左右（图 5-14）。

图 5-13　扭梢（左）和折枝　　**图 5-14　环割**

（4）疏枝和抹芽。生长季疏枝对全树生长具较大的削弱作用，仅在过密的旺树上施用。修剪管理不当易造成树冠郁闭，通风透光不良，故应疏除部分过密枝。为避免过多浪费养分、削弱树势，疏枝宜早进行，也可提早进行抹芽和除萌（图 5-15）。

（5）拉枝和捋枝。指将直立生长的枝用绳拉平或用手缓慢的捋弯（图 5-16）。捋枝多适用当年生韧性良好的枝条，拉枝多用于多年生枝。其作用是因输导组织变形受伤和极性改变，从而达到控制生长，促使后部发枝，提高内部营养积累，促进花芽生长。

（6）花期修剪。休眠期修剪时，常因花芽不能确认，或为防止因冻伤、机械伤害花芽而影响结果数量，所以多留一些花芽，留待春季花前或花期复剪。此次修剪的目的主要是定花、定果。如花枝过多，可部分疏除或基部留叶芽剪除。对“短果枝串”或“串花芽”（腋花芽），可剪除先端并适当疏除部分花芽，使其结果紧凑。所留花芽的数量，不超过 3 个，着生部位及整体树形适当多留。疏花时只剪掉花蕾，不伤果台，因为果台上发生的副梢，多数当年仍可成花。

图 5-15　疏枝和抹芽

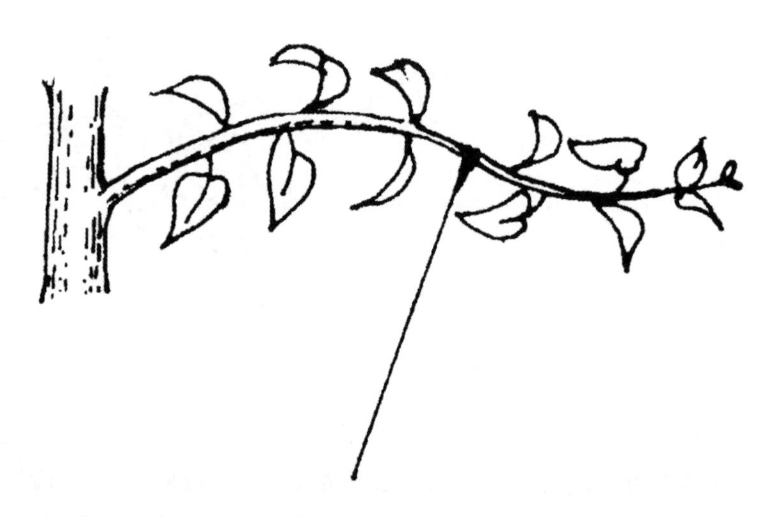

图 5-16　拉枝

2. 生长期修剪的注意事项

夏季修剪的效果与修剪时期和修剪方法有密切关系，除萌宜在萌芽期进行，如果萌芽后开始除萌，树体易消耗大量贮藏营养，降低贮藏营养的利用效率，拉枝宜在新梢迅速生长结束、进入缓慢生长阶段（6 月下旬至 7 月下旬）进行，此时正是梨树花芽进入分化期，果实开始迅速生长，拉枝既有利于抑制新梢生长，诱导腋花芽分化，也有利于改善树冠通风透光条件，促进果实膨大生长，拉枝时间提早，新梢极易脱落，拉枝过迟，树冠郁闭时期延长，不利于果实生长及花芽分化，如果此时期采用短截的方法处理新梢，则导致新梢不能及时停止生长，加重树冠郁闭程度，采用疏除的方法处理新梢，易严重影响光合积累，不利于果实生长。

第六节　梨园土、肥、水管理

一、土壤

（一）土壤改良

早酥梨对土壤条件要求不甚严格,在沙土、黏土或轻度盐碱土壤上，均可正常生产。但对梨园的土壤若能进行科学管理，使梨树有一个赖以生存的良好土壤环境，并保证所需养分和水分供应及时充足，不仅能促进梨树根系和树体良好生长，增强树体的代谢作用，而且还可以提高果实品质和产量。土层深厚、质地良好、肥力较高、通透性好的土壤，微生物活动旺盛，有利于树体的生长发育和产量、品质的提高。

1. 沙地梨园

华北平原的河流故道，是我国梨的主要产区。这些产区梨园的土壤多为沙性土壤，土壤的组成主要是沙粒，矿质养分较少，有机质缺乏。其特点是土质松散，通透性强，但保肥、保水性差，导热快，夏季土壤温度高，冬季又土壤冻结厚。生长在沙地上的早酥梨可溶性固形物含量较高，果实成熟早，皮薄色艳，肉细汁多。但由于沙质土有机质含量低，肥力较差，影响树体和果实的生长发育。

沙地梨园应注意培肥土壤，增加保肥、保水能力，主要措施有增施有机肥、种植绿肥、深翻改土、抽沙换土和黏土压沙等。施入有机肥分解后，可产生许多腐殖质胶体，把细小的土粒黏结在一起形成团粒结构，使沙性土壤变成有结构的土壤。对于河流冲积沙地下面有黏土的果园，可结合秋施基肥进行深翻改土，深翻深度在 80~100 厘米，使下层黏土与上层沙土混合，达到改良沙土的目的。黏土压沙是通过每年秋季在沙土上面加盖一层 10 厘米左右黏土的方法来逐步达到改良沙地梨园的目的，逐步使根系分布层中的黏土占 1/3~1/2。抽沙换土是先把表层较肥沃的土壤翻放在树行内，抽出部分沙土换以黏土后再把表土复原，改良的深度为 50~100 厘米。

2. 盐碱地梨园

盐碱土壤一般含盐量和 pH 值较高，矿质元素含量比较丰富，但较难被树体吸收利用，是影响早酥梨生长发育的主要因素。早酥梨最适土壤 pH 值为 6.0~7.5，过高会使土壤中某些元素变为不可利用状态，还会影响土壤微生物的活动，抑制树体对元素的吸收，导致缺素症，影响树体的生长发育。盐碱较重的梨园，应及时进行土壤改良。

引淡水洗盐是改良盐碱土的一种常用的措施。可在果园顺行间隔 20~40 厘米挖一道排水沟（沟深1米，上宽1.5米，底宽0.5~1.0米）。排水沟与较大较深的排水支渠及干渠相连通，使盐碱能顺水排除园外。

中耕与覆盖也是改良盐碱土的有效措施之一，中耕可疏松表土，切断土壤毛细血管，防止下层盐碱上升。干旱季节进行地面秸秆或沙土覆盖，可起到减少蒸腾、防止盐碱向表土移动的目的。提高土壤肥力，减少蒸发、防止返碱。

3. 黏土地梨园

黏土质梨园由于土粒较细，土壤空隙度较少，通透性较差，水分过多时土粒吸水易导致空气缺乏；干旱时水分容易蒸发散失，土块紧实坚硬，不利于早酥梨的生长发育。生长在黏性土壤上的梨树，可溶性固形物含量较低，果实成熟较晚，果皮较厚，色泽较差。应增施有机肥或渗沙、压沙，增加土壤的通透性，提高土壤肥水供应能力，促进早酥梨的生长发育。

（二）土壤耕翻

1. 土壤深翻

土壤深翻的作用。早酥梨根系一般分布在0~100厘米的土层内。水平分布虽比冠径大2~3倍，但根系的分布密度相对较小。因此，土层的深浅对早酥梨的生长结果尤为重要。影响早酥梨根系分布的主要因素是土层厚度和理化性状。土壤深翻可以改良深层根系的土壤环境，扩大根系的分布范围，促进根系发育，增加吸收根的数量，提高根系的吸收能力，为高产优质奠定基础，对于稳定根系的吸收能力具有很好的作用。

梨园经过深翻，可以改良土壤结构和理化性状，增加土壤孔隙度，提高保肥蓄水能力，促进土壤微生物的活动。

深翻时期。梨园深翻宜在秋季或春季进行，但以秋季深翻效果较好。秋季深翻宜在果实采收后，结合秋施基肥进行。此时地上部生长减慢，养分开始积累，正值秋季根系生长高峰，伤口容易愈合，并可长出新根。如结合灌水，可使土粒与根系迅速密接，有利于根系生长和养分吸收，对于增加树体营养非常有利。

春季深翻在土壤解冻后萌芽前及早进行。此时地上部尚处于休眠期，根系开始活动，伤根后容易愈合和再生。从土壤水分季节变化规律看，春季土壤解冻后，土壤水分向上移动，土质疏松，操作比较省力。北方多春旱，深翻后需及时灌水。早春多风地区蒸发量大，深翻过程中应及时覆盖根系，避免根系受旱。早春风大、干旱缺水和较寒冷地区，不宜进行春翻。

深翻深度和方法。深翻深度应稍深于主要根系分布层，一般以60~80厘米为宜。深翻方法多采用深翻扩穴，隔行深翻和全园深翻等方法。深翻扩穴，是幼树定植后，逐年向外深翻扩大栽植穴，直至株间全部翻遍为止，一般需3~4次才能完成全园深

翻。隔行深翻是隔一行翻一行，结合施有机肥完成，一般 2~4 次完成，每年只伤一侧根系，对树体生长的影响较小，有利于机械化操作。全园深翻是将栽植穴以外的土壤一次深翻完毕。幼树根量较少，一次深翻伤根不多，对树体影响不大。成年树根系已布满全园，以采用隔行深翻为宜。

2. 土壤浅翻

土壤浅翻对立地和土壤条件较差或深翻有困难的梨园尤为重要。土壤浅翻，可采用人工或机械挖掘的方法，在每年的春、秋两季进行，深度为 20~30 厘米。浅翻的部位主要在树冠投影以内，为少伤大根，近干处宜浅些，远离树干处宜深些。

（三）梨园中耕

1. 中耕除草

以清耕法为主的梨园可经常中耕除草，以保持土壤疏松，减少养分和水分消耗。中耕的时间和次数因当地气候和果园杂草情况而定，每年可进行 2~3 次，在杂草出苗期和结籽期除草效果更好，减少除草次数。中耕深度以 6~10 厘米为宜。

2. 树盘中耕

树盘中耕是早酥梨园土壤管理的经常性措施，对于土壤条件较差、管理粗放的梨园尤为重要。中耕深度为 10~15 厘米，可在春、夏、秋三季进行。对于降雨少的季节，树盘中耕可以切断土壤的毛细管，起到蓄水、保水、保肥的作用；雨季进行树盘中耕，可以疏松土壤，改善土壤的通透状况，促进微生物的活动，防止土壤板结，为早酥梨根系创造良好的生长发育环境。有条件的地区也可用厩肥、稻草或泥炭等有机物覆盖树盘，覆盖物的厚度为 10 厘米左右。

（四）梨园覆盖、生草与间作

1. 梨园覆盖

梨园覆盖是利用多种有机物质（绿肥、秸秆、杂草、人畜粪便等）或无机材料（地膜等）在梨园行间或树盘土壤进行全园或部分覆盖的一种土壤管理方法。梨园覆盖有防止水土流失、抑制杂草生长、减少蒸发、防止返碱、积雪保墒、缩小地温昼夜与季节变化幅度等作用。效果较好的有秸秆覆盖和地膜覆盖两种类型。

秸秆覆盖指在树冠下或全园用植物秸秆或杂草进行覆盖的土壤管理方法。秸秆覆盖除具有梨园覆盖方法的共同优点外，还可以增加土壤有机质和有效养分含量，并具有防止磷、钾、镁等被土壤固定，促进土壤团粒形成等显著效果，对树体的生长发育非常有利。缺点是容易招致虫害和鼠害，易导致梨园根系上返变浅。

地膜覆盖是用塑料地膜在树冠下或全园进行覆盖的一种土壤管理方法。一般透明聚乙烯薄膜能提高地温 2~10℃，黑色膜能提高 0.5~4℃。地膜覆盖对于保持土壤水分方面具有显著作用，可节省灌溉用水30%。地膜覆盖不仅可改良土壤结构，防止频繁灌溉造成的表土板结和盐类的上升，而且有利于增强土壤微生物的活动，促进根系生长发育。目前应用较多的地膜种类有无色膜、乳白色膜、黑色膜、银色膜等。

2. 梨园生草

土壤生草就是在梨园行间种植草本豆科绿肥作物，如毛叶苕子、苜蓿、沙打旺等。果园种植绿肥好处很多，除了充分利用空闲地、太阳能和就地培植肥源外，还能增加土壤有机质，改善土壤团粒结构，旱地能蓄水保墒，山地防止土温和园温过高，减少日灼为害，提高梨果品质和商品果率；冬季可以防止冻害和寒害。所以绿肥是梨园的宝贵财富。

绿肥种植的方法很简单，只要将种子撒播到地里即可生长，每年开花结籽，种子成熟后，具有落地寄种的特性，植株自行死亡，自行发芽生长，不用太多的人工管理，需要刈割的绿肥在开花时割青，施入树盘或覆盖树下。据报道，每亩绿肥腐烂后相当于施尿素40~50千克，过磷酸钙25~35千克，硫酸钾15千克，增产20%~30%。

3. 土壤间作

在幼树稀植情况下，可以充分利用空地种植草莓、花生、豆科绿肥或西瓜、蔬菜等低秆作物，以增加收入，促进梨树生长。草莓是多年生高效水果，病虫害少，秆低易管理，结果早，见效快，且效益极高，是果园间作的较好选择。梨园间作草莓的技术要点是，在3~4米的梨园行间，每边留50厘米的营养带。打一宽畦，间种12~18行草莓，每6行打一埂，方便采收作业。草莓株行距为15厘米×20厘米。每亩栽1万株左右，平均单株产量200~250克，每亩产量1 500~2 000千克。间作草莓，每年6—9月种植，11—12月覆盖地膜+简易拱棚，每亩可产生经济效益5 000元以上。种植过晚产量低，覆膜过晚，成熟晚，效益下降。草莓每年需倒茬种植，结合梨园深翻，可以轮换行间种植，一般种植两年即可。

梨园切不可间作与梨树争光、争肥、争水的高秆作物和深根性作物，以免引起梨树直立徒长，分枝少，以及推迟结果和影响果品质量与经济效益。

二、梨园的科学施肥

早酥梨抗性强，适应性广泛，大多数梨园建立在丘陵、坡地、河滩，土壤贫瘠，肥力低下，质地和结构不良，很不利于梨树正常生长发育的环境条件下。因此，许多梨园必须增施有机肥，改善土壤结构，逐渐实现科学化施肥。

1. 梨树全年不同时期的需肥规律与科学施肥

梨苗栽到地里，从小树长到大树，结果由少至多，年年要从它生长的这块地里吸收所必需的各种矿质养料。这些养料主要来源土壤天然供给和每年施肥补充。天然含量越用越少，只有靠补充施肥，才能确保正常生长结果。补充供肥要依据梨树不同年龄阶段，不同生长发育季节的需肥特性和需肥规律做到按需供肥，平衡施肥，减少盲目，避免浪费。

（1）梨树一年中生长发育各阶段需肥规律与科学施肥。梨树在年周期中生命活动表现最明显的有两个阶段，即生长期和休眠期，生长期是指春季萌芽、展叶、开花、结果、枝条生长，芽子分化和形成，果实发育、成熟、采收到休眠等一系列地上部形态的变化；休眠期是指从落叶后到来年春季萌发为止。在休眠期中，梨树仍进行着微弱的呼吸、蒸腾、吸收、合成、花芽分化等生命活动和体内系列的生理活动。

①发芽或开花前追肥：春季为器官生长和建造时期，根、枝、叶、花的生长随气温的上升而加速，开花、授粉、受精都要大量消耗体内贮存的养分，体内营养水平低，土壤中氮素供应不足时，常会导致大量落花落果，还会影响抽梢和果实发育。若能及时追施速效氮肥就可以解决体内养分贮存不足和萌芽开花需要消耗较多养分间的矛盾。促进萌发和新梢生长，减少落花落果。据中国农业科学院郑州果树研究所试验，花前追施速效肥，可提高花序坐果率 15.3%，每花序平均坐果数提高 35%。

②落花后追肥：落花后新梢旺盛生长和大量坐果，都需要大量养分，花后及时追施氮肥，可以促进新梢生长，叶色加深，减少落果和促进幼果膨大。花后追肥还可使梨树果台副梢发生较多叶片，增大光合面积，为果实发育和花芽分化创造良好的营养条件，坐果后新梢开始大量生长，是一年中的生长高峰，需供给氮肥。

③幼果迅速膨大及花芽分化前期追肥：新梢停止生长为果实迅速膨大开始，在 5 月末至 8 月下旬，果实增个迅速，同时也是花芽分化时期，需要大量的氮、磷、钾和其他微量元素。该期追肥应以速效肥料为主，注意氮、磷、钾肥料配合，如追施有机肥料作追肥，在施用时间上比化肥提前 20~30 天，应以鸡粪、猪肥为主，能取得明显的增产效果。

④采前追肥：梨果采摘前是花芽继续分化和果实膨大的重要时期，为提高花芽质量和增进果实品质。可在此期追肥 1 次，氮、磷、钾配合使用。追肥量根据土壤肥力、产量、树龄决定，参照国内外梨园的追肥量，以每产 100 千克果，追施尿素 0.5~1 千克，过磷酸钙 1~2 千克，草木灰 3~5 千克为宜。幼树每株施尿素 0.2~0.5 千克。追肥方法一般采用放射状、条状、环状沟施或穴施，深度 10 厘米左右。追肥结合梨园灌水效果更佳。

⑤秋施基肥：是梨树常年最基本的肥源，供应期长，养分全。秋施正好与秋根生长高峰和花芽分化高峰，需肥规律相一致；秋季果实采收前后，梨树体内养分大量消耗，急需尽快补充。秋高气爽有利于肥料分解利用，新根大量发生，光合作用旺盛，

树体贮存营养水平高，有利于提高花芽分化质量和枝芽充实健壮，从而增强抗寒能力，安全越冬。比冬施或春施效果都好。

秋施基肥应注意以下技术。首先施肥时间宜早不宜晚。在采收前后（8—9月），过晚达不到上述效果；施肥种类以农家肥、厩肥、饼肥、人粪尿、鸡、牛、羊、猪粪等为主，加入全年要施用的磷肥和部分氮肥更好，对恢复结实后的树体很有帮助。其次，结合深翻改土扩树盘效果更好。施肥面要广，普遍施入，使肥料更多地接触根系。最后一定要结合灌水，才能充分发挥肥效。主要有机肥种类及养分含量见表5-3。

表5-3　主要有机肥料种类及养分含量

肥料种类		有机质含量（%）	N含量（%）	P_2O_5含量（%）	K_2O含量（%）	CaO含量（%）
有机肥	土杂肥		0.2	0.18~0.25	0.7~2.0	
	人粪尿	5~10	0.5~0.8	0.2~0.4	0.2~0.3	
	猪粪	15	0.5~0.6	0.45~0.6	0.35~0.5	
	牛粪	14.6	0.3~0.45	0.15~0.25	0.05~0.15	
	马粪	21	0.4~0.55	0.2~0.3	0.35~0.45	
	羊粪	24~27	0.7~0.8	0.45~0.6	0.85	
	鸡粪	25.5	1.63	54	0.85	0.9
	鸭粪	25.5	1.1	1.4	0.62	0.34
	一般厩粪	26.2	0.55	0.26	0.9	0.15
	棉籽饼	—	5.23	2.5	1.77	0.46
	菜籽饼	75~80	4.60	2.48	1.4	
	大豆饼	75~80	7.00	32	2.13	
	芝麻饼	75~80	5.80	3.00	1.30	
	花生饼	75~80	6.23	1.17	1.34	
	生骨粉	75~80	0.4~0.5	0.18~0.26	0.45~0.70	

注：来自《鲜食梨》

⑥根外追肥：梨树除根系可吸收水养分外，也可通过地上部（茎、叶、果皮等器官）吸收水养分，这一特性叫做根外营养。将配成一定比例浓度的肥料溶液喷洒到梨树的茎叶上，以满足梨树生长发育所急需，来提高果实质量和数量的施肥方法称为根外施肥。

根外追肥肥料利用率高、损失少、效果好、肥效快，一般喷15分钟至2小时即可吸收。尿素喷施1~2天即可见效，而土壤则需5~7天才能显示效果。因此，若遇突发性缺素症及自然灾害时，喷施可及时挽回损失。另外，成本低，工序简单，肥料用量少，一般只相当于土施量的1/10~1/5；施肥均匀，可与根部施肥产生互补作用。梨树需要大量的营养元素，还是要通过土壤施肥来供给的，根外追肥仅是一种辅助施肥措施。施用时详细的浓度、时期和次数见表5-4。

表5-4 梨树根外喷肥常用肥料的喷施浓度、时期和次数

肥料名称	喷施浓度（%）	喷施时期	喷施次数
尿素	0.3~0.5	花后至采收前	2~3
硫酸铵	0.1~0.3	花后至采收前	2~3
硝酸铵	0.1~0.3	花后至采收前	2~3
磷酸铵	0.3~0.5	花后至采收前	3~4
过磷酸钙	1~3	花后至采收前	3~4
硫酸钾	0.5~1	花后至采收前	3~4
硝酸钾	0.5~1	花后至采收前	2~3
草木灰	1~5	花后至采收前	3~4
磷酸二氢钾	0.2~0.5	花后至采收前	2~4
硫酸镁	2	花后至采收前	3~4
硫酸亚铁	0.5	花后至采收前	3~4
硫酸亚铁	2~4	休眠期	1
螯合铁	0.05~0.1	花后至采收	2~3
硝酸钙	0.3~1.0	花后3~5周内	1~7
氯化钙	0.3~0.5	花后3~5周内	1~7
硫酸锰	0.2~0.3	花后	1~2
硫酸铜	0.05	花后至6月底	1
硫酸锌	2~3	发芽前	1
硫酸锌	0.1~0.2	发芽展叶	1
硫酸锌	0.3~0.5	落叶期	1
硼酸或硼砂	0.1~0.2	花期前后	2~3
钼酸铵	0.02~0.05	花后	1~3

叶面喷肥应该在气候湿润的无风天气进行，以8—10时或16时以后喷施效果最好。梨树根外追肥时期与次数，要考虑梨树养分的吸收规律和土壤施肥的数量，才能

收到良好效果。

一年中，梨树的需肥规律与器官生长规律是一致的。说明梨树生长高峰即是需肥高峰，梨树有营养分配中心习性，养分总是优先保证处于生长高峰的器官，输送到最需要的地方去。

（2）依据树势和树相科学施肥。梨树生长环境的优劣，各种营养元素的亏盈，都会在梨树的外部形态上表现出来，通过树势、树相分析与所表现出来的外部形态，可以准确的判断梨树缺素症状，确定施肥种类。

梨树生长发育需要多种化学元素作为营养物质，C（碳）、H（氢）、O（氧）元素主要来源于空气中的 CO_2 和根系吸收的水分；矿质元素 N（氮）、P（磷）、K（钾）、Ca（钙）、Mg（镁）、S（硫）、Fe（铁）、Cu（铜）、Zn（锌）、B（硼）、Mo（钼）、Mn（锰）、Cl（氯）等主要来源于土壤。早酥梨对 N、P、K、Ca 元素需求量较大，对 Mg、S 需求量较小，对 Fe、Cu、Zn、B、Mo、Mn、Cl 7 种微量元素的需求量更少。虽然早酥梨对各种营养元素需求量差别很大，但是对植株的生长发育都起着重要的作用，它们既不可缺少，也不能互相代替。

在梨树生长所需的营养元素中，一部分是细胞结构的组成成分；另一部分则以离子状态存在，其功能是对植物的生命活动起调节作用。有的元素兼有两种状态，如镁元素，既是叶绿素的组成物质，又是酶的活化剂。这些营养元素的功能不是独立的，彼此之间有着互相影响、互相制约的关系。说明每个元素盈亏的评定，又常与树体中激素的水平、酶的活性相关联。因此，评价每种元素的作用时，应予以全面考虑。

土壤 pH 值对土壤营养元素的有效性影响很大，温度、水分等土壤环境条件也影响早酥梨对营养元素的吸收。

元素间的相互作用是多方面的。例如，在植物体内锰和铁、钾和钙都有拮抗作用，施用钾肥能减少钙的吸收；而施用磷肥又可增加铜的吸收，尿素与锌盐混合喷施能增加锌的吸收等。现将早酥梨主要营养元素的生理作用、营养特点、缺素或过量症状、失衡条件以及矫正方法见第二章第二节。

梨树外部形态营养诊断比较直观简单，准确可靠，用目测方法来判断营养的丰缺，适用于各类土壤和各个年龄时期的梨树。

（3）通过叶片化学分析科学施肥。通过叶片化学分析测定叶内各营养成分含量与标准值对照，确定施肥种类和数量。

叶片分析取样的时间在 7—8 月，即新梢停止生长、叶片成分变动小的时期，即营养稳定期取样，采自有代表性的当年新梢上部叶片，共取 100~200 片供分析，依据叶片分析结果，比较标准来确定施肥的种类和数量（表 5-5）。

表 5-5　营养诊断指标（8 月取样）

元素	叶位	缺乏	适量
N（%）	短果枝或新梢中部叶	<1.8	1.8~2.6
P（%）	短果枝叶	<0.11	0.12~0.25
K（%）	新梢叶	<0.7	1.0~2.0
Ca（%）	短果枝叶	<0.7	1.0~3.7
Mg（%）	短果枝叶	<0.25	0.26~0.90
Fe（毫克/千克）	新梢叶	<36	100~800
Zn（毫克/千克）	新梢叶	<16	20~60
Mn（毫克/千克）	新梢叶	<14	20~170
Cu（毫克/千克）	短果枝叶	<8	6~20
B（毫克/千克）	新梢叶	<15	20~60

确定施肥量还要考虑土壤肥力高低，如土壤瘠薄则要增加施肥量。从大量材料中可以看出，我国目前梨树氮、磷、钾三要素施肥比例为 2∶1∶1 为宜。

三、梨园水分的科学供给

水是树体的主要组成部分，是生命的血液。梨树吸收、制造、运输、光合、呼吸、蒸腾等一切生命活动过程，都离不开水。根系吸收的一切无机养分，都只有溶于水中，根系才能吸收和运输到地上部各器官。但95%的水分被蒸发掉，才能维持树体的正常体温，不然叶就会烧焦。叶光合作用制造的一切有机养分，都以水溶液形态运送到树体各个器官和部位。梨树每生产 1 克干物质，就要消耗 400 克水。1 平方米叶面积每小时要蒸腾掉 40 克水。梨树需水量相当于苹果树的 5~6 倍。

梨树一旦缺水，各种生命代谢活动不能正常运行，轻则影响生长，黄叶焦梢，果小质劣，叶就要从果实中夺取水分，使果皮皱缩或落果；重则叶片萎蔫，气孔关闭，CO_2 不能进入，光合作用不能进行，梨树枯衰死亡。

因此，科学供水，保持土壤湿度，才能保证代谢活动的正常进行，促进根、枝、叶、花、果的分化和生长，达到优质高效。

1. 梨树年需水量的测算

梨树的年需水量，可以根据树龄大小、栽植密度、生长结果状况、自然气候因素确定，即梨树全部器官的总生长量与蒸腾系数测算出需水量（表 5-6）。

需水量=各器官新增鲜重×干物质（%）×蒸腾系数

表 5-6　成年早酥梨树年需水量测算表

不同器官	年总生长量鲜重（千克/亩）	干物质含量（%）	合干物质量（千克/亩）	亩需水量（吨/亩）
梨果	2 500	10	250	100
枝叶根系	1 416	50	708	283
合计	3 916	60	958	383

由表 5-6 可知，每亩成年梨树年需水量为 383 吨/亩，一般按 400 吨/亩为生产用水量参数，与年降水量 600 毫米/亩水量相当，但是年降水量的分布不均匀，很多地区都是“春旱、夏燥、秋涝、冬干”。7—9 月雨量过多，旱涝不均，再者地面蒸发、径流等水分损失严重，需要灌排调节。

2. 田间灌水量的测算

最适于梨树生长发育的土壤水分为最大持水量 60%～80%，低于这个数值时，就要浇水，差值越大，浇水量越大；反之，超过这个数值，饱和积水时，也要排水。不同土壤类型容重和田间最大持水量不同（表 5-7）。

灌水量=灌水面积×灌水深度×土壤容重×（田间持水量-灌前土壤湿度）

表 5-7　不同土壤类型容重和田间最大持水量

土壤类型	土壤容重（克/立方厘米）	田间最大持水量（%）
黏土	1.3	25～30
黏壤土	1.3	23～27
壤土	1.4	23～25
沙壤土	1.4	20～22
沙土	1.5	7～14

例如，要计算 1 亩梨园一次灌溉用水量，要求灌水深度为 1 米，测得灌水前土壤湿度为 15%，土质为壤土，表 5-7 查出土壤容重为 1.4 克/立方厘米，其田间最大持水量为 25%。分别代入上式：

灌水量=1 亩×1 米×1.4 克/立方厘米×（0.25-0.15）= 93 吨

每亩梨园一次需灌水 93 吨，全年灌水 5～6 次，则需灌水量 465～558 吨，但实际灌水量还要看天、看地、看树、看灌水方式、树龄和实际灌溉面积等加以调整。

3. 灌水时期

适宜的灌水时期，应当根据天气、土壤、梨树物候期和需水状况等，把各种因素综合起来科学灌水，并与施肥相配合进行。

（1）萌动水。春季萌芽开花需水较多，因梨树经过一个冬季的冬眠初醒，干旱和蓄势，饥渴待补，根、芽、花、枝、叶争相展开，发芽前充分浇水，对新根生长，萌芽、开花、坐果率、幼果细胞分裂增加数量等作用明显。所以每年通常都要灌透萌动水。

（2）花后水。随着落花坐果，新梢旺长和幼果膨大，梨树大量需水，是全年需水的临界期，宜灌足灌透，促进春梢加速生长，增加早期功能叶片数量，并可减轻生理落果。

新梢生长到一定叶面积，即停止生长，进入花芽分化和幼果膨大期。前期即 5 月末到 6 月初，需水不多，这是全年控水的关键时期。早熟梨品种干旱时可少量灌水，晚熟品种尽量不灌，维持田间最大持水量的 60%即可正常生长发育。

（3）膨大水。果实迅速膨大需水较多，水分供应保持充足而稳定，果实细胞大小、果个发育整齐。久旱猛灌易落果、裂果，采收前 20 天控水，可提高果实可溶性固形物含量和品质；水分过量时，果实含糖量降低。

（4）采后水。果实成熟前后，结合秋施基肥，要灌足水，促进肥料充分溶解和促进秋根生长，秋叶光合作用以及花芽分化质量和数量，增加贮存养分，提高树体营养水平和越冬能力。

（5）封冻水。梨树落叶后，结合冬季清园，深埋枯枝、落叶、杂草，灌足封冻水。

另外，春夏季节气温高，风沙大，干热风频繁，久旱不雨的地区，蒸发强烈，树叶在中午高温萎蔫，有低头现象，且一夜过后不能很好恢复时，应立即灌水，要灌足、灌透。同时，还要千方百计蓄水保墒，有时保水比灌水更重要。

总之，梨树全年的需水规律是“前多，中少，后大量”，应掌握灌—控—灌原则，达到促—控—促的目的。生产上通常使用的萌芽水、花后水、催果水、冬前水和越冬水，主要是根据梨树不同物候期的需水规律而操作的。群众总结“冬灌足，春灌饱，夏控梢，秋排涝”。

4. 灌水方法

梨园灌水方法有多种，应本着高效、实用、省水，便于管理和机械化作业，还要因地形、地势、栽植方式和承受能力而选定。

滴（渗）灌水法比明渠灌溉节水 75%，比喷灌省水 50%以上，在水源缺的地方很适用；还能满足梨树需水规律平衡供水，便于现代化操作，防止土壤盐渍化。

方法是设立供水压力站（水塔或无塔供水设备），埋设干、支输水管道，行行株株相通连。毛管（多用塑料细管）埋入地下叫渗灌，毛管缚于树干上或露出地面的叫滴灌。每株树有 1~4 个滴水头或渗水孔。在压力下滴滴渗入土中，向四周扩润。

还可以在水中溶入一些无机营养和农药液，一同滴入土壤中。

5. 梨园排水

“水少是命，水多是病”。旱要灌，涝要排，能灌能排，才能实现旱涝保收、优质高效。

7—9 月是降水集中季节，在低洼地或地下水位高的滩地、平地建造的梨园，从建园开始就应建设排水系统。排水系统应因势设施，顺地势、水势排水于园外。

地下水位高的梨园，可填高栽植面，在台面上栽梨树，每 4 行树挖一道排水沟，顺沟排入园周边的干沟出园。

第七节　梨园花果管理与调控

一、早酥梨的产量标准

梨树生产的本质，就是把光能转为化学能，并贮存于有机体内，叫植物产量。包括枝、叶、花、果、根、干等所有器官在内的有机物积累量。

对梨园来讲，生产所需要的最终产品是果实，是梨的经济产量。但若没有其他器官的参与，是不能生产出果实来的。

这就是说，在植物产量中，果实所占的比重越大，就越符合栽培的要求。实行合理密植栽培时，就是要在充分利用光能的基础上，通过一定的栽培技术，使树体在具有适宜的叶面积情况下，获得较高的经济产量，又控制树体的旺长，实现早果丰产。

1. 不同类型梨园产量标准

在果品市场对梨果质量的要求逐年提高和不断变化的趋势下，只有运用科学的栽培技术，瞄准市场需求，提高果品外在和内在质量的基础上，争取较高的经济产量。

不同栽培管理水平，对于进入盛果期的早晚都有较大的影响。无论什么土壤、地势等条件，梨树进入盛果期后，产量都维持在 2 500~3 000千克/亩的水平上，是比较理想的产量标准。留果量过大，产量过高，势必会造成果个变小，大小不整齐，果形不正，风味品质下降，达不到该品种本身的质量标准，还会影响明年花芽发育的质量和数量，严重时会产生大小年结果现象。所以，在实际生产中要严格掌握合理的负载量，在优质的前提下，实现合理产量指标。对于过多的果实和花芽，要下决心及早疏掉，使留下的果实都生长发育成为优质高档果品。

2. 树体合理负载量的测算

1 亩梨园或一棵梨树，留多少果，产量达到多少为适量，即树体合理负载量有多

少。标准应当有三条：一是保证树势健壮；二是下年花芽饱满和数量足够；三是果实大小整齐，风味品质达到该品种的商品标准。

以往较多的试验资料，总结出多种确定负载量的方法。

（1）叶果比法。盛果期树 30~35 片叶子留一个果，其留果公式为：

单株留果量（个）=（总枝量/株×枝叶比）/（叶/果）

（2）枝果比法。枝果比法是由叶果比法衍生而来的。大体枝/果比参数为：4~5 个枝/果。计算公式是：

单株果量（个）=（总枝数/株）/（枝/果）

（3）干截面积法。即每平方厘米干截面积留几个果。这种方法对长势整齐一致，树体充实的青壮年树较为实用。干截面积法公式是：

单株留果量（千克）= 干周长/4π×留果量（千克）/平方厘米

（4）根据树龄、树相确定留果量和产量。

把上述几种方法试验总结出的留果指标，综合起来应用，对生产有重要的参考价值。单项指标在实际生产中不容易操作，例如，在正常管理条件下的 4 年生密植梨树，大体上干周约为 20 厘米，单株总枝量 500 个左右，新梢长度 60 厘米左右，叶面积系数为 2，这个年龄，只要达到这个树相水平，单株负载能力，可定为 10 千克左右，亩产可定为 700 千克左右。壮树多留，弱树少留。

5~7 年生树，干周达 25~30 厘米，单株枝量达 600~1 000个，新梢长度 50 厘米左右，叶面积系数在 3 左右时，则需注意适量留果，单株留果量在 40~50 千克。这样可达 2 000~2 500千克/亩。以后树龄增加，进入盛果期，也不主张追求 5 000 千克/亩的高指标，控制在 2 500~3 000千克/亩即可。

二、花果调控技术

1. 人工疏花疏果

疏花疏果是在花芽修剪的基础上，对花量仍多或坐果仍超量的树进行花果调控的一种手段。主要作用是克服大小年，保证果实大小整齐，都成为优质商品。不疏果或留果超量的树，很易出现大小年。稳产留果时要因树势、枝势而异。壮树壮枝可多留果；花量大时要少留，花量少时要多留；树冠中、后部多留，枝梢先端少留；侧生，背下果多留，背上枝少留；还要根据果台副梢情况留果，两个以上健壮副梢的留双果，弱副梢留单果，无副梢时尽量不留果。

通过疏花疏果，就可以调节果实与花芽、果与果之间的营养矛盾。做到适量结果，达到稳产趋势、优质增值的栽培效果。

2. 化学疏除

化学疏除的效果虽受多因子影响，给生产者带来很多困难，但因其具有成本低、费时少等一些难以被其他措施取代的优点，所以世界各国化学疏除药剂的筛选一直受到重视。日本学者 Miki 最近报道了一种有效的梨的疏花剂，名为 Bendroquinone，这种药剂在盛花前后使用 10 毫克/升能取得疏除效果，处理后对果实大小、种子数、可溶性固性物含量和有机酸含量无不良影响。用该药的 1%羊毛脂软膏涂于花梗或果梗上，也能促进脱落，所以认为 Bendroquinone 是通过伤害柱头起作用，它的疏除机制尚不清楚。另有报道 0.4%的卵磷脂（Lecithin）在授粉前后应用也具有良好的疏除效果，但对时间要求严格，授粉 12 小时之后应用效果会降低，因为该药剂的作用是抑制受精，它的吸引力在于是生物制剂，已受到广泛关注。

三、果实管理

优质商品早酥梨包括果实内在品质（肉质细脆、酥松、汁多、味甜或微有酸味、可口、具有清香、石细胞少或无、果心小）和外部质量（果个整齐、形正、果皮光洁、果点不明显或不突出，无伤害和病斑）两个方面。虽然这两个方面主要决定品种自身，但是没有良好的栽培技术措施来配合，优良的种性得不到充分的发挥和表现，也不会产出高档优质的商品果实。优质商品果=良种+良法。所以，有了优良的品种，还要有配套的管理技术措施，去提高果品质量，才能收获较好的经济效益。

保花保果技术

梨树的一切栽培管理技术，包括科学的疏花疏果措施，都是为了保花保果，保持优质高档的商品果，获得较好的经济效益。

在梨的初花、盛花和花末期喷 300 倍硼砂，加尿素混合液，可以提高坐果率，还可以减轻缺硼引起的生理病害。试验可知，开花期喷一次硼氮液，可提高坐果率 1.6%，连喷 3 次，坐果率可提高 5%左右。为了防止梨树采前落果，用 10 毫克/千克的萘乙酸处理，可减轻落果 20%。

早酥梨为异花授粉，授粉是以昆虫和风媒来传粉的。盛花期遇阴雨、低温、干热、风沙、霜冻等不良天气，或花器受到伤害，都会明显影响授粉，降低坐果率。因此，生产上做一些人工辅助授粉是非常有必要的。

（1）养蜂传粉。每 10 亩地放一箱蜂，配有授粉树的梨园，蜜蜂可来往传粉；无授粉树的梨园，可把事先采集好的花粉放在蜂箱门口，蜂群出入沾满花粉以散放传粉。

（2）鸡毛掸子滚授。有授粉树的梨园，在盛花期，用鸡毛掸子先在授粉树花上滚动，蘸取花粉，然后传授到另外品种上，人工重复进行 1~2 次即可。

（3）人工点授。天气不良或授粉树缺乏时，采用人工点授。用报纸卷紧成捻或自行车气门芯、铅笔的橡皮头等工具，蘸取处理好的花粉，每花序点授 1~2 朵，不授最先开放的花，也不授晚开放的花，只授中间开放的大型花朵，一般为第 3、4 个开放的花。

（4）喷粉或喷液授粉。大面积授粉的梨园，可用小型喷粉机或喷液机授粉。喷粉时，为节省花粉，应混加充填剂，一般一份花粉混加 25 份干淀粉或滑石粉混配后，立即使用。液态喷雾的配方是：15 克纯花粉，加入 25 千克水，加 0.1%的硼酸及 10%的蔗糖，作成混合液喷用，2 小时内喷完再配制。

采集花粉时，要选果个大，果形端正、风味、品质优良、花粉充足的品种作为授粉树，由于梨树有花粉直感现象，优良授粉树对当代果实发育和形成风味品质都有益。

第八节　病虫害防治

一、早酥梨农药使用原则

果园长期依赖化学农药防治病害虫所产生的种种不良生态反应，已日益引起注意。高毒农药的使用使自然界中害虫与天敌之间已有的平衡关系被打破。即当农药施用时，对害虫与非靶生物的毒杀是同时进行的。而在农药施用后，残存的害虫仍可依赖作物为食料，重新迅速繁殖起来，而以捕食害虫为生的天敌，在害虫未大量恢复以前，由于食物短缺，其生长受到抑制。如使用对硫磷防治蚜虫时，食虫瓢虫、草蛉虫、食蚜蝇等大量被杀死，这些有益昆虫恢复生长的时间比蚜虫晚，可能引起施药后蚜虫的再次大发生，从而造成农药反复使用，使生态环境不断恶化，更使许多物种灭绝，对生态系统的结构和功能产生严重的为害。例如，河北套袋梨区入袋害虫梨黄粉虫、康氏粉蚧、陕西梨区的梨木虱、康氏粉蚧等，都是由于用药不当，杀伤了害虫的天敌，使这些害虫成十倍、成百倍的增殖，暴发成灾。

近年来，一些农业发达国家如美国、瑞典、丹麦、荷兰、加拿大等都总结了现代农业中大量使用农药、化肥的弊端，出台了一些相应的法规、法令，改变了植保工作中单纯依靠化学农药的方针。但与先进的国家相比，我国在控制农药对生态环境的污染方面还存在着一定差距，环境监督管理体系还不健全，对农药的管理起步很晚。从 1979 年开始提出在农业生产中积极推广生物防治方针。1982 年国家制定出台的《农药登记规定》指出：未经登记批准的农药，不得生产销售和使用。1983 年国务院发文停止使用六六六等有机氯农药。1990 年国务院出台了《关于进一步加强环境保护工作的决议》，强调对农业环境的保护和管理，控制农药、化肥、农膜的污染，推广病虫害综合防治。为了促进无公害食品的生产，全面提高我国农产品质量安全水平，农业部从2001年开始在全国范围内实施“无公害食品行动计划”，成立了“绿色食品中心”，对农产品实行“从农田到餐桌”全程质量安全控制。《农药管理条例》已经2017年2月8日国务院第164次常务会议修订通过，修订后的《农药管理条例》于2017年6月1日起施行（中华人民共和国国务院令，第677号，2017.3.16），要严格按新的《农药管理条例》科学用药。

发展无公害果品已成为全面提高果品食用安全性、保证果品质量、保护消费者身体健康、促进农业和农村经济可持续发展的有效途径和必由之路。无公害食品体系在发展的目标上不仅要实现高产、优质、高效的结合，而且要追求经济效益、社会效益和生态效益的统一；在技术路线上强调选择传统经营和现代技术的组合，合理配置生产要素，获取综合效益；在产品质量控制方式上，一是强调“产品出自最佳生态环境”，将环境和资源保护意识自觉融入生产管理中；二是对产品实行“从土地到餐桌”全程质量监控，而不是对最终产品成分含量和卫生指标测定；在质量管理手段上，绿色食品标志管理实现了质量认证和商标管理的结合，从而使生产主体在市场经济环境下明确了自身和对他人的权益责任，而不是一种自发的民间自我保护行为。

1. 国家提倡使用的农药

提倡使用生物源和矿物源类农药。生物源农药是指直接利用生物活体或生物代谢过程中产生的具有生物活性物质或从生物体提取的物质作为防治病虫害的农药。按照其来源又分为微生物源、动物源和植物源类农药，如灭菌素、春雷霉素、多抗霉素、井岗霉素、农抗120、中生菌素、浏阳霉素、华光霉素等抗菌素，苏云金杆菌、蜡质芽孢杆菌等活体微生物均属于生物源中的微生物源类农药。昆虫性信息素、寄生性和捕食性的天敌动物属于动物源类农药，除虫菊素、鱼藤酮、烟碱、植物油乳剂、大蒜素、印楝素、苦楝、川楝素、芝麻素等均来源于植物属于植物源类农药。

矿物源农药是指有效成分起源于矿物的无机化合物和石油类农药如硫悬浮剂、可湿性硫、石硫合剂、硫酸铜、王铜、氢氧化铜、波尔多液等均属于矿物源农药中的无机化合物类农药，机油乳剂、柴油乳剂均属于矿物源农药中的石油类农药。显然该类农药均起源于自然界，一般毒性很低或无毒，在绿色食品生产中其使用不受次数、剂量的限制，其选用的原则应该是根据病虫害的种类、发生时期和结合每种药剂防治的对象合理使用。要注意有些矿物源类农药使用不当会有药害，如石硫合剂在梨树发芽前喷3~5度一般不会有药害发生，但花前或花后喷此浓度药害严重，只能用0.1~0.2度，生长中后期一般不用。波尔多液前期使用易对嫩叶和果实造成伤害。机油乳剂或柴油乳剂多在休眠期使用。喷洒油在前期、中期均可使用。不同的抗菌素防治对象有很大的差别（表5-8）。

2. 允许、限制使用的农药

在生产A级绿色果品时，在选用上述生物源或矿物源类农药难以有效控制病虫害的情况下，允许或限制使用人工合成的化学农药，但要选用其中的高效、低毒、低残留类农药，也少用或不用此类农药中的广谱性农药，以免对天敌造成伤害。此类农药包括马拉硫磷、砒虫啉、辛硫磷、敌百虫、双甲脒、杀螟松、菌毒清、多菌灵、甲基托布津、速保利、氯苯嘧啶醇、百菌清、代森锰锌类、扑海因、粉锈宁等。在使用上每种农药一季只使用一次，并严格控制施药量与施药安全间隔期，农药在梨果实中的最终残留量应低于最高残留限量标准。

3. 禁止使用的农药

农业部第199号公告中，明令禁止生产销售使用剧毒、高毒、高残留或具有三致毒性（致癌、致畸、致突变）的农药，有滴滴涕、六六六、三氯杀螨醇、硫丹、甲拌磷、乙拌磷、久效磷、对硫磷、甲基对硫磷、甲胺磷、甲基异柳磷、氧化乐果、磷胺、水胺硫磷、克线丹、甲基硫环磷、治螟磷、内吸磷、地虫硫磷、氯唑磷、苯线磷、涕灭威、克百威、灭多威、丁硫克百威、丙硫克百威、杀虫脒、克螨特、福美甲胂、福美胂、五氯硝基苯、除草醚、草枯醚等农药。这些农药对生态环境造成很大破坏，也是我国果品长期占领国际地摊市场的主要原因，必须禁止使用。

二、主要病害防治

1. 黑星病

（1）症状。该病主要为害果实、叶片、新梢和花器等梨树地上部所有绿色幼嫩组织，从落花到果实近成熟期均可为害。其主要特征是在病部形成明显的黑色霉层，很像一层霉烟，最终出现花序、叶簇枯死，叶片早落，新梢干枯，果实畸形、龟裂、腐烂等症状。

（2）发生规律。由真菌侵染引起。病菌在腋芽鳞片、病果、病叶或落叶上越冬，主要靠雨水冲刷传播、蔓延。病菌在20℃左右的温度和高湿条件下生长、繁殖最快，遇高湿多雨条件，病害很易流行。常见春雨早偏多，早期病害就重，天气干旱则发病较轻或无。

（3）防治措施。

①清除病源：秋末冬初清园，烧埋落叶和落果，早春梨树发芽前剪除病虫梢、果。

②加强栽培管理：增施有机肥；适当留果量，提高树体营养水平和自身免疫力。

③生物防治：发病前或发病初期喷生物制剂4%农抗120 600~800倍液。

④化学防治：芽萌动期喷菌毒清100倍液或3~5度淋洗式石硫合剂，压低越冬菌源。前期每隔10~15天左右喷保护剂1次，中后期10天左右喷杀菌剂1次，前期药剂可选用80%代森锰锌、大生或喷克800倍液。发病后改喷12.5%烯唑醇可湿性

粉剂2 000~3 000倍液、腈菌唑3 000倍液、福星10 000倍液。为防止产生抗性菌，最好与波尔多液、代森锰锌等保护剂轮换使用。

2. 轮纹病（又称为梨轮纹褐腐病、粗皮病）

（1）症状。该病主要为害枝干和果实。枝干上病斑褐色，扁圆形或圆形，中心突起呈瘤状，有的边缘龟裂。果实上病斑水渍状，浅褐色，有明显轮纹，几天内全果腐烂。

（2）发生规律。由病原真菌侵染引起，病菌在病枝干上或病残体上越冬，主要借雨水分散传播。病菌多于6月上中旬开始侵入，一直可持续到采收期。被侵染果实不立即发病，而是先潜伏，待果实近成熟时开始发病，尤其是贮藏30天内发病严重。多雨、多雾、多露和持续高温（25~30℃）是病菌大量产生和侵染的主要时期。果园过密，管理不善、树势衰弱的发病严重。

（3）防治措施。

①清园：冬剪刮除树干粗皮、病皮、翘皮，清理树上树下病果、僵果。

②加强栽培管理：采用增施有机肥、种植绿肥、果园覆草等措施改良土壤。

③化学防治：休眠期刮除粗皮病之后喷、涂药剂消毒，可选用菌毒清50倍液、4%农抗120水剂50倍液。芽萌动期喷5%菌毒清水剂100倍液或波美3~5度石硫合剂。生长期也可适当刮除病瘤组织并喷涂上述药剂。5月初期可选用70%甲基托布津800~1 000倍液，50%多菌灵800倍液、80%大生可湿性粉剂600~800倍、70%代森锰锌800倍液，75%百菌清可湿性粉剂800倍液等。

④采后处理：果实采收后可用甲基托布津、多菌灵600倍液浸果。

3. 腐烂病

（1）症状。该病主要为害主干、主枝、侧枝及小枝。表现为溃疡型和枝枯型两种类型。

溃疡型：树皮上病组织松软、糟烂，易撕裂，呈水渍状湿腐，按之下陷，并溢出红褐色汁液，有酒糟气味，病斑稍隆起，后期干缩，上有小黑点。

枝枯型：多发生在极度衰弱的梨树小枝上。病部不呈水渍状，形状不规则，病斑边缘不明显，蔓延很快，环绕小枝一周使小枝很快死亡，后期也有小黑点。

（2）发生规律。病菌以菌丝体、分生孢子器或子囊壳在枝干病斑内越冬，次年3月春暖时开始活动，雨后产生黄色孢子角。孢子借风雨传播，经伤口侵入。一般冻害严重、留果过多、树势衰弱、果园长期积水、管理不善的果园发病重。

（3）防治措施。

①加强栽培管理，增强树势，提高树体自身抗病能力。

②及时防治黑星病、灰斑病、褐斑病、红蜘蛛、梨花网蝽、蚜虫、卷叶虫、天牛

等病虫害，防止感染腐烂病。

③保护伤口，防止冻伤和日灼：腐烂病通过树干上的冻伤、修剪伤、日灼伤、自然伤、虫害伤口侵入，因此要保护伤口。较大的修剪锯口要修平，再涂桐油、清漆或托布津油膏、S-921 抗菌剂保护。防止冻害、日灼要进行树干涂白，降低昼夜温差和树干绑草保护。常用的涂白剂配方是生石灰 12~13 千克，加石硫合剂原液（波美 25 度左右）1 千克、食盐 2 千克、清水 36 千克。

④病疤刮治：用刮刀将梨树腐烂病斑刮除干净，用石硫合剂、5%菌毒清水剂 50 倍液或 4%农抗 120 水剂 30~50 倍液涂抹消毒。也可在病斑上每隔 0. 8~1 厘米划道，深度达到木质部，然后涂菌毒清 50 倍液或 23%络氨铜 10 倍液。

⑤喷药保护：发芽前全园普喷菌毒清 100 倍液、腐必清 50~100 倍液、波美 3~5 度石硫合剂预防枝干发病。

4. 叶斑类病害

叶斑类病害主要包括梨树褐斑病、轮斑病、黑斑病等。

（1）症状。叶片染病后出现灰白色大小为 1~2 毫米点状斑，上生黑色小粒点，严重的病斑致叶片坏死或变黄脱落。一年生新稍染病初为黑色，后期变为淡褐色溃疡斑，与健部分界处常产生裂纹。幼果染病，果面上形成褐斑，洼陷，果实长大后，果面龟裂，病果早落，

（2）发生规律。病菌主要在病叶等病残体上越冬，次年春季气温回升，分生孢子借风雨传播蔓延侵染，后在病斑上产生病菌进行多次再侵染。

（3）防治措施。

①清园：秋末冬初清除落叶集中烧毁，减少病原。

②加强树体管理，增施有机肥。

③药剂防治：梨树发芽前喷 5 度石硫合剂或加入 300 倍五氯酚钠，发芽后、开花前、落花 2/3及生长季节对梨褐斑病喷药是关键，可喷 70%甲基托布津 800 倍液或 50%多菌灵可湿粉 600 倍液、28%多 · 井悬浮剂 400~600 倍液、50%苯菌灵可湿粉 1 500倍液、1：2：200 倍波尔多液，间隔 15~20 天 1 次，连续防治 2~3 次。轮斑病可在花前和花后喷药 1：2：200 波尔多液或 30%绿得保胶悬剂 300~500 倍液。

④发病前喷 70%~80%代森锰锌可湿粉剂 600~800 倍液、75%百菌清可湿性粉剂 800 倍液、50%扑海因可湿粉 1 500倍液、10%多氧霉素 1 000~1 500倍液。

三、主要虫害防治

1. 梨小食心虫

（1）为害状。主要蛀食桃树新梢和梨、桃、苹果果实。梨果被蛀后在梗洼、萼

洼和果与果，果叶相贴处有小蛀入孔，蛀孔周围不变绿色，随后蛀入果内后直达果心，被害果易腐烂、脱落。

（2）发生规律。黄河故道地区3月开始化蛹，4月上中旬成虫羽化，4月中旬产卵，4月下旬第一代幼虫为害桃梢和苹果梢。一年中按卵和幼虫时间大体可划分为：第一代4月中旬至5月下旬；第二代5月下旬至6月上中旬；第三代6月下旬至7月上中下旬，盛期在7月上旬；第四代7月下旬至8月中下旬，盛期在8月初；第五代自8月下旬至10月初。由于发生期不整齐，各代之间有世代重叠现象。一般完成一代需30~40天。梨小的发生与梨园树种配置密切相关，桃、梨、苹果混栽果园受害重。

（3）防治措施。

①建园时避免桃、梨、杏、樱桃、苹果混栽。

②发芽前，刮粗皮、翘皮，集中烧毁，消灭越冬幼虫。

③及时摘掉早期树上虫果，拾净地下落地虫果。5—6月剪除被害梨梢并进行处理。

④束草诱杀：8月中下旬前在树干上部绑秸草诱集梨小食心虫越冬幼虫，落叶前将草解下烧毁。果园内挂糖醋液诱杀成虫，糖醋液配比：红糖0.5份，水10份，加少量酒即可。

⑤利用梨小性外激素诱杀：诱杀时每亩设一个诱捕器大量诱捕。频振式杀虫灯诱杀。该法可分清敌我，对天敌杀伤作用小。

⑥化学防治：梨小食心虫开始为害梨时，可选用药剂30%桃小灵乳油1 500~2 000倍液、20%百虫净乳油1 500~2 000倍液，50%杀螟松乳油1 000倍液，2.5%功夫乳油2 000~2 500倍液。

2. 梨大食心虫

（1）为害状。梨大为害梨芽、花丛和果实。被害芽鳞片开裂，花丛焦萎，幼果干枯，蛀孔外有黑褐色虫粪，果柄基部有丝缀连，挂在树上不易脱落。

（2）发生规律。黄河故道地区一年发生两代，也有发生三代的。以初龄幼虫在芽内结白茧越冬。3月上中旬花芽露绿时，越冬幼虫开始出蛰，至5月中旬结束。一般温暖晴朗天气，当日平均温度13~14℃时，转芽比较集中。幼虫多蛀入附近膨大的花芽为害，一头幼虫能为害2~3个芽。花序抽出后，幼虫在花丛基部为害，用丝将鳞片相连而不脱落。当梨果长到拇指大的时候，幼虫转果为害。出蛰晚的幼虫直接为害果台或幼果。

（3）防治措施。

①冬季结合修剪，彻底剪除树上虫芽烧毁。

②在梨树鳞片脱落后，花丛基部有虫的鳞片不脱落，可识别并人工摘除。越冬代成虫羽化前，应连续摘除“吊死鬼”果 2~3 次，在成虫羽化前完成。

③梨果套袋，果园采用黑光灯诱虫。

④抓住梨大幼虫转芽期、转果期、第一、第二代卵孵化盛期喷药防治，药剂有 50%辛硫磷 1 500倍液、40%乐果 1 000倍液或杀螟松 1 200倍液。

⑤保护利用天敌：寄生蜂羽化后释放田间。

3. 蚜虫类

（1）为害状。为害梨树的蚜虫主要有梨黄粉蚜、梨二叉蚜等，它们均以口针刺吸组织汁液。梨黄粉蚜多在近萼洼处为害果实，初时出现洼陷小黄斑，后期变成大黑斑，时有龟裂腐烂；梨二叉蚜为害叶片，使叶片正面纵卷，后期出现褐斑，枯死。

（2）发生规律。梨黄粉蚜一年发生 8~10 代，盛期在 7—8 月，以卵在树皮裂缝或枝干上的残腐物内越冬，梨树开花时卵孵化，若虫先在翘皮、嫩皮处为害，6 月上中旬向果实上转移，6 月下旬至 7 月多群集于梨果萼洼处为害繁殖。随着虫量增加，逐渐蔓延至果面上为害繁殖。8—9 月出现有性成蚜，交尾后转移至树皮裂缝等处产卵越冬。此虫喜阴怕光，多在背阴处为害。成虫活动能力差，主要靠苗木传播。

梨二叉蚜发生为害盛期在 4—5 月和 10 月。一年发生 20 多代，以受精卵在树皮缝隙和梨树腋芽间越冬，早春梨树花芽膨大期，越冬卵开始孵化。初孵若虫先群集芽上为害，以枝梢顶端的嫩叶被害最重。一般落花后大量出现卷叶，5 月发生为害最重，5 月下旬以后产生有翅蚜，陆续迁飞到狗尾草等寄主上为害繁殖。9—10 月又产生有翅蚜，回迁到梨树上继续为害，11 月上旬有翅蚜产卵越冬。

（3）防治措施。

①刮树皮：冬春季梨树休眠期刮除翘皮、粗皮消灭黄粉蚜越冬卵。

②化学防治：蚜虫发生为害期（重点 4—5 月和 7—8 月）用 10%吡虫啉 3 000~4 000倍液、1. 8%阿维菌素 5 000~6 000倍液、2. 5%拒腐灵 1 000倍液、50%力富农可湿性粉剂 1 000~1 500倍液，10%杀灭菊酯乳油 3 000~4 000倍液、35%喷雾。

③生物防治：保护和利用梨园内外的天敌。主要有瓢虫类，如七星瓢虫、异色瓢虫、龟纹瓢虫、十三星瓢虫等；草蛉类有大草蛉、中华草蛉等，此外还有小花蝽、蚜茧蜂、食蚜瘿蚊等，应慎重选药和用药。人工释放天敌选用人工培养的的草蛉，在蚜虫发生期将其释放至果园来控制蚜虫。

4. 梨木虱

（1）为害状。成、若虫刺吸梨树芽、叶嫩梢汁液；叶片受害出现褐斑，严重时全叶变褐早落，排泄密露诱致霉病大量发生，污染叶面和果面，影响果实外观品质。

（2）发生规律。以冬型成虫在树缝、落叶、杂草及土缝越冬。次春梨树花芽膨大（3月上旬）时，越冬成虫开始出蛰，3月中旬为出蛰盛期。成虫出蛰后，在新梢上取食为害，刺吸汁液，同时交尾产卵。产卵盛期与鸭梨花序伸出期相吻合，终花期是第一代若虫孵化盛期，以后各世代重叠发生。9月下旬至10月，出现越冬代成虫。

（3）防治措施。

①冬季和早春刮除树干粗皮、翘皮，秋末清扫落叶消灭越冬虫。

②保护利用天敌：尽量少用或不用菊酯类农药或有机磷类，保护和利用梨木虱的寄生蜂如寡节小蜂，该寄生蜂寄生率很高，有时寄生率甚至达到30%~40%。

③药剂防治：在梨树花芽开放前喷1.8%阿维菌素5 000~6 000倍液，集中消灭越冬成虫和一部分卵，是防治该虫关键时期之一。如前期未及时防治，可于落花后第一代若虫发生期及以后各代若虫期喷1.8%阿维菌素3 000倍液，20%杀灭菊酯乳油2 000倍液、20%双甲脒1 200倍液加80%敌敌畏1 000倍液防治、35%赛丹2 000倍液均可。

5. 蛀干类害虫

（1）为害状。桑天牛和星天牛食性杂，除为害梨树外，还为害苹果等多种果树和林木树种。两者均以幼虫蛀食树干木质部及髓部，钻蛀成纵横交错的隧道，在隧道内蛀食为害，严重时枝干枯死，甚至全株死亡。

（2）发生规律。桑天牛2~3年发生一代，以幼虫在枝干内越冬。7月中旬成虫羽化，成虫咬食枝条表皮、叶片和嫩芽，受惊动后会失落地面，极易捕捉。成虫喜在2~4年生小枝基部和中部产卵，产卵时先将枝条表皮咬成“U”字形伤口，然后将卵产在伤口内。幼虫孵化后，先向上蛀食10毫米左右，再转头向下蛀食，每隔5~6厘米长向外蛀以排粪孔，随着幼虫长大，排粪孔的距离也越远。

星天牛一年发生1代，以幼虫在树干内越冬。春季4月做蛹室化蛹，6—8月为成虫发生期，卵多产在树干距地面30~65厘米处。产卵前成虫先在树皮上咬一“八”字形或“T”字形伤口。幼虫孵化后先在皮层下蛀食，串食为害，1~2个月以后，才开始蛀入木质部为害。

（3）防治措施。

①人工捕捉：在早晨振动树枝，该虫受惊后会自动掉到地面，利用该虫的这种假死性人工捕捉，一般雨过天晴时捕捉较易。用铁丝钩虫和刮灭虫卵。

②向新排粪孔口注药，然后用泥封口。

③树干涂白：可减轻星天牛为害。涂白剂配比为生石灰：硫黄粉：水（10：1：40），可防止成虫产卵。

6. 金龟子

为害梨树的金龟子种类很多，常见的有苹毛金龟子、小青花金龟子、铜绿金龟

子、暗黑鳃金龟子、白星金龟子等。

（1）为害状。金龟子食性很杂，除为害梨树外，还为害多种果树和林木，它们的幼虫生活在土中吃根，成虫叫金龟子。苹毛金龟子群集食花和嫩叶。小青花金龟子喜食芽、花、嫩叶及伤果。铜绿金龟子吃芽和叶片。暗黑鳃金龟子为害叶片、花蕾和嫩芽。白星金龟子食芽，并群集害果。

（2）发生规律。苹毛金龟子 3 月成虫出土，3 月底 4 月初发生最多，该虫傍晚活动吃芽和嫩叶，5 月以后果园很少见到。小青花金龟子成虫 4 上旬出现，5 月上中旬最多，6 月上旬以后少见，该虫白天活动。铜绿金龟子 5 月下旬成虫始见，6 月上旬至 7 月上中旬数量最多，进入为害盛期，该虫黄昏时活动。暗黑鳃金龟子成虫 7—8 月最多，该虫黄昏活动为害。白星花金龟子 5 月上旬成虫出现，数量很少，6—7 月较多，为害最烈，9 月为末期，该虫白天活动吃果。

（3）防治措施。

①消灭越冬虫源：秋季深翻，春季浅耕，破坏金龟子越冬场所。

②人工捕杀和诱杀：利用成虫假死性，在其活动取食时进行人工捕杀或利用成虫趋光性采用黑光灯，高压水银灯诱杀，结合水缸接虫消灭夜间活动的金龟子。

③药剂防治：虫害严重的果园用 50%辛硫磷乳油 500～600 倍液喷洒地面，药后将药耙入土中。成虫发生期，喷 40%乐果乳油 1 000倍液。

④小麦对该虫有一定的驱避作用，幼树期可以适当间作小麦。

7. 蝽象类

（1）为害状。茶翅蝽、斑须蝽、麻皮蝽等蝽象又称臭板虫，臭大姐，它们以成、若虫刺吸梨果后，使果面凹凸不平，被害部木栓化，石细胞增多，成为畸形果，失去商品价值。梨花网蝽又称军配虫，以成虫、若虫在叶背刺吸叶片汁液，被害叶正面出现苍白点，在一些管理粗放的果园发生严重，有时造成叶片大量早落。该虫有假死性。

（2）发生规律。茶翅蝽、麻皮蝽（黄斑蝽象）在北方地区一般一年发生 1 代，以成虫在土石墙缝、树洞、树皮裂缝及枯枝落叶下越冬。次年果树发芽后开始活动，5 月大量出蛰，5—7 月交配产卵，5 月中下旬可见到初孵若虫，7—8 月羽化为成虫为害，9—10 月开始越冬。斑须蝽较耐低温，一年可发生 2～3 代。梨花网蝽在黄河故道地区一年发生 4～5 代。

（3）防治措施。

①越冬期间堵树洞，刮粗皮、翘皮、清除杂草及枯枝落叶并集中烧毁，以消灭越冬成虫。9 月在树干上绑草，树下堆草等创造优越条件任其越冬，次年该虫出蛰前集中烧毁，杀死越冬虫。

②人工捕杀越冬成虫：该虫发生期长，而且不整齐，药剂防治比较困难，可随时摘除卵块及捕杀初孵群集若虫成虫，防治效果较好。对麻皮蝽可于清晨振动树枝捕杀。

③生物防治：寄生蜂对茶翅蝽自然寄生率较高，有时达到80%以上，对麻皮蝽在30%以上，可将人工收集的卵块放到瓶中，待寄生蜂孵化后放置到果园。

④药剂防治：于越冬成虫出蛰结束和低龄若虫期是喷药关键期，可喷50%马拉硫磷乳油、40%乐果乳油或50%杀螟松1 000倍液等药剂。

表 5-8　主要农药及其剂型、防治对象、使用方法和注意事项

农药名称	剂型	防治对象及使用方法	注意事项
多菌灵	50%可湿性粉剂	黑星病、轮纹病、黑斑病及叶部病害喷800倍液	不可与碱性药剂或铜制剂混用
退菌特	50%可湿性粉剂	黑星病、轮纹病，于发病初期喷600~800倍液	
福美双	50%可湿性粉剂	黑星病、轮纹病于发病初期喷600~800倍液	不可与铜制剂混用或配后紧接使用
甲基托布津	70%可湿性粉剂	黑星病、轮纹病及叶部病害，喷800~1 000倍液；涂300~600倍液防治干腐病、轮纹病兼治腐烂病等	不要与强碱性药剂混用
百菌清	75%可湿性粉剂	黑星病、轮纹病、叶部病害喷600~800倍液	不得与碱性药剂混用
克菌丹	50%可湿性粉剂	黑星病、轮纹病喷500~600倍液	不与碱性药剂混用；应在病害发病初期使用
石硫合剂	45%晶体石硫合剂或自配	萌芽前喷20~30倍液，花前或花后应降低浓度，可喷300倍液。用原液涂抹树皮伤口消毒	选用优质块状石灰及高质量的硫黄为原料；原液贮藏；高温下禁用，易产生药害
波尔多液	自配	防治梨黑星病、锈病喷1：2：240	生石灰和硫酸铜做原料；属保护剂，在侵染前使用
菌毒清	5%水剂	腐烂病于发芽前喷100倍液；刮治后涂50倍液。生长期喷5%水剂500倍液	
代森锰锌	70%、80%、50%可湿性粉剂	防治黑星病、轮纹病、叶部病害，用600~800倍液喷雾	保护剂，于发病前或侵染前喷雾；不要与碱性或铜制剂混用。遇雨后及时补喷
乙霜灵	85%可湿性粉剂、90%可溶性粉剂	梨树黑星病、轮纹病、叶部病害用500倍液喷雾	该药与多菌灵复配后防治轮纹病等多种病害效果好；不得与强酸强碱性药剂混用

（续表）

农药名称	剂型	防治对象及使用方法	注意事项
三唑酮	15%、25%可湿性粉剂、20%乳油	锈病、白粉病用2 000倍液喷雾	不与碱性药混用；单用病菌易产生抗药性；间隔期20天
扑海因	50%可湿性粉剂	黑星病、梨叶部病害用1 500倍液喷雾	不能与碱性药剂混用
烯唑醇	12.5%可湿性粉剂、25%烯唑醇	黑星病、白粉病用3 000~6 000倍液喷雾	生长中后期使用安全，前期使用梨树叶片似乎稍小
农抗120	2%、4%水剂	白粉病、黑星病、炭疽病、轮纹病，用600倍液喷雾	
菌力克	43%悬浮剂	防治黑星病于发病初期喷3 000~5 000倍液	
霉能灵	5%可湿性粉剂	防治黑星病于发病初期喷雾	
世高	10%世高水分散粒剂	黑星病于发病初期用6 000~7 000倍液喷雾；严重时喷3 000~5 000倍液	
多果定	50%可湿性粉剂	黑星病，发病前喷400毫克/千克；侵染后2~3天内喷650~800毫克/千克治疗	
腈菌唑	25%乳油	黑星病、轮纹病用3 000~6 000倍液	该药易燃，注意保存
阿维菌素	0.9%、1.8%乳油	螨类和梨木虱用3 000~5 000倍喷雾	对鱼类毒性高
吡虫啉（康福多）	10%可湿性粉剂	防治蚜虫用2 500~3 000倍、防治梨木虱在春季越冬代成虫出蛰而又未大量产卵和第一代若虫孵化期喷2 500~5 000倍液	注意事项：不宜在阳光下喷药
哒螨灵	20%可湿性粉剂、15%乳油	喷3 000~5 000倍液	不可于波尔多液混用；对蜜蜂毒性高。
霸螨灵（唑螨酯）	5%悬浮剂	防治多种螨类害虫用2 000~3 000倍液喷雾	该药能与波尔多液等多种农药混用，但不能与石硫合剂等强碱性农药混用
敌百虫	90%晶体	用1 000倍液喷雾，防治各种食心虫、卷叶虫、刺蛾、毛虫等害虫。地老虎、蝼蛄等地下害虫，每千克90%晶体敌百虫对水5~10千克，均匀拌在100千克炒香的麦麸上，分开堆于树下或撒于树下土表	该药对豆类、瓜类幼苗易产生药害；果实采收前20天停用；密封保存

（续表）

农药名称	剂型	防治对象及使用方法	注意事项
敌敌畏	80%乳油	梨星毛虫、梨木虱、夜蛾等用1 000~1 500倍液喷雾；防治蚜虫、刺蛾、叶蝉等用1 000倍喷雾	对桃、李、杏等核果类果树和瓜豆类有时会产生药害；对蜜蜂高毒，梨树开花期不用，以免影响授粉
辛硫磷	50%乳油，5%颗粒剂	防治叶蝉、梨星毛虫、刺蛾等害虫和害螨时，用1 500倍液喷雾	辛硫磷易光解和失效，应在傍晚或阴天喷药。在阴凉避光处保存；不能与碱性农药混用；果实采收前15天停用；药液要随配随用
乐斯本	40.7%乳油	梨小食心喷2 000~3 000倍液；防治梨花网蝽、山楂叶螨喷1 000~1 500倍液；苹果绵蚜、梨圆蚧、球坚介等介壳虫用1 000倍液喷雾	不与碱性农药混用；对蜜蜂毒性高，开花期不用；严格按照农药安全操作规程
乐果	40%乳油	梨花网蝽、梨圆盾介、朝鲜球坚介、梨二叉蚜、梨黄粉蚜、中国梨木虱、山楂叶螨用1 000~1 500倍液喷雾	不与碱性药剂混用，不耐贮藏；对牛、羊毒性大，喷过药的草1个月内不能放牧
杀灭菊酯	20%乳油	梨小食心虫，在成虫产卵期间，幼虫蛀果前喷3 000倍液	该药连续使用易产生抗药性，应轮换、交替使用
来福灵	5%乳油	防治多种鳞翅目、半翅目、鞘翅目害虫，参照杀灭菊酯的使用方法	
灭扫利	20%乳油	梨小食心虫喷3 000倍液，兼治螨类；防治山楂叶螨，在幼、若螨集中发生期，喷2 000~3 000倍液；防治梨二叉蚜，于开花前喷4 000倍液，还可兼治卷叶虫和梨叶斑蛾等	不与碱性药剂混用；仅有触杀、喂毒作用。适宜在虫螨并发时使用，为防止害虫产生抗药性，轮换药剂使用
溴氰菊酯（敌杀死）	2.5%乳油，2.5%可湿性粉剂	防治梨云翅斑螟、梨叶斑蛾，于梨花芽露绿至开绽时，越冬幼虫出蛰害芽期，喷2 000倍液兼治梨二叉蚜、梨木虱等害虫；防治梨木虱，于各代成虫发生盛期喷4 000倍液；防治梨小食心虫，在桃李梢抽梢期，喷3 000倍液。梨园梨小初孵幼虫蛀果期，喷3 000倍液	对害螨无效，又杀伤天敌，多次使用该药易引起害螨类猖獗发生。在虫螨并发时，应与杀螨剂混用，兼治害螨；多次使用易产生抗药性
功夫	2.5%乳油	防治梨小食心虫使用方法参照甲氰菊酯；防治梨木虱，在幼龄若虫发生期用2 000~3 000倍液；防治山楂叶螨喷1 000~2 000倍，兼治蚜虫	不可与碱性药剂混用，与波尔多液混用会降低药效；该药对蜜蜂、蚕毒性高，杀伤果园天敌

（续表）

农药名称	剂型	防治对象及使用方法	注意事项
螨死净	20%胶悬剂	防治山楂叶螨：以梨落花后第一代卵盛期至初孵幼虫始见期用3 000倍液喷雾。防治苹果叶螨于越冬卵孵化前和梨落花后第一代卵始盛期喷3 000倍液	该药不杀成螨，在成螨大量发生时需与其他杀螨剂结合使用
浏阳霉素	5%、10%乳油	防治山楂叶螨：在落花后成螨、幼若螨集中发生期用1 000倍液喷雾	
苦楝油乳剂	100%原油、37%油乳剂	防治山楂叶螨喷37%油乳剂75倍液	
松脂合剂		休眠期和早春发芽前梨树上喷8~15倍液；生长期喷20~25倍液防治叶螨、蚜虫等	花期、空气潮湿和气温在30℃以上时不用；不与有机合成农药及波尔多液混用；不宜多次使用和在衰弱、冻害严重的果园使用
机油乳剂	95%机油乳剂	在梨树花芽膨大期，喷80~100倍液防治瘤蚜、梨园介、山楂叶螨等	可以和有机磷、拟除虫菊酯和草甘膦混用
柴油乳剂	由柴油和其他乳化剂配制	发芽前20天喷雾防治各种蚜虫、介壳虫和螨类害虫	易产生药害

参考文献

傅润民．1998．果树无病毒苗与无病毒栽培技术［M］．北京：中国农业出版社．

贾敬贤，曹玉芬，姜淑苓．2001．梨优质高效栽培技术［M］．北京：中国科学技术出版社．

姜淑苓，贾敬贤，等．2006．梨树高产栽培（修订版）［M］．北京：金盾出版社．

鲁韧强，刘军，王小伟，等．梨树实用栽培新技术［M］．北京：科学技术文献版社．

聂继云．2003．果品标准化生产手册［M］．北京：中国标准出版社．

王国平．2002．果树无病毒苗木繁育与栽培［M］．北京：金盾出版社．

王迎涛，方成泉，刘国胜，等．2004．梨优良品种及无公害栽培技术［M］．北京：中国农业出版社．

魏闻东，田鹏，程阿选，等．2006．鲜食梨［M］．河南：河南科学技术出版社．

郗荣庭．1999．中国鸭梨［M］．北京：中国林业出版社．

肖静，刘建强．2008．无公害梨安全生产手册［M］．北京：中国农业出版社．

第六章　早酥梨采收及采后处理

一、适时采收

采收是获得丰产丰收的关键，是梨果田间管理的最后环节，也是商品化流通、贮运、销售一系列过程的最初环节。采收工作完成的好坏，直接关系到梨果的商品价值。

（一）适期采收

采收期的确立、采收质量的好坏、采收技术是否科学，都直接影响果品的品质和采后损耗及社会经济效益。采收过早，果个尚未充分膨大，物质积累过程没有完成，不仅产量低，而且果实品质差。同时，由于果皮发育不完善，易失水皱皮。采收过晚，因果实过度成熟，易造成大量落果，贮藏中品质衰退也较快。另外，采收过早或过晚都可能使某些生理病害加重发生。因此，梨果必须适期采收，以获得较高的产量、良好的品质和较强的耐藏性。

适期采收，就是在果实进入成熟阶段后，根据果实采后的用途，在适当的时期采收，以达到最好的效果。梨果的成熟度可分为三种。一是可采成熟度，此时果实的物质积累过程已基本完成，开始呈现本品种固有的色泽和风味，果实体积和重量不再明显增长。此时果肉较硬，食用品质稍差，但耐藏性良好，适于准备长期贮藏或远销外地。二是食用成熟度，此时果内积累的物质已适度转化，呈现出本品种固有的风味，果肉也适度变软，食用品质最好，但耐藏性有所降低。适用于及时上市销售、加工，或仅作短期贮藏的果实，以获得更好的果实品质。三是生理成熟度，此时种子已充分成熟，果肉明显变软，食用品质明显降低，果实开始自然脱落。除用于采种外，不适于其他用途。

准确判断果实的成熟度是适期采收的主要依据。判断成熟度的常用指标有以下几种。

1. 果皮颜色

成熟前果实的表皮细胞内含有较多叶绿素而呈现绿色或褐绿色。随果实成熟，叶绿素逐渐下降而显现出类胡萝卜素的黄色，果色则逐渐变浅、变黄。一般果皮颜色变

为黄绿色或黄褐色时即为可采成熟度。

2. 种皮颜色

果实成熟前种皮的颜色为白色，随果实成熟种皮颜色逐渐变褐，并不断加深，可用为判断成熟度的指标。可将种皮颜色分为4级，即白色为1级，浅褐色为2级，褐色为3级，深褐色为4级。每次采有代表性的果实3~5个，取出其种子观察计算，当平均色级达到2、3级时即为可采成熟度。

3. 果肉硬度

果肉的硬度大小主要取决于细胞间层原果胶的多少。果实成熟时，原果胶逐渐水解而减少，果肉硬度逐渐变小。所以，定期测定果肉硬度可作为判断果实成熟度的指标。虽然不同品种果实的果肉硬度大小不同，但在成熟时都有各自相对固定的范围。

4. 果实生长时间

在气候条件正常的情况下，某一品种在特定的地区，从盛花期到果实成熟，所需的天数是相对稳定的，可用来预定采收日期。在辽宁兴城早酥梨为94天。但这个指标常受气候条件、栽培管理措施的影响，需要有多年的资料记录，并考虑当年多种因素对成熟期的影响，才能得出可靠的结果。

以上几项指标应综合考虑，不可偏执一方，以免造成较大误差和损失。

（二）分批采收

早酥梨具有可食性早的特点，因此，在早酥梨具有可食性以后，可以分期分批进行采收。先采收树冠外围和上层着色果和大果以及风口果，后采内膛果和下部果。内膛果和下部果因光照、营养条件较差，成熟较晚，稍晚采摘不仅可避免因成熟度低带来的不利影响，还能增加产量和提高果实品质。

（三）精心采摘

采摘果实时应避开阴雨天气和有露水的早晨，因为这时果皮细胞膨压较大，果皮较脆，容易造成伤害。同时，因果面潮湿，极易引起果实腐烂和污染果面。还应避开中午高温时摘果，因为这时果温较高，采后堆在一起不易散热，对贮藏不利。梨果实含水量高，皮薄，肉质脆嫩，极易造成伤害，采摘过程中需精心加以保护。采收人员要注意剪短指甲或戴手套，以免划伤果皮。采果篮应不易变形，并内衬柔软材料，以免挤伤、扎伤果实。摘果时，先用手掌托住果实，拇指和食指捏住果柄，轻轻一抬，使果柄与果台自然脱离。切不可强拉硬扯，以防碰伤果柄。无柄果实不符合商品要求，而且极易腐烂。采收过程中要轻拿轻放，严禁随意抛掷或整篮倾倒，以免碰伤果实。采收过程中应多用梯、凳，少上树，并按照先外围、后内膛，先下部、后上部的顺序依次采摘，以尽量减少对树体的伤害和碰伤、砸伤果实。

二、早酥梨品质标准

（一）外观品质

果实外观品质包括果实大小、形状和果皮等。

1. 果实大小

一般果实大的含糖量较高，风味浓，汁液多，肉质细，而小果实品质差。优质果的单果重一般应在250克以上。附A级绿色食品梨的果实大小标准（表6-1）。

表6-1　果实大小的分级（果实横切面最大直径：毫米）

早酥梨	优等品	一等品	二等品
	≥70	≥65	≥60

2. 果实形状

果形是重要的外观品质指标。要求果形端正整齐。

3. 果皮颜色

优质梨果应具有本品种固有颜色，果面光洁，蜡质较厚。

4. 果点

应小而不明显突出。

（二）内在品质

果实的内在品质包括肉质、汁液多少、风味、香气、维生素含量等，是决定果实营养价值高低和是否好吃的关键。尤其是理化指标（包括可溶性固形物含量、总酸、固酸比、果实硬度等）是衡量其是否优质和有营养的主要依据。

1. 果实肉质

梨的果肉由薄壁细胞组成，其中分布着很多石细胞团，薄壁细胞和石细胞团的大小、形状和多少决定着果实肉质的优劣。要求质地松脆，细嫩，汁液多，无石细胞或石细胞极少、极小。可溶性固形物达到本品种的较高水平，一般应在12%~13%。

2. 果实风味

果实的风味主要由糖酸含量与糖酸比决定，糖酸含量高则风味浓；糖酸比决定果肉的甜酸度，比值高时味甜，比值低则酸。附A级早酥梨果实硬度与糖酸含量标准（表6-2）。

表 6-2 早酥梨果实硬度与糖酸含量

品种	果实硬度（千克/平方厘米）	可溶性固形物含量（%）	总酸量（%）
早酥梨	7.8	≥11.0	≥0.24

3. 果实香气

具有淡淡的清香。

4. 维生素 C

维生素 C 是果实营养价值高低的标准之一。

（三）卫生标准

A 级绿色食品梨的果实卫生标准（表 6-3）。

表 6-3 果实卫生标准

项目	指标（毫克/千克）	项目	指标（毫克/千克）
汞	≤0.005	甲拌磷	不得检出
镉	≤0.03	倍硫磷	≤0.02
铅	≤0.05	对硫磷	不得检出
砷	≤0.1	敌敌畏	≤0.02
氟	≤0.5	乐果	≤0.02
六六六	≤0.05	马拉硫磷	不得检出
滴滴涕	≤0.05	杀螟硫磷	≤0.02

三、早酥梨保鲜技术

国外在农产品保鲜理论、保鲜设施、保鲜材料和保鲜工程技术的研究与创新，以及在技术集成、成果转化等方面取得了显著的成效。发达国家非常重视农产品保鲜，农产品已普遍进入气调、冷链保鲜阶段，正进一步研究、发展真空预冷、超低氧贮藏，还从分子水平来探索作物抗衰老、抑制成熟等，并已取得突破。

（一）农产品保鲜新技术发展趋势

农产品保鲜技术正向着综合控制的方向发展，无污染环保制冷和气调技术；农产品保鲜处理自动化控制光电技术和计算机控制技术；提高农产品的耐贮运性、抗病和抗冷性的转基因分子生物学技术；保护环境有关的空气放电技术和真空减压技术；与利用原子能有关的辐射保鲜技术等都是正在发展的高新技术。

在保鲜包装材料的研究发展趋势看，未来将注重包装材料及其结构的多功能性。利用微孔制造工艺，结合防水材料、防腐材料、生理调节材料、半导体、陶瓷材料以及利用不同材料的特征进行复合，以提高现有保鲜包装材料的耐湿性、透湿性、防结露性以及防腐保鲜性能。

在可食涂被保鲜方面，未来将注重与生物保鲜剂的结合，注重脂类、碳水化合物、蛋白质类的复合。天然涂被剂的 MA 气调将更注重分子调节、厚度调节、裂缝调节、浓度调节和亲水与疏水性调节。

在保鲜剂的研究方面，未来将更注重微胶囊缓释理论和技术的研究，并强调环境启动释入、添加剂控制、并兼用包装调控释放的三控理论以及两段释放控制理论，在应用方面注重保鲜剂的组装结合、保鲜剂的复配以及天然保鲜剂的应用。

（二）农产品保鲜研究动态

1. 电离辐射保鲜

利用 Co^{60}、Cs^{137}发出的 γ 射线，对被保鲜农产品起到杀虫、杀菌、防霉、调节生理生化等效应，从而起到保鲜的作用。

2. 等离子体保鲜

通过特定电场实现无声放电，产生低温等离子体，对果蔬保鲜和降解农药残毒有明显效果，表现为清除乙烯、乙醇等有害于果蔬贮藏保鲜的代谢物，诱导果蔬气孔缩小，降低果蔬呼吸强度等作用；对于真菌、细菌类病害有较强的防除作用，对病毒也有一定的抑制作用。

3. 负离子和臭氧保鲜

臭氧是良好的消毒剂和杀菌剂，既可杀灭消除果蔬致病微生物及其分泌毒素，又能抑制并延缓果蔬有机物的水解，从而延长果蔬保鲜期。负离子与臭氧共存，可以起到保鲜的增效作用。

4. 短波紫外线照射保鲜

紫外线照射既可杀菌，又可诱导农产品的抗病性。

5. 高负电位处理保鲜

通过 10 000~20 000 伏的高负电位处理，可降低农产品的冰点，从而起到降低贮藏温度的作用，达到较好的保鲜效果。

6. 减压保鲜

减压保鲜可形成一个低氧环境，快速脱除挥发性催熟气体，有利于气态保鲜剂进入果蔬组织内部，减少空气中细菌的基数，具有良好的贮藏效果。

7. 高压保鲜

在贮存物上方施加一个由外向内的压力，使贮存物外部大气压高于其内部蒸气

压，形成一个足够的从外向内的正压差。这样的正压可以阻止果蔬水分和营养物质向外扩散，减缓呼吸速度和成熟度，故能有效地延长果蔬的贮期。

8. 差压预冷保鲜

在果蔬预冷的货堆内外形成一定的压力差异，使冷空气易于穿过产品，而达到快速预冷、快速降温保鲜的目的。

9. 真空预冷保鲜

在预冷容器内形成真空，使产品的沸点降低，达到大量蒸发水分快速降温的目的，以保持果蔬的鲜度。

10. 纳米防霉保鲜膜保鲜

使用银纳米材料，毒性小，抗菌力强，在人体内难于积累。目前已商品化的纳米无机抗菌剂大多是银系抗菌剂。

（三）早酥梨保鲜技术

随着人们生活水平的提高和国内外市场的需求，不仅需要采后立即上市的优质果实，还要求全年不同时期均有品质上等的果实供应市场。因此，搞好梨的贮藏保鲜，做到季产年销，周年供应，对于促进梨的生产和增加产值，是十分重要的。同时，随着生产的发展和果品保鲜技术研究的深入，优质梨的贮藏保鲜技术也更加科学化和规范化。

1. 冷藏保鲜

（1）贮前准备。库房彻底清扫，用100倍的福尔马林溶液或200倍的来苏儿喷洒库墙、库顶及地面，密闭24小时，进行消毒灭菌，目的是降低病菌基数，以减少贮藏中果实腐烂。

（2）果实入库。鲜梨采后抓紧分级、包装，经1~2个夜晚的预冷后及时入库，梨果在常温下放置过久会大大降低贮藏效果。

（3）贮藏管理。控制好温度。梨果入库后要尽快将温度降至0℃。贮藏过程中将库温的波动范围控制在0.5~1℃的范围内。调解好库内的湿度。相对湿度控制在85%~95%，以防梨在贮藏过程中大量失水，影响质量。库内湿度偏低时可用挂湿麻袋或地面撒湿锯末、湿蛭石的办法增湿。但不要在地面直接洒水，否则水渗入隔热层后会影响隔热效果和损坏隔热层。经常清除库内的一些有害气体，如乙烯、乙醇、氨气等，积累过多时会造成二氧化碳中毒和产生催熟作用。因二氧化碳过多会出现“黑心”现象。一般隔2~3天换气1次。

（4）果实出库。冷藏的鲜梨出库后果皮易变黑，果肉硬度下降快，因此果实出库前要先缓慢升温，使果实与外界温差小于5℃时再出库为宜。

2. 气调保鲜

气调保鲜就是在一定的低温条件下，对贮藏环境中的气体成分加以调节控制，以获得比单纯低温更好的贮藏保鲜效果。气调贮藏保鲜有两种形式：一是气调库，即在机械制冷的基础上，库房配置气调系统，使具有隔热保温和高度气密的双重性能；二是简易气调库，即在冷库、通风库、土窑洞等贮藏场所内，用塑料薄膜帐将果实封闭起来，利用塑膜具有一定透气性的特点，形成一个个小的气调环境。

帐内气体成分，应严格控制。在贮藏初期，应每天测气 1~2 次，气体成分稳定后每 3~5 天测定一次即可。当氧气浓度低于或二氧化碳浓度高于所要求的气体指标时，应及时通风换气，加以调节。

3. 货架保鲜

货架保鲜是在果实贮藏后上架前，在果实表面涂果蜡，减少果实失水和呼吸消耗，抵御外界病害浸染，防止腐败变质，从而改善果实商品性状，达到延长果实货架贮藏寿命，提高售价的效果。

（1）涂蜡剂。石蜡类物质（乳化蜡、虫胶蜡、水果蜡）、天然涂被膜剂（果胶、乳清蛋白、天然蜡、明胶、淀粉等）和防腐紫胶涂料三类。涂蜡剂所用的果蜡是专门用于水果的可食性保鲜膜剂，所有成分均通过美国 FDA 及中国卫生部门批准，直接食用安全可靠。防腐紫胶涂料是我国林业化工研究所研制的，试验效果良好，处理果亮度和贮藏保存率超过进口的日本涂料。防腐紫胶涂料原液为棕褐色黏稠液，内含少量防腐剂和 2，4-D 等激素。使用时加水 1~4 倍，随配随用。

（2）涂蜡方法。人工涂蜡，将清洗过的果实，浸蘸到配好的涂料中取出或用软刷、棉布等蘸取涂料，均匀抹于果面上。揩去果面上多余蜡液，以免形成蜡珠，影响外观效果。机械涂蜡，在果品涂蜡机上，蜡液化气均匀喷雾在果面上。

（四）鲜梨贮藏期间病害的防治技术

梨果供应期很长，对调节果品市场和保障水果供应具有重大的意义。但是在贮藏过程中也很容易造成一些病害，除潜伏浸染的轮纹病、褐腐病等病害在贮藏期继续发病腐烂应及时清理外，其他的主要病害有黑心病、果柄基腐病、青霉病、黑皮病、霉心病、冷害、二氧化碳中毒等。贮藏期间，对这些病害进行及时有效的防治，可收到事半功倍的效果。

1. 黑心病

（1）症状。贮藏前期发病，先在果心的心室壁和果柄的维管束连接处，形成芝麻粒大小的浅褐色病斑，然后向心室扩展，使整个果心变为黑褐色，果肉组织发糠，风味变劣。一般果实外观无明显变化，果面有轻度软绵的感觉，严重时果皮色泽发暗，不能食用。

（2）发病规律。由于缺钙而导致果实中的多酚类化合物发生酶促褐变，形成黑心和褐肉。早酥梨褐肉病变是从果肉组织开始，果肉组织变成红褐色，果实硬度明显降低，严重者整个果肉组织变成褐色或呈轻度木栓化状态。

（3）防治方法。在尽可能短的时间内入库。入库后要注意缓慢降温，在15~20天的时间内将库温降到0~4℃。

2. 青霉病

（1）症状。发病初期在果面伤口处，产生淡黄褐色小病斑。后期发病组织呈水渍状，并向心室扩散，具有刺鼻的发霉气味。温度适宜时梨果会很快呈烂泥状，病部长出青绿色霉状物。

（2）发病规律。梨果青霉病是由青霉菌所致，其病菌在自然界广泛存在，经梨果伤口侵入。贮藏温度高，发病较重。

（3）防治方法。剔除伤病果，防止产生伤口，以减少病菌侵入途径；贮果前对贮藏库应消毒灭菌，一般可用硫黄粉掺入适量锯木屑燃烧熏蒸的办法进行防治，每100立方米容积，可用硫黄粉2千克或2.5千克，点燃后封闭48小时，然后通风即可。

3. 黑皮病

（1）症状。梨果在贮藏期间，果皮表面产生不规则的黑褐色斑块，重者连成大片，甚至蔓延到整个果面，影响外观和商品价值。而皮下果肉组织表现正常，基本不影响食用。

（2）发病规律。贮藏前期在梨果表皮部位会产生大量的法尼烯，到中后期法尼烯氧化成共轭三烯而伤害果皮层细胞，造成梨果黑皮病的发生。如果这种物质多，采后梨果不及时预冷，会很容易发生黑皮病。

（3）防治办法。用浸过虎皮灵药液的包装纸包裹梨果，能明显地减轻病害发生；及时入库预冷，防止梨果堆放于园内被风吹、日晒、雨淋。

4. 梨霉心病

（1）症状。在梨果的心室壁上形成褐色、黑褐色小病斑，随后果心变成黑褐色，病部长出灰色或白色菌丝，果实由里向外腐烂，到达果面后，成为湿腐状烂果。

（2）发病规律。由多种弱寄生真菌复合侵染的结果，其中常见病菌有交链孢霉、镰刀菌、单端孢菌等。这些病菌在梨园中普遍存在，花期和生长期分别从柱头和萼筒侵入，采收前后果实陆续发病。

（3）防治方法。及时发现，及时收集，及时深埋处理。

5. 冷害

（1）症状。果肉组织受冻失水坏死，呈水渍状腐败，同时诱发果肉所带的青霉菌、交链孢菌，以及果皮表面和蜡质层中腐烂菌的活动，加快果实腐烂。

（2）发病规律。梨果入库急剧降温，从20℃环境立即进入0℃左右的贮藏室，很容易造成果实冻害，若温度低于-5℃时，梨果肉水分逐渐结冰，当温度继续下降，冰晶会逐渐增大，不断从细胞中吸收水分，细胞液浓度越来越高，直至引起原生质发生不可逆转的凝固，使果肉坏死、腐败。

（3）防治方法。梨果的冰点温度为-3～-1.8℃，若低于冰点温度，梨果就会发生冷害，一般贮藏保鲜温度不低于0℃，但也不能高于5℃，如果长期超过5℃以上，就会加速梨果衰老和增加腐烂率。

6. 二氧化碳中毒症

（1）症状。梨果心室变褐、变黑，形成水烂病斑，使心壁溃烂，继而引起果肉腐烂。有的果肉呈蜂窝状褐色病变，组织坏死，果重变轻，弹敲有空闷声。

（2）发病规律。梨果采收后含水量较多，果实内生理活性很旺盛，对二氧化碳敏感。贮藏时若二氧化碳气体积累过高，果肉组织中就会产生大量的乙醇、琥珀酸、乙醛等物质，使整箱梨果腐烂。

（3）防治办法。控制贮藏环境中二氧化碳的体积分数，以氧气的气体分数为12%～13%、二氧化碳的气体分数为1%以下为宜。

四、早酥梨商品化处理技术

（一）早酥梨分级

梨果分级的主要目的，是使商品达到标准化。分级是在果形、新鲜度、颜色、品质、病虫害和机械伤等方面符合要求的基础上，再按果实大小（重量）划分成若干个等级（规格）。果实分级标准由国家或地方有关部门统一制定执行，也可按产销合同规定的标准执行（表6-4至表6-6）。

表6-4　鲜梨等级规格指标（GB/T 10650—1989）

指标项目	优等品	一等品	二等品
基本要求	各等级的鲜果必须完整良好，新鲜洁净，无不正常的外部出水，无异臭及异味，精心手采，发育正常，具有贮存或市场要求的成熟度		
果形	果形端正，具有本品种固有特征，果梗完整	果形正常，允许有轻微缺陷，具有本品种应有特征，果梗完整	果形允许有缺陷，仍保持本品种应有特征，不得有偏缺过大的畸形果，果梗完整
色泽	具有本品种成熟时应有色泽，均匀一致	具有本品种应有色泽	具有本品种应有色泽，允许色泽较差

（续表）

指标项目		优等品	一等品	二等品
果实横径（毫米）		特大果≥70 大型果≥65 中型果≥60 小型果≥55	特大果≥65 大型果≥60 中型果≥55 小型果≥50	特大果≥60 大型果≥55 中型果≥50 小型果≥50
其中	果面缺陷	基本无缺陷，允许下列不影响外观和品质轻微缺陷不超过 2 项	允许下列规定的缺陷不超过 3 项	允许下列规定的缺陷不超过 3 项
	碰压伤	允许轻微者 1 处，其面积不得超过 0.5 平方厘米，不得变褐	允许轻微者 2 处，总面积不超过 1 平方厘米，不得变褐	允许轻微者 3 处，总面积不超过 2 平方厘米，每处不超过 1 平方厘米，不得变褐
	刺伤，破皮	不允许		
	磨伤（枝磨、叶磨）	允许轻微磨伤面积不超过果面的 1/12，巴梨、秋白梨为 1/8	允许轻微磨伤面积不超过果面的 1/8，巴梨、秋白梨为 1/6	允许轻微磨伤面积不超过果面的 1/4
	水锈、药斑	允许轻微薄层总面积不超过果面的 1/12	允许轻微薄层总面积不超过果面的 1/8	允许轻微薄层总面积不超过果面的 1/4
	日灼	不允许	允许桃红色或稍微发白者，总面积不超过 1 平方厘米	允许轻微的日灼伤害，但总面积不超过 3 平方厘米，不得有肿疱、裂开或伤部果肉变软
	雹伤	不允许	允许轻微者 1 处，总面积不超过 0.5 平方厘米	允许轻微者 2 处，总面积不超过 2 平方厘米
	虫伤	不允许	干枯虫伤 2 处，总面积不超过 0.2 平方厘米	干枯虫伤处数不限，总面积不超过 1 平方厘米
	病害	不允许		
	食心虫害	不允许		

注：早酥梨属于大型果

表 6-5　早酥鲜梨品质理化指标（GB/T 10650—1989）

指标项目	早酥梨
果实硬度（千克/平方厘米）≥	7.1~7.8
可溶性固形物（%）≥	11.0
总酸量（%）≤	0.24
固酸比≥	46∶1

表 6-6　早酥梨外观等级规格指标（NY/T 440—2001）

项目	特等	一等	二等
基本要求	充分发育，成熟、果实完整良好，新鲜洁净，无异味、不正常外来水分、刺伤、虫果及病害，果梗完整		

（续表）

项目		特等	一等	二等
色泽		具有本品种成熟时应有的色泽		
单果重（克）		290	240	190
果形		端正	比较端正	可有缺陷，但不得有畸形果
果面缺陷	碰压伤	无	无	允许轻微碰压伤，面积不超过0.5平方厘米
	磨伤	允许面积小于0.5平方厘米轻微磨伤1处	允许轻微磨伤，面积不超过1.0平方厘米	允许轻微磨伤，面积不超过2.0平方厘米
	果锈	允许轻微的果锈，面积不超过0.5平方厘米	允许轻微的果锈，面积不超过1.0平方厘米	允许果锈，面积不超过2.0平方厘米
	水锈	允许轻微薄层，面积不超过0.5平方厘米	允许轻微薄层，面积不超过1.0平方厘米	允许轻微薄层，面积不超过2.0平方厘米
	药害	无	允许轻微的薄层，面积不超过0.5平方厘米	允许轻微薄层，面积不超过1.0平方厘米
	日灼	无	无	允许轻微薄层，面积不超过1.0平方厘米
	雹伤	无	无	允许轻微雹伤，面积不超过0.4平方厘米
	虫伤	无	允许干枯虫伤，面积不超过0.1平方厘米	允许干枯虫伤，面积不超过0.5平方厘米

梨果分级方法有人工方法和机械方法。为提高工作效率和减少因倒果次数多而可能对果实造成的伤害，分级工作应与采收及包装工作结合进行。

（二）梨商品化包装

包装是产品转化成商品的重要组成部分，它具有保护产品、便利流通、宣传产品、促进销售等功效，它是果品商品化生产中增值最高的一个技术环节，在国外，果品包装增值可以达到10倍以上。目前，果品包装技术呈现以下发展趋势。果品包装系统化、包装规格趋于小型化、包装容器趋向精致化、包装设计趋向精美化、注重果品包装的品牌化等。新鲜水果的包装为果品在产后贮、运、销过程中的流通提供了极大的方便。合理的包装是使果品标准化、商品化，保证安全运输和贮藏的重要措施。良好的包装可以减少果品间的摩擦、碰撞和挤压造成的机械伤，防止果品受到尘土和微生物等不利因素的污染，减少病虫害的蔓延和水分蒸发，缓冲外界温度剧烈变化引起的果品损失。包装可以使果品在流通中保持良好的稳定性，美化商品，提高商品率和商品价格及卫生质量。优质梨果的包装应符合科学、经济、牢固、美观和适销的原则。

长期以来，由于贮藏设施不足，技术落后，运输条件较差，包装容器质量低劣，缺乏适当的包装和冷链运输，严重阻碍了新鲜果品的广泛销售。一些优质梨果不能畅销远地，而在大量上市时，只能就地低价倾销，影响了果品生产经济效益和生产者发展的积极性。在销售竞争激烈的市场条件下，要重视优质梨果的包装，以利于在国内国际市场上竞争。

1. 包装容器的要求

一般商品的包装应具有美观、清洁、无有害化学物质，内壁光滑、卫生，重量轻，成本低，便于取材，易于回收及处理，并在包装外面注明商标、品名、等级、重量、产地、特定标志及包装日期等。果品包装还应具有足够的机械强度（以保护果品在运输、装卸和堆码过程中造成机械伤）、一定的通透性（以利于果品在贮运过程中散热和气体交换）和防潮性（防止包装容器吸水变形降低机械强度，导致果品受伤而腐烂）。

2. 包装容器的种类及特点

（1）纸箱。是当前世界范围内果品贮藏和销售的主要包装容器，特别是瓦楞纸箱近年来发展较快，在果品贮藏内销和外贸上广泛使用。其优点是：质量轻，经济实用，易于回收，且空箱可以折叠，便于堆放和运输；箱体支撑力较大，且有一定的弹性，可以较好地保护果实；纸箱规格大小一致，包装果品后便于堆码，在装卸过程中便于机械化作业；箱体外面能印刷各种彩色图案，便于产品的宣传和竞争。箱内设有纸板格，每格放一个果实，层间设有纸隔板，以防果实挤伤、硌伤。

（2）塑料箱和钙塑箱。塑料箱的主要材料是高密度聚乙烯或聚苯乙烯；钙塑箱的主要材料是聚乙烯和碳酸钙。包装特点是：箱体规格标准，结实牢固，重量轻，抗挤压，碰撞能力强，防水不易变形，便于果品包装后高度堆码，有效利用贮运空间，在装卸过程中便于机械化作业，外表光滑易清洗，可重复使用，是较理想的果品贮运包装的替代品。北京、南京和上海生产的折叠式塑料周转箱，空箱可以套叠，箱口有插槽，有利于空箱的周转，运输和堆码时安全。

（3）荆条筐、竹筐。可就地取材，价格低廉，但规格不一，表面粗糙，牢固性差，极易使果品在贮运中造成伤害，不易长期使用。

3. 包装容器的规格标准

世界各国都有果品包装容器的标准，东欧国家采用的包装箱标准一般是600毫米×400毫米和500毫米×300毫米。我国出口的早酥梨每箱净重18千克，纸箱规格有60个、72个、80个、96个、120个、140个（为每箱早酥梨的个数）不等。

4. 辅助包装材料

（1）包果纸。可抑制果品采后失水，减少腐烂和机械伤害，要求质地光滑柔软卫生，无异味，有韧性，若在包果纸中加入适当的化学药剂，还有预防某些病害的作用。

（2）衬垫物。有蒲包、塑料薄膜、碎纸、牛皮纸、杂草等。

（3）抗压托盘。具有一定数量的凹坑，凹坑与凹坑之间还有美丽的图案，凹坑的大小和形状以及图案的类型根据包装的具体果实来设计，每个凹坑放置一个果实，果实的层与层之间由抗压托盘隔开，这样可有效减少果实的损伤，同时起到美化商品的作用。

5. 果品包装应注意的问题

果品不同于其他商品，它具有鲜活性，需要适宜的环境条件来保持优良的品质，对温度、湿度和气体成分都有一定的要求，它多汁，易伤易腐，要求包装具有良好的保持作用。果品包装的选择应注意以下几点。

（1）采收包装。以有内衬的竹篮、藤筐或塑料筐为宜，减少对果品的擦伤。

（2）运输包装。要有一定的坚固性，能承受运输期的压力和颠簸，并容易回收。最好用纸箱或泡沫箱，内加果实衬垫。

（3）贮藏包装。外包装应坚固、通气；内包装应保湿透气。由于贮藏库内低温高湿，产品的堆码较高，要求良好的通气状态。因此，果品的包装应尽量以塑料箱为好。

五、早酥梨的加工

（一）早酥糖水梨罐头的制作方法

1. 原料选择

选用鲜嫩多汁、成熟度在八成以上、果肉组织致密、石细胞少、风味正常的果实，剔除有病虫害、机械损伤和霉烂的果实。

2. 制作方法

（1）分级。按横径分为60~67毫米、67~75毫米、75毫米以上三级。

（2）去皮。用手工或机械去皮法，去皮后立即浸入盐水中。

（3）切块。用不锈钢水果刀纵切对半，大形果实可切四块，切面光滑。

（4）去果心、果柄。用刀挖去果心、果柄和花萼，削除残留果皮。

（5）盐水浸泡。切好的果块立即浸入1%~2%的盐水中护色。

（6）烫煮。将果块倒进80~100℃水中烫煮10分钟，取出，去杂碎，沥干水分。

（7）装罐。加糖水，趁热将果块装入已消毒的玻璃罐中，果块300克、糖水200克。

糖水配制方法如下：75千克水加25千克砂糖，再加入150克柠檬酸，加热溶解

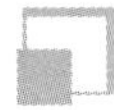

后用纱布过滤。装罐时糖水温度要在80℃以上。

（8）封罐。趁热封罐，密封，罐盖与胶圈要预先消毒。

（9）杀菌、冷却。封罐后立即投入沸水浴中杀菌15~20分，然后分段冷却。

（二）梨汁的制作方法

1. 原料选择

早酥梨4个、干红枣80克，鲜百合80克、蜂蜜150克、冰糖80克、川贝粉2克。

2. 制作方法

（1）梨去皮，用擦板擦出梨蓉与梨汁（下面放一容器）。

（2）红枣揪开，百合去枯皮。

（3）将干红枣、百合、冰糖放入炖锅（不锈钢为好），倒入梨汁梨蓉，大火烧开后，改小火熬40分钟。

（4）关火，分勺将混合物倒入细密的漏勺（下面放一个容器），用小勺将汁与细蓉按压出。

（5）将按压出来的细蓉重新放回锅里，加入川贝粉再熬20分钟，关火。

（6）放凉后，加入蜂蜜，充分拌匀，放入无油无水的密封罐里，冰箱冷藏保存。吃时用干净小勺取出，加入60℃以下的水和匀即可。

（三）梨干的制作方法

1. 原料选择

选用鲜嫩多汁、成熟度在八成以上、果肉组织致密、石细胞少、风味正常的果实，剔除有病虫害、机械损伤和霉烂的果实。

2. 制作方法

（1）削皮。梨的外皮较粗糙，须去皮，可用人工和机械方法将果梗和萼片切除。

（2）切分。用不锈钢水果刀切成块状或圆片，也可以切成两半或4~5块。

（3）浸盐水。为防止切分后的果实氧化变色，可用1%~2%的食盐水浸泡或喷洒护色。

（4）熏硫。将梨片送入熏硫室。每吨果实用硫黄2~3千克，熏硫时间依果实切分方法和厚薄而异，需8~12小时。熏硫时间稍长，成品色泽淡黄色，且呈半透明状。

（5）干制。在阳光下暴晒2~3天，然后将竹匾叠置阴干。经20~40天即可完成干燥过程，干燥率为（4：1）~（7：1）。

（6）包装。用麻袋、竹匾或席包装。

（四）梨脯的制作方法

1. 原料选择

鲜早酥梨 50 千克，白糖 30 千克，石灰 2. 5 千克。

2. 制作方法

（1）选坯。选成熟、青皮、心小的早酥梨。

（2）制坯。先用刨刀将果皮刨净，剖成两半，用缠针刺眼后，挖心去除中间梨籽。

（3）灰漂。将果坯立即放入水灰比为 100∶5 的灰水中，浸泡 4 小时后，将果坯放入清水里，浸泡 20 分钟。

（4）焯坯。将果坯倒入开水锅中焯煮 3～5 分钟，用手捏到有点软即可起锅，放入清水中，冷却后换水。

（5）煨糖。将果坯放入蜜缸，加入冷糖水，稍煨紧一点，糖水不宜过多，反之容易出现缩筋现象，影响形状完整。

（6）下锅。第二天，将果坯连同糖水倒入锅内，煮沸后起锅蜜渍。

（7）收锅。下锅后隔 1～2 天，再将果坯连同糖水倒入锅内熬煮 30 分钟左右，待糖温达到 108℃时起锅蜜渍。

（8）起锅。将果坯连同糖水一起舀入锅内，熬煮 30 分钟左右，待糖温达到 112℃时起锅，晾冷至 60℃后上糖衣，即为成品。

（五）梨膏的制作方法

1. 原料选择

早酥梨、蜂蜜、贝母、茯苓、砂糖、燕窝。

2. 制作方法

（1）将早酥梨洗净，榨干梨汁并在梨汁中加入砂糖、蜂蜜。

（2）用火熬制，随后再加入贝母、茯苓或燕窝，用微火熬至浓稠状时即成。

制作秋梨膏时，可根据需要加入罗汉果、生地、葛根、贝母等中药材，可起到保健作用；煮梨汁时，如果放入的红枣较多，则成品的颜色较深，且其中的红枣味道会盖过梨膏的味道，秋梨膏的浓度可依据自己的喜好增减熬煮时间，蜂蜜应选用普通的、没有特殊口味的蜂蜜，不然蜂蜜的味道会盖过梨膏味道，调入蜂蜜时，梨膏的温度不宜过高，否则会破坏蜂蜜中的营养成分，饮用时，可取 1～2 勺秋梨膏，用温开水冲调开即可，制作好的梨膏应装入密封罐放入冰箱内冷藏保存。

（六）梨酱的制作方法

1. 原料选择

挑选石细胞含量少，无病虫的新鲜梨果实为原料。

2. 制作方法

（1）将果实冲洗干净，去皮、去果心后，浸入1%~2%的食盐溶液中护色。

（2）软化、打浆。将梨块加少量水预煮10~20分钟，软化后用筛板孔径为0.5~1毫米的打浆机打浆。

（3）浓缩。将梨块和相当于梨块重量75%的砂糖倒入不锈钢夹层锅内（倒入锅内之前，先将砂糖调成浓度为75%的糖浆）；煮沸浓缩，浓缩过程中要经常搅拌，以免锅底焦糊。浓缩至可溶性固形物为65%时，即可出锅。

（4）装罐。浓缩后形成的梨酱及时装罐、密封，封口温度应在80℃以上。封口后投入沸水中杀菌20分钟，然后分段冷却至37℃。

（七）梨蜜饯的制作方法

1. 原料选择

可选用无机械伤、无腐烂、不适宜加工梨干和梨脯的原料。

2. 制作方法

（1）去皮。挑选合格的梨用清水冲洗，刨去外皮。

（2）浸泡石灰水。在15%~20%的新鲜石灰水内投入去皮的梨，以淹没为度，浸泡3~5天每天翻动两次。

（3）漂洗。将梨坯移至清水缸内浸泡4~5天，每天换水两次，至漂清石灰水后，捞出梨坯，沥干水分。

（4）糖渍。将占梨坯重量的50%的砂糖加水少许，加热溶解，倒入梨坯充分拌和，糖渍一天。

（5）糖煮。将梨坯连同糖液倒入锅内，加热煮沸，加入占梨坯重30%的砂糖，用旺火煮沸约1小时，连同糖液起锅，倒入缸内，糖渍1天。第二次糖渍时，将已糖煮的梨和糖液重新倒入锅内煮沸，再添30%的砂糖，煮沸约1小时，煮至温度达108~110℃，用铲子铲起糖液，当糖液流下能起糖丝，即表明已达糖煮终点。

（6）冷却。迅速用大漏勺捞取梨块移至板上，让其立即冷凉，得成品。

参考文献

贾敬贤，姜淑苓．2000．优质梨新品种高效栽培［M］．北京：金盾出版社．

聂继云．2003．果品标准化生产手册［M］．北京：中国标准出版社．

孙士宗，王志刚 . 2005. 梨［M］. 北京：中国农业大学出版社.
王文辉，许步前 . 2003. 果品采后处理及贮运保鲜［M］. 北京：金盾出版社.
郗荣庭 . 1999. 中国鸭梨［M］. 北京：中国林业出版社.
肖静，刘建强 . 2008. 无公害梨安全生产手册［M］. 北京：中国农业出版社.
张绍铃 . 2013. 梨学［M］. 北京：中国农业出版社.

第七章　早酥梨营销

一、梨的品牌

当今社会是竞争的社会，而全球的经济基本处于买方市场，即供给大于需求。我国早酥梨市场也不例外。各种各样的梨果商品极大丰富的涌现出来，在差异性不明显的买方市场条件下，如何以自己鲜明的个性吸引用户，如何树立自身的特色以战胜竞争对手，我们在这里将引导出一条成功之路。树立独特产品品牌，以名牌推动消费。在商品经济高度发达的时代，创品牌就是占市场，增强市场竞争力。优质梨的生产者和经营者应根据产品的优势和特点，创立自己的名牌，并注册商标。

二、梨的市场调查与预测

商品经济高度发展的时代也是信息的时代。信息是梨果生产经营的前提和基础。因此，重视梨果市场信息，搞好市场信息调查和预测，加强信息管理，对梨果业的发展至关重要。

（一）商品信息的作用与分类

梨果商品信息是指在梨果商品经济活动中，能客观描述果品市场经营活动及其发展变化特征，为解决企业市场营销和管理，进行市场预测所提供的各种有针对性的，能产生经济效益的数据、情报、知识等的总称。它包括企业内部的信息和企业外部的信息，企业内部的信息是指生产计划，梨果的品种、产量、经营决策、新产品的开发等有关企业内部的情况。企业外部信息是指有关消费者、客户、竞争对手的情况和与经营活动有关的政治、社会环境等情况。应用科学的方法收集可应用的信息，对收集的信息再进行分类管理、分析应用，及时正确指导梨果业的发展，在激烈的市场竞争中立于不败之地。

信息是制定梨果生产经营策略的重要依据。在复杂多变的市场竞争中，全面、及时、准确地掌握市场信息是制定营销策略的基础。信息都有时效性，需要及时收集，及时整理，迅速制定出经营策略。过了时的信息分文不值，只会浪费人力、物力和财力。

信息是提高效益的重要途径。在梨果的营销活动中，谁重视信息的开发利用，谁就能抓住机遇，避免损失，提高效益，在竞争中取胜。所以只有全面了解市场的各种信息，企业才能实现生产有活力，产品有销路，发展有空间。广泛、快速、准确的信息，可以出效益，出财富，对经营者来讲，市场信息就是梨果商品经营的指路灯。

信息是协调各种梨果经营关系的依据。在商品经济中，市场环境变化很快，梨果经营者，必须随时关注市场变化，不断地收集、分析市场信息，协调企业内部和外部经营环境的关系，保持企业和经营环境的协调发展，使企业在商业竞争之中立于不败之地。

信息是经营者了解自己，了解世界的途径，强化管理信息机构，大力开展情报信息研究，做到知己知彼，掌握世界梨果业的发展动向是梨果经营成功的关键。

信息按商品流通中的不同阶级分为生产信息、流通信息、分配信息和消费信息。生产信息包括生产数量、品种、产地、果品质量等。流通信息包括贮藏条件，运输方式或流通状况等。分配信息包括目标市场的供求状况市场容量等。消费信息包括梨果促销的效果、顾客的反应、市场消费状况等。

根据信息发出的时间顺序分为历史信息，现在信息和未来信息。以往的生产、销售数据、资料等为历史信息。目前，市场的供求状况、生产情况、销售及流通状况为现在信息。以后将可能出现的市场变化、经营变化等为未来信息。

信息根据用途可分为管理信息、决策信息和作业信息。管理信息是指一般管理人员在进行决策、管理时所需要的信息，如货源情况、运输计划、营销方案的制订、资金的分配等。决策信息是指对经营方针、方法、目的等有用的信息，如新市场开拓、新产品开发、投资方向等。作业信息是指日常的业务活动信息，如生产供求、贮藏、销售、运输、竞争者的动态等信息。

（二）梨果市场信息调查

市场上的情况很复杂，需要调查的内容很多，主要有以下几个方面。

1. 市场需求和消费调查

主要有人口的数量、分布、家庭结构、消费层次、消费习惯以及消费人群的收入变化，现在市场需求量，潜在市场需求量，梨果的销售方式、销售时间等内容。

2. 梨果市场的价格调查

价格是市场活动的集中体现，要调查不同地区、不同品种的价格水平和变化趋势，批发市场货源的进价和目前的价格政策，消费者对价格的反映等都对梨果销售有影响。

3. 梨果货源调查

了解梨果生产能力，不同品种的货源市场、生产情况、供货量和梨果的商品化资

料，如质量、等级、是否上蜡、包装、上市的地点、时间、市场占有率等。

4. 市场环境调查

包括政治、经济、地理、气候、社会文化环境和消费人群的年龄结构、收入、文化层次、消费习惯、消费观念等与市场经营活动有关的环境条件。

5. 市场营销活动调查

包括两方面的内容，市场营销渠道和营销环境。调查的内容有经销商的销售情况、销售网点的设置、分销机构与结构、销售渠道及方式、贮运条件、能力、费用等。梨果在市场的积压、脱销情况、促销方式、费用、效果、同行各竞争对手的经营规模、经营水平、经济实力、营销手段等，属于市场营销活动的内容。

（三）梨果市场调查方法

市场调查方法很多，企业可根据收入调查费用的多少采用一种或多种调查方法进行市场调查活动。常见的市场调查方法有以下几种。

1. 资料分析法

利用收集来的资料、市场供求趋势、市场占有率、销售方式、消费形式等与市场有关的因素进行分析。

2. 市场观察法

调查人员可以直接到市场上观察市场购买状况，询问售价，了解买卖交易情况，也可以运用现代化仪器设备收集信息，录像机、录音机、遥控设备等记录客流量、买卖交换过程、购买者的态度等市场活动状况，可以直观地了解市场动态。

3. 小规模实验法

从影响梨果销售的诸多因素中抽出几种重要的影响因子，在有代表性的区域内进行小规模的实验。根据市场反应，消费者的态度，进行市场容量分析，产品前景分析，决定是否规模化生产，从小规模实验中还可以了解到商品销售过程中的一些具体细节问题，如产品的包装是否吸引消费者，价格是否合适，梨果的质量是否受欢迎等为进行规模化经营作准备。

4. 典型调查法

有目的地选择有代表性个人或集体进行调查。调查目标的选择要典型、正确。例如，调查某一城市的梨果市场价格，需要对能影响城市梨果销售的大批发市场进行调查，没有必要对每个小市场的价格作调查。

5. 询问调查法

询问调查法是通过当面交流、信函、电话、互联网等形式获得资料、信息的调查方法。

6. 抽样调查法

抽取部分调查对象进行调查，对调查的结果进行统计分析，推断出具体特征。抽样调查要遵循随机性原则，从数量上科学地推断总体，排除主观因素的影响，使获得的信息更加准确。

（四）调查表和调查问卷的设计

调查表和问卷的设计是否完善，直接影响着市场调查的质量和效果。因此，必须精心设计，充分发挥它们在市场调查中的作用，使调查获得更全面，价值更高。

1. 调查表的设计

要根据确定的调查项目，按顺序排列成表格的形式，使调查内容清晰、明白、规范化、条理化，便于进行市场调查时的填写和调查内容的整理。

调查表是由表头（调查表名称、填表单位、地址、联系方式等情况）、表体（调查的各项内容、采用的指标、计量单位等）、表脚（填表人鉴字、调查日期等）三个部分组成。

2. 调查问卷的设计

一个完整的问卷应有说明词、收集信息的内容和调查记载项目三部分组成。问卷的回答方式有多种多样，调查的内容不同回答方式不一样。常见的回答方式有以下几种。

（1）是、否选择法。被调查者只需选其中的一项是或否即可。

（2）多项选择法。提出多个回答项目供选择，被调查者可以选其中的一项或几项回答。

（3）顺位法。被调查者根据问卷中提出的数个问题按自己喜好排列成一定的顺序。

（4）自由回答法。问卷上没有设计答案，被调查者自由发挥，回答问题。

在实际应用中，往往是多种回答方式在同一个问卷上出现，但多项选择法应用得比较普通。下面是一份梨销售调查问卷的设计，仅供参考。

梨销售调查问卷

问卷者请在（）内打“√”。

1. 请问您经常买梨吗？

经常（ ）　　有时（ ）　　不购买（ ）

2. 如果回答买的请回答

（1）每年购买大约_千克。

（2）您购买的时间是

采收时（ ）　　节假日（ ）　　发工资后（ ）　　随时（ ）

(3) 您喜欢吃什么味道的梨?

酸一点（　）　甜一点（　）酸甜适度（　）　其他（　）

(4) 您喜欢吃什么质地的梨?

脆肉（　）　软肉（　）

(5) 您对梨果的香味有无偏爱?

有（　）　无（　）

(6) 您喜欢什么颜色的梨?

紫色（　）　红色（　）　黄褐色（　）　绿色（　）　黄色（　）

(7) 您购买时挑选的原则是

品质（　）　大小（　）　色泽（　）　形状（　）价格（　）　无所谓（　）

包装（　）　风味（　）　其他（　）

(8) 您认为销售梨果是否需要包装?

需要（　）　不需要（　）

(9) 您认为什么样的包装最好?

纸箱（　）　塑料（　）　篮装（　）　透明塑料的盒装（　）　其他（　）

(10) 您喜欢如何购买梨果?

整箱（　）　零买（　）

(11) 您买的梨主要是谁吃?

全家（　）　老人（　）　孩子（　）　个人（　）　朋友（　）其他（　）

(12) 您买梨时哪种促销手段对您影响最大?

销售员介绍（　）品尝（　）陈列（　）广告（　）　降价（　）采摘（　）其他（　）

(13) 您对购买梨的意见和要求是什么?

提高果品质量（　）　提高包装质量（　）　四季供应（　）

品种齐全（　）　价格便宜（　）　购买方便（　）　其他（　）

3. 对调查分析有帮助的本人情况，请填写

(1) 年龄阶段

儿童（　）　青年（　）　中年（　）　老年（　）

(2) 性别

男（　）　女（　）

(3) 您的职业

工人（　）　农民（　）　军人（　）　学生（　）　职员（　）

个体工商员（　）　知识分子（　）　机关干部（　）　其他（　）

(4) 文化程度

小学 ( )　　中学 ( )　　大学 ( )　　其他 ( )

(5) 您的月平均收入

1 000~3 000 元 ( )　　3 000~5 000 元 ( )　　5 000~8 000 元 ( )

8 000~10 000 元 ( )　　10 000 元以上 ( )

(6) 您在家庭中扮演的角色

祖父 ( ) 祖母 ( )　父亲 ( )　母亲 ( )　配偶 ( ) 子女 ( )

(五) 梨果市场预测

梨果市场预测是在市场调查所取得的信息，资料的基础上，应用科学的方法与手段对市场供求变化，市场环境因素等细致的分析研究，从而推断未来一段时间内市场变化趋势，为下一步的梨果生产、经销确定目标，制定经营决策提供依据。

1. 梨果市场预测的内容

梨果市场预测的内容很多，根据企业或个人经营的需要，可以选定不同的内容进行预测，如市场需求预测、货源预测、占有率预测、价格变化预测、市场购买力预测、产品生命周期预测等与梨果经营有关的方面都属于预测的内容。

2. 鲜梨市场预测方法

(1) 定性预测。定性预测是由一些具有丰富的业务知识，工作经验和综合分析能力的人员进行的。它是根据市场调查资料推断未来市场的发展趋势和发展程度。采用这种方法进行市场预测需要拥有大量的、系统的梨果经营的历史资料和信息。

(2) 定量预测。定量预测是在市场调查的基础上，根据历史和现实资料，运用统计学方法对影响因素进行分析，寻找它们之间相互联系和规律性，对未来市场变化趋势作出估计的方法。定量预测的结果客观、可靠、可避免主观因素的影响。运用到的预测方法有算术平均预测法、加权平均法、几何平均法、季节指数预测法、回归、方程预测法等。在定量预测方法中，应用数学知识比较多，统计方法为统计学常采用的方法，在这里不再详细介绍，应用时可参考有关书籍。

三、梨的营销

(一) 营销策略

我国是梨生产大国，加入 WTO 之后，我国鲜梨进入国际市场具有很大的潜在优势。我国原产的脆肉梨汁液多、外观好、货价期长、耐贮运，备受消费者的青睐。在优质梨规模化生产的基础上，需要有一批优秀的促销人员和适当的广告宣传相配合，才能打开优质产品的销路。

(二)优质梨的流通渠道

自1984年我国放开果品经营之后，许多经济形式参与到果品流通的行列之中，既有自产自销，也有专业贩运，专业批发商等都在经营梨果生意。城市是梨的主要集散地，城市居民是梨的主要销售对象。水果零售商和贩运商都把目标瞄准果品城市水果批发市场，所以大中城市的水果批发市场是鲜梨的主要流通形式，使梨果的买卖更加活跃。

我国梨的流通形式如图7-1所示。

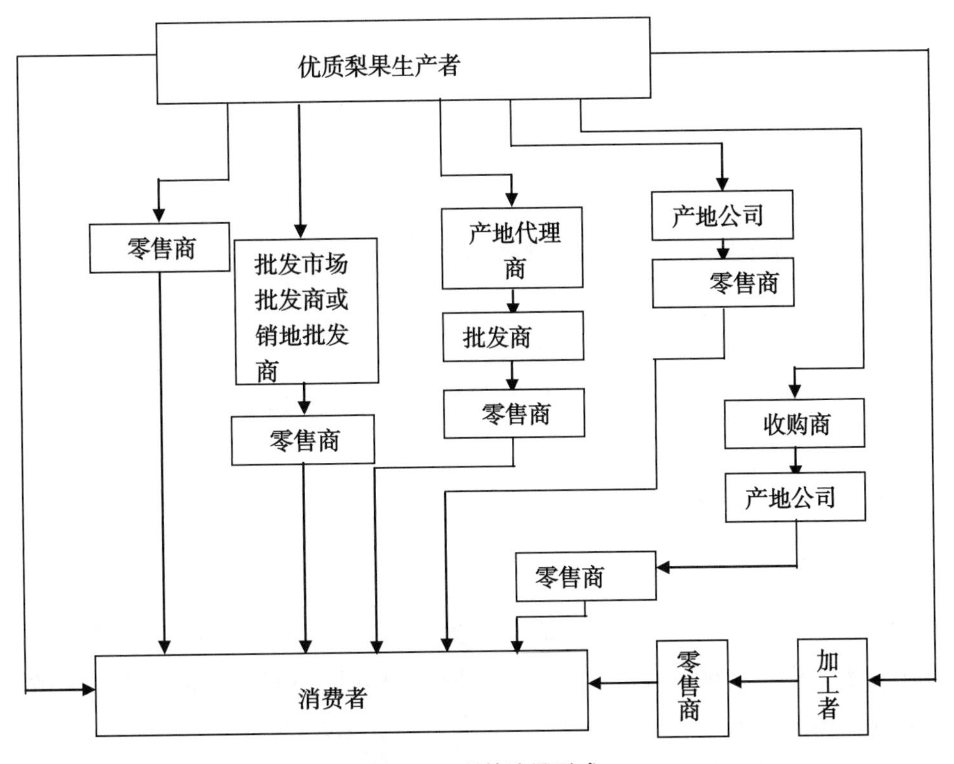

图7-1 梨的流通形式

不同的流通形式有其不同的特点，梨果的生产者和经营者可根据生产量、流通费用的承受能力选择适宜的流通方式。

1. 梨农→消费者

这种流通渠道没有任何中间环节，流通时间短、费用低，消费者可以在最短的时间内得到价位合适的鲜果，梨农也能及时了解消费者的需求和市场行情变化，有利于及时调整生产结构。

2. 梨农→零售商→消费者

只经过一道中间环节，零售商自己到梨园买果，然后卖给消费者。梨农借助零售商的力量宣传自己的产品，扩大销路，提高经济效益。由于中间环节少，流通费用低，零售商的效益可观，所以在梨的销售中占有重要的位置。

3. 梨农→批发市场批发商或销地批发商→零售商→消费者

梨农将果运到大中城市的批发市场或销地批发商那里由批发商把梨批发给零售商，消费者从零售商那里买到梨。这种销售渠道的优点是有利于梨农大批量生产，对生产者来讲，可以节省销售费用。对零售商来讲，减少进货的费用和节省进货时间，有利于经营品种的多样化。但由于中间环节较多，渠道较长，不利于生产者及时了解市场行情。

4. 梨农→产地代理商→批发商→零售商→消费者

大中城市的果品批发商在梨成熟之前，到梨园考察，委托产地代理商办理订单、运输等事宜。梨成熟后，由代理商负责通知种植者进行采收、分级、包装等工作，并由代理商将梨果款分发给种植者。这种销售渠道是当前果品销售的最基本渠道，其优点是梨农可以利用中间商所具有的集中、平衡、扩散的功能，使果品销售简便化。

5. 梨农→产地公司→批发商→零售商→消费者

产地公司多为基层干部或当地有威望的人士组成。这种生产方式属于“公司+农户”的形式，公司的利益和农民的利益并存。在梨成熟之前，对梨园进行实地考察，估计产量、成熟期、品质等，然后由他们出面组织好货源运送到批发市场交给批发商处理。梨在批发市场上出售后，梨农可以及时得到货款。这种方式的优点是批发商和产地销售公司不必为收购梨付周转金，收购价可随行就市，防止果品积压，批发商的投资少，无风险。

6. 梨农→收购商→批发商→零售商→消费者

梨农把梨卖给收购商，收购商又把梨卖给批发商，由批发商再批发给零售商，然后再到消费者手中。这种方式的优点是，梨农可以利用中间环节的集中、分散的职能，节约用于销售的人力、财力、物力。这是目前我国梨销售的主要渠道之一，由于中间环节多，流通渠道长，销售费用高，容易造成流通过程中的损失。

7. 梨农→加工者→销售商→消费者

由加工厂从原料基地收购原料，经过加工之后，做成梨罐头、梨汁等加工品，然后销售给销售商，再到消费者手中，这种销售方式可以满足消费者的不同需求，使梨果产品多样化。

（三）梨的促销

从产品成为商品需要一些促销手段，促销可以促进流通，增加效益。促销就是生产者或经营者通过适当方式将梨果的相关信息传递给顾客，让经营者或消费者购买而进行的市场营销活动。同时，可以获得顾客的具体意见和要求。促销能突出果品特

点，有利于创名牌，也有利于掌握供求动态。促销活动在传播果品信息给市场的同时也获得了市场需求信息。通过各种形式的促销，可以稳定老顾客，争取新顾客，增加果品销售量。随着市场经济的发展，我国梨果的促销已经广泛开展。只会生产，不懂销售，等顾客上门的做法已经行不通了。为了避免生产的优质梨销售迟缓、积压腐烂造成损失的现象发生，必须采用适当的促销方式。

促销方式大致可分为广告促销、营业推销促销、人员促销。各种促销方式各有其优点和不足。因此在实际操作中往往不是单纯地使用某种促销方式，而是几种方式并用，以达到最好的促销效果。

1. 广告促销

通过各种媒体宣传自己的产品是商品社会促销的主要形式。可采用的媒体有电视、计算机网络、报纸、电台、杂志、街头灯箱广告、汽车广告、传单、粘贴画等。在梨的产地往往产品积压，销售不出去，而一些地区却存在买果难的现象。广告可以在生产地与需求地之间架起一个信息桥梁，起到相互沟通、促进流通、扩大销路的目的。

广告宣传可以让产品的品牌、质量、特点给消费者以深刻的印象，使消费者产生购买的欲望。产品的形象一旦在消费者中产生了反应，树立起良好的形象和声誉之后，产品的销路自然上升。

广告促销需要注意宣传时机和力度，设计要恰到好处。若宣传的时机不对达不到促销效果；广告设计要给人以美的享受，人人都有好奇心，愿意了解新事物，有创意新颖的广告对人有吸引力。广告设计要遵循真实性、政策性、思想性、民俗性等原则。在国家政策许可的范围内，向消费者提供健康、切实可行的真实信息。

2. 人员促销

推销人员根据市场学、心理学和外语等基础知识，采用公共关系的各种技巧，向中间商、消费者宣传有关梨果的信息，使顾客产生购买行为的促销方式。要求促销人员具备比较高的专业理论知识和鲜食梨营销知识，培养一批训练有素的推销人员是人员推销成功的关键。据有关资料显示，美国在园艺产品方面，经过专业训练的推销员有 600 多万人。我国也需要加速对推销人员培训的步伐。

人员推销是一种最有效的推销方式，在各种促销方式中，它是最直接、最普通的推销方式，在推销的过程中，推销人员和顾客可以面对面地交流，让顾客产生信任感、真实感，促成顾客及时购买。

人员促销是在人的参与下进行的，推销人员的素质和推销技巧对人员促销的成功与否起很大的作用，推销人员应该具备以下素质。

（1）敬业精神。促销人员肩负着企业与顾客的联系，促进商品流通的重要任务。

推销人员必须具有很高的敬业精神和完成销售任务的信心，才能想方设法做好推销工作，克服各种困难，做到为顾客排忧解难，热心为顾客服务，以博得顾客的好感和信任。

（2）丰富的业务知识。促销人员应对梨果的品种特性、营养价值，产地、栽培管理、生产规模、贮运特性等知识有所了解，而且对买卖方式、规格、质量、价格等也必须掌握，还需要了解经营对手的情况，做到懂市场知识，知顾客需求。

（3）灵活的推销技巧。推销人员要有端庄的仪表、文雅的谈吐、悦耳的语言，能给顾客留下亲切、诚实、彬彬有礼的印象。对不同顾客的需求、爱好、生活方式、生活环境和身份地位，要灵活运用推销技巧。对直接接触的顾客采用攻心宣传，随时掌握顾客的心理状态。因人而异，投其所好，采用不同的劝说方式。比如，对中老年人主要讲梨果的保健作用，如梨果富含维生素A，可以润肌肤，养毛发，减皱纹，减轻衰老等作用；对年轻的父母和青少年着重讲梨果的营养价值，如润肺，护视力，增加微量元素，维生素含量丰富等营养作用；对中间商着重介绍该品种的市场需求、价格、预计利润等，使中间商感兴趣而采取批量购买的行为。

（4）良好的身体素质。推销员有时候需要连续工作很长时间，故要求具备健康的体魄，在长时间工作时，仍然能保持头脑清晰，思维敏捷。

3. 价格推销

刚投放市场的新品种，为了让顾客对新产品有所了解，应采用价格促销的手段，使产品迅速占领市场。让利销售、优惠价展销和赠送纪念品等手段，都会让顾客心动，有一种难得的紧迫感，只怕过了这个村，没有这个店，当机立断，马上购买。

4. 名品促销

名品是靠地理优势和管理优势等使地方个性化的品种成为名牌产品，越是个性化鲜明的品种越易坐稳名品宝座。如新疆的库尔勒香梨、辽宁的南果梨、河北鸭梨、四川金花梨、砀山酥梨等属于地方名品，异地引种时，产品的质量难与原产地的质量匹敌。名品具有明显的促销优势，顾客慕名购买使名品更加畅销。对于已经打开市场、形成规模的名品，要着重更新完善、增加产品特色、开发新市场、提供优质服务等一系列的措施，使名品的销售渠道更加稳定。

名品的规模是效益的前提，在保证名品质量的前提下，每年都得有一定量的果品供应市场，达到一定的市场投放率，稳定市场销售量，使名品的位置在顾客的心中保持下去。

5. 公共关系促销

利用公共关系活动，促进梨果销售是商品经济社会高度发展的产物。在公共关系促销活动中，企业利用各种媒体，各种方式促销自己的产品是为了给企业带来效益，但必须考虑给社会公众带来利益，在多方都有利的情况下，自身的利益才能实现。

公共关系促销常用的方式有：举办展览会、记者招待会、商品交易会等集会，使来自各方的人士通过报告演讲，视听材料等把有关梨果的产量、品质、品牌等销售信息传播给社会公众。并组织来访者参观盛开的梨花或果实累累的丰收景象或进行品尝活动，给他们留下深刻的印象，让参观者替企业宣传，促进销售。具有关资料介绍一个非常成功的例子是1996年4月，湖北省枝江市百里洲镇的梨花笔会。近百名新闻单位的记者、学者云集百里洲镇，挥笔梨果销售信息，泼墨赏花吟诗，领略美好景色，组织者借机把百里洲镇的砂梨生产状况、发展环境、产品质量等介绍给他们，使百里洲镇的砂梨供不应求，以年平均20%的速度递增，流向国内外市场，使本地的梨果产业得到了很大的发展。

6. 名人效应

利用名人广泛的社会交往活动进行宣传，聘请有名的专家作顾问或作代言人宣传产品，专家的讲话会使听众产生信任感，尤其是在商品大潮中，广告铺天盖地，消费者不知所措，而名人有名人的名誉担保，容易令人信服。

7. 良好的企业形象

友好地接待来访、来电来函者。把企业的良好形象传递给他们，使客户愿来购买，也愿意把市场信息反馈给企业。企业根据市场动态，及时调整经营方针。对于批评者提出的问题，一定要及时解决，及时把处理结果通知本人，以消除他们的不满，让他们觉得受尊重。

（四）国际市场的开发

1. 中国梨的优势

美国、意大利、西班牙、荷兰、智利、南非、阿根廷等国家主要以生产西洋梨为主，西洋梨为软肉型梨，最大缺点是必须经过后熟才能食用，但经过后熟的梨，果肉容易腐烂变质。中国、日本、韩国、朝鲜生产东方梨，东方梨为脆肉型，但中国生产的脆肉型梨和其他国家的脆肉梨不是同一类型。日本等国的脆肉梨是以砂梨为主，其优点是肉质细嫩，汁多味甜，但致命的缺点是货架寿命太短；而中国梨肉质细、脆甜多汁，采后即可食用，耐贮运，长时间贮存，品质不变。所以中国梨本身有很大的市场优势。

2. 国际市场的开发策略

（1）加大广告对外宣传力度。进入国际市场前，让国外消费者尽可能地了解中国梨的特点，产生购买的欲望，利用各种媒体在国外进行电视广告、路牌广告、火车、汽车的车身广告、街道及市场上灯箱广告等宣传工作是必不可少的。在产品上市时，还需要有一系列的促销活动配合，人员促销和公共关系促销等方式综合运用，以求在短时间内占领市场。

（2）价格保护有利于保护市场。我国梨果价格的随意性大，大年货源多，拼命降价，而且供应期短，这对中国梨的销售和市场占有都很不利。同一产地、同一品牌的梨果，在世界各地销售要采用同一销售价格，并且要保证周年供应，这样不仅可以避免国内不良的竞争现象，而且可以提高市场的占有率，扩大销售。

（3）质量严格如一，产生品牌效应。某一品种的梨果在进入市场前，要严格检验果实的内在质量和外观质量，经过高级选果机挑选、分级、打蜡、包装之后再销售，使某一品种的梨果在异国的消费者中产生深刻的印象。

（4）迎合消费者的口味。不同的国家有不同的文化背景，饮食习惯，口味都各有偏爱，了解销售国的风俗人情，饮食文化，可以做到投其所好，首先在感情上让消费者接受。

3. 开辟国外流通渠道

丰收优质的鲜梨，仅仅是有了出口的先决条件，还需要通过网络、外商定货会、邀请专家来访等与外商取得联系，宣传自己的优质产品。国内果品出口商和国外的进口商都是传递信息的对象，和国外果品进口商取得联系，根据国外市场的需求进行梨果分级、包装、运输，并保证果品的质量，严格按国外进口商的要求办理，以打入国外市场为最高目标，一旦优质梨果进入到国外市场上，被国外的消费者所接受，销售量会猛增，出口梨的利润也会迅速攀升。

（1）国际流通渠道的基本路线（图 7-2）。在上述的流通渠道中，对中国梨来讲，最主要的是进口国国内的流通渠道需要疏通，寻找进口商、销售商是梨果进入国外市场的前提。

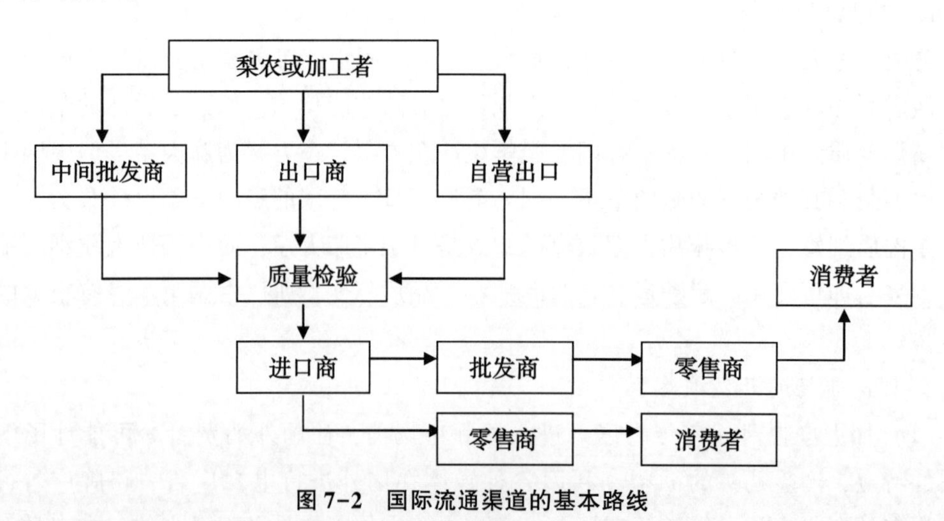

图 7-2　国际流通渠道的基本路线

（2）开辟国外梨果市场。首先得进行国外市场调查，收集、分析资料之后，确

定目标市场和寻求进口商、销售商（进口商可以是进口国的经纪人或海关经纪人）。在进口国的重要城市找到能办理进口果品业务的经纪人，到达进口国海关的梨果需办理报关、清关手续，在完成入关、检查、评估和运货之后，梨果进入进口国。在进口经纪人或海关经纪人的帮助下，建立在进口国内销售渠道。

4. 解决我国梨果出口贸易存在的问题

（1）提高梨果质量。出口梨都要经过农药残留、果品内在、外观质量等一系列严格检验，绝不允许有危害人体健康的农药、化学物质污染。所以，要想打入国际市场，生产无公害的优质梨果，必须从产前、产中、产后栽培管理系列过程抓起，由保护生态环境到良种良法配套等可持续发展工程体系全面建设，将工作重点由数量为主的技术路线转为以提高质量和效益为主的技术路线上来，使优质梨的生产技术规范化、标准化。

（2）解决贮运问题。我国梨采后商品化处理程度低，流通过程中低温恒温运输和冷链系统贮藏果品还没有完全形成，贮运过程中的问题不解决，出口产品的质量必将受到影响。

（3）树立出口商的信誉。良好的信誉是占领国外市场的关键，失去信誉就会失去市场，自己断自己的外销渠道。如 1996 年山东某公司出口香港的苹果，第一次果品色泽好，整齐，质量高，在香港市场上很受欢迎。第二次供货时，就出现以次充好的现象，随即失去了市场。开辟一个外销市场不容易，保证信誉，也是为了保护外销市场。

（4）生产与外销脱节。许多国家对进口果品除进行严格的检疫之外，对出口国生产管理和产品质量标准等都有严格的要求。所以有组织、有计划地集中经营，分散管理，实现生产标准化、管理规范化、经营集约化，生产出适合外销的鲜梨是我国梨果走出国门的先决条件。

（5）加大对外宣传力度。出口梨果需要充分利用国际促销手段和一切有利时机大力宣传，让外商和国外消费者对我们的优质、高档梨果有相当的认识和了解。

5. 掌握国外市场动态

国际互联网的开通，可以足不出户和任何一个国家取得联系，了解国外市场动态，进行梨果销售活动，及时地了解国际市场的需求，开拓国际市场流通渠道，同时利用国外市场反馈的信息，指导我国的梨果生产，使我国的梨果生产技术与国际梨果生产技术接轨。

参考文献

魏闻东，田鹏，程阿选，等 . 2006. 鲜食梨［M］. 郑州：河南科学技术出版社.

张绍铃 . 2013. 梨学［M］. 北京：中国农业出版社.

第八章　早酥梨营养与保健功能

一、早酥梨的营养

早酥梨的营养价值很高，除含78%以上的水分外，含多糖类达10%左右，还含有游离酸、果胶物质、蛋白质、脂肪、钙、铁、磷等矿物质，维生素 B_1、维生素 B_2、维生素C等营养物质和微量元素，是优良的滋补佳果。自古以来梨就是人们喜食的水果，素有“百果之宗”的美誉。梨的花朵洁白晶莹，素雅大方，更为古今文人所讴歌赞美，历代著名诗人为梨树赋诗作辞很多，仅《全芳备祖》一书中就集录古诗、绝句五六十首，像欧阳修的“尚记梨花村，依依闻暗香”，苏东坡的“梨花淡白柳深青，柳絮飞时花满城”等佳句，至今脍炙人口。

梨作为药用也由来已久，始见于《唐本草》上载：“实可治伤寒热发，解丹热气、惊悸、利大小便”。在李时珍《本草纲目》中记载：“梨品甚多，俱为上品，可治百病”。它指出梨能“润肺凉心，降痰火，疮毒、酒毒”。祖国医学认为梨性寒、味甘，能生津止渴，止咳化痰，清热降火，养血生肌，润肺去燥。现代医学研究证明，梨有降低血压、清热镇静作用。高血压、心脏病患者如有头晕目眩，心悸耳鸣之症时，食梨大有好处。据中医专家临诊经验，认为梨生者清六腑之热，熟者滋五脏之阴，常用来治疗肺结核、气管炎、上呼吸道感染等引起的咽喉干燥、痒痛、声嘶、痰稠、头晕、发热等症状，并对肝炎、肝硬化等病人，也有较好的补助疗效。有上述症状的病人，在服药的同时，吃些梨可以帮助缓解病情，促进病愈。民间也流传许多治病偏方，像梨叶水煎温服治风寒、咳嗽、多痰；梨和红枣、生姜、白萝卜条一起水煎温服，可清热下火，防止感冒；梨树叶绞汁治小儿尿床；梨果加熟丁香根治消化不良等均有较为明显的效果。

据《本草通玄》记载，梨“生者清六腑之热，熟者滋五脏之阴。”即生食去实火，熟食去虚火，患者可酌情选用。《本草纲目》的记载，“肖梨有治风热、润肺凉心、消痰降炎、解毒之功也。”而民间典故亦传，红宵梨能治百病，是老少咸宜的食疗佳果。

早酥梨性寒、味甘、微酸，入肺、胃经，有生津、润燥、消痰、止咳、降火、清心等功用，可用于热病津伤、消渴、热痰咳嗽、便秘等症的治疗。对肝炎病人有保肝、助消化、促食欲的作用，肝炎上亢或肝火上炎型的高血压病人，常食可滋阴清热，使血压降低，头昏目眩减轻，耳鸣心悸好转。但由于性寒，有脾胃虚寒、慢性肠炎者不宜食用，金疮及产妇大忌。梨还有降低血压、养阴清热、镇静的作用。因梨中含有较多的配糖体和鞣酸成分以及多种维生素，故高血压、心肺病、肝炎、肝硬化病人出现头昏目眩、心悸耳鸣时，常吃梨大有好处。肝炎病人吃梨能起到保肝、助消化、增食欲的作用。梨性寒凉，含水量多，且含糖分高，其中主要是果糖、葡萄糖、蔗糖等可溶性糖，并含多种有机酸，故味甜，汁多爽口，香甜宜人。食后满口清凉，既有营养，又解热症，可止咳生津、清心润喉、降火解暑，可为夏秋热病之清凉果品；又可润肺、止咳、化痰，对患感冒、咳嗽、急慢性气管炎患者有效。

梨除了果实之外，其树皮、叶、花、根等也能入药，有润肺、消炎消热解毒等功效。

二、早酥梨的食疗方法

（1）治感冒咳嗽及急性支气管炎，表现阴虚燥咳，干咳无痰时，用梨 1～2 个，洗净后切碎，加冰糖炖水服。或用梨 1 个切开一片，挖去梨心，加入川贝母粉 3 克，仍将梨片盖好放碗内，隔水蒸约 1 小时，喝汤吃梨，每天 1 个。

（2）生津止渴，润肺清热，止咳化痰。取梨汁饮服或冲服雪梨膏，每次 1 匙，每日 2～3 次，或用蜜熬瓶盛，不时用热水或冷水调服，嚼梨亦妙。

（3）治疗呕吐、消化不良症。梨 1 个，将丁香 15 粒放入梨内，用湿纸包 4～5 层，煨熟食之。

（4）清痰止咳。将梨捣汁，加姜汁、白蜜，或将梨熬膏加姜、白蜜食之。

（5）其他症状。

失音：梨汁频饮或用梨切碎加冰糖炖汁服。

黄疸：梨切片浸醋中，每日食 1 个。

各种出血（咳血、吐血、尿血、便血、月经多）及遗精等伤阴疾病：常食煮梨或梨干，可益阴润燥。

中风偏瘫，语言不利：频饮生梨汁驱肺络郁热。

疮疡：饮食梨汁或煮梨汤，清热去火。

醉酒：梨生食或梨榨汁服。

热病口渴、咽干及酒后烦渴：雪梨、鲜芦根、荸荠、鲜藕、鲜麦冬（或甘蔗）适量切碎榨汁饮。

消渴：生梨捣汁服，或熬成雪梨膏服。

食道癌：梨汁同人乳、甘蔗汁、芦根汁、童便、竹沥服之。

三、梨药用性的发展潜力

梨具有很高的营养价值和食疗保健作用，其作为保健品已有上千年的历史。但是目前，梨的果实仅作为果肉食用和中药的配料使用。所以，应对梨果实内的活性物质进行相关科学研究，通过提取和分离，研究其具体作用机理。有了理论的依据和支撑，梨深加工产业才得以长足发展。

常见的药用方法：

久咳肺阴已伤、咳嗽痰少、咽干口燥：梨 1 个、百合 15 克，冰糖 25 克，水煮，待百合熟透时，即可食用。

浸润性肺结核：梨干 100 克、菠菜根、百合、珍珠母各 50 克，水煎透后食用。

百日咳：梨挖心装麻黄 1 克或川贝 3 克，桔仁 6 克，盖好蒸熟吃。

小儿风热咳嗽、食欲不振：鸭梨水煎取汁，加入大米煮粥。

咽炎、红肿热痛、吞咽困难：沙梨用米醋浸渍，捣烂、榨汁，慢慢咽服，早晚各 1 次。

清痰止咳：将梨捣汁，加姜汁、白蜜；或将梨熬膏加姜汁、白蜜食用。

津液不足、干咳：梨 1~2 个，菊花、麦冬各 25 克，水煎后加适量白糖服用。

风热咳嗽：梨 1~2 个，葱白连须 7 条，白糖 10 克加水煎服。

久痢：梨皮、石榴皮，适量煎服。

呕吐、药食不下：大梨 1~2 个，将丁香 15 粒刺入梨内，用湿纸包 4~5 层，煨熟食之。

噎膈反胃：梨挖心，放入丁香 50 粒，包好蒸熟吃。

感冒、口干舌红：

方法一：生梨 1~2 个，洗净连皮切碎，加冰糖蒸熟吃。或将梨去顶挖核，放入川贝母 3 克、冰糖 10 克，置碗内文火煮之，待梨炖熟，喝汤吃梨，连服 2~3 天，疗效尤佳。

方法二：生梨 1~2 个，蜂蜜或冰糖放入梨内，蒸熟吃梨喝汤，每日 1 次，连吃 5 天为一疗程。或梨挖心削皮，放入北杏仁 10 克，冰糖 30 克蒸熟吃，可止咳化痰，清热生津。

太阴温病、阴虚有热：

方法一：梨 1~2 个，切成薄片，在凉水内浸半日，捣取汁，时时频饮。

方法二：梨 1~2 个，雪耳 10 克，川贝母 5 克，水煎服用。

高烧后口渴心烦、胸闷：梨 1～2 个，川贝 6 克，蜂蜜 1 匙，同蒸食之，或食梨汁。

肺热、咽疼、失音：

方法一：梨捣汁徐徐含咽，每日服 3～4 次。

方法二：生梨加冰糖炖服，或生梨去心加贝母 3 克炖服或梨 1 个，芦根 30 克，冰糖同煮，睡前热食，见小汗为佳，食 3 天；或梨汁、藕汁等量服。

肺结核虚弱、干咳无痰：

方法一：川贝 10 克，梨 2 个削皮挖心切块，加猪肺煮汤，冰糖调味，可清热润肺、止咳去痰。

方法二：梨汁 100 毫升，人乳 100 毫升蒸热饮，可补虚生血、养阴润燥。

方法三：鸭梨、白萝卜各 1 000克切碎绞汁，浓缩成膏，加入生姜 250 克绞汁，和炼乳、蜂蜜各 250 克搅匀，煮沸装瓶，每次服 1 匙。

肺痰咳嗽、干咳咯血：梨 6 个，削皮挖心，将糯米 100 克煮成饭，川贝粉 12 克。冬瓜条 100 克切碎。冰糖 100 克拌匀，装入梨中，蒸 50 分钟后食用，早晚各服 1 次，可润肺化痰，降火止咳。

提高出口创汇，对丰富人民物质生活、提高果农收入都有现实意义，有利于提高水果的附加值、资源利用率、果农的种植积极性。

参考文献

华中农业大学 . 1986. 食品营养与食品卫生［M］. 北京：农业出版社 .

林笃江 . 1979. 食物疗法［M］. 福州：福建人民出版社 .

马文飞 . 1982. 健康与食物［M］. 北京：科学普及出版社 .

汪景彦，贾敬贤，张亦喆，等 . 1991. 果品食疗科学普及［M］. 北京：科学普及出版社.

徐敬武 . 1987. 果品与保健［M］. 北京：中国食品出版社 .

附　录

早酥梨周年作业历

物候期	工作内容	管理方法	梨园状况
11 月到次年 2 月休眠期	冬季修剪、清园、深翻、施肥、灌水 消灭土中的越冬害虫和残体上的病菌；防治枝干病害和树皮缝隙中的害虫	1. 刮树皮，将粗皮、翘皮、干腐、腐烂及轮纹病斑刮干净，然后涂白保护树体，杀死树上越冬害虫； 2. 清理树上、地面残留病叶、病果、病虫枯枝，集中处理； 3. 土壤翻耕，破坏病菌虫卵的越冬场所，没有秋施基肥的要增施有机肥、磷钾肥和铁、锌、硼、钙等无机微肥。11 月中下旬，全园普遍浇水，促使病残体腐烂分解； 4. 全园普遍整形修剪，幼树培养树形，骨干枝；盛果期树疏除萌枝、衰弱下垂枝，短截串花枝，回缩结果母枝，更新结果枝组，培养健壮的营养枝和结果枝组	1. 休眠期是全年整形修剪、病虫害防治的关键时期。树体经过一年的生长结果，营养物质大量消耗，树体极度衰弱，残留一些枯枝烂叶，正是整形修剪的大好机会。冬季是贮备养分，树体内部进行有机物合成、转化，芽子进一步分化发育的时期，养分贮备充足，抗寒性强，来年萌芽开花整齐； 2. 在枝干粗翘皮缝内越冬的主要害虫有：梨小食心虫、苹小食心虫、桃蛀螟、梨蚜、梨黄粉、康氏粉蚧、梨星毛虫、梨木虱、梨网蝽、旋纹潜叶蛾； 3. 在树基周围土壤中越冬的主要害虫有桃小、梨小、梨象甲、梨实蜂、梨圆介壳虫、梨星毛虫、金龟甲、梨实蜂、梨圆介壳虫、梨星毛虫、金龟甲类，舟形毛虫、梨网蝽、山楂叶螨等
3 月萌芽期	防治多种在土壤中越冬的害虫；防治腐烂病菌浸染，杀死病芽中越冬的黑星病菌及防治梨大转芽灌萌动水和施速效氮肥	1. 3 月初施速效氮肥，盛果期树株施 1~2 千克，幼树 0.5 千克。果园春灌； 2. 全园普喷 1 次杀菌剂，3~5 度石硫合剂或 40%福美砷可湿性粉剂 200 倍液或两者混用；梨大、梨木虱严重的梨园，加入 20%灭扫利乳油 2 000倍液或杀灭菊酯 2 000倍液等消灭越冬的介壳虫卵、红蜘蛛、梨蚜和出蛰早期的梨木虱等害虫； 3. 有根部病害和缺素症的梨园，3 月中下旬挖根检查，发现病树，及时施农抗 120 或多种微量元素； 4. 在树基培土或涂抹甲胺磷等药剂，阻止多种害虫出土、上树； 5. 花前复剪，去除过多的花芽和衰弱花枝，集中养分供应开花、授粉受精和坐果	1. 在枯枝落叶中越冬的主要病虫害有：腐烂病、黑星病、黑斑病、白粉病菌；虫害：梨茎蜂、叶蝉、蚱蝉、梨瘤蛾、刺蛾类、蚜虫类、梨大、梨木虱等； 2. 黑星病在病芽鳞片中越冬，多种果实病菌可随病僵果越冬； 3. 树体随气温升高，又开始活动，芽体膨大明显，花芽、叶芽进一步清晰； 4. 根系活动出现高峰，新根大量生长、形成，大量吸收水和养分，输送到地上部

（续表）

物候期	工作内容	管理方法	梨园状况
4月开花前后	1. 防治病害有：腐烂病、轮纹病、黑星病等。虫害有梨蚜、梨木虱、星毛虫、叶螨、梨大、梨小及梨茎蜂等； 2. 花期进行放蜂，人工授粉	1. 上旬喷1次40%水胺硫磷3 000倍液，防治梨蚜、梨木虱； 2. 下旬至5月底查剪梨黑星病梢，摘梨大、梨实蜂虫果，人工捕捉金龟子、梨茎蜂等害虫； 3. 悬挂性诱剂捕器或糖醋罐，测报和诱杀梨小； 4. 疏花疏果，人工授粉或喷布疏花疏果剂或保花保果剂（根据花量情况而定）； 5. 落花后喷80%大生可湿性粉剂3 000倍液或80%喷克可湿性粉剂800倍液防治黑星病、梨木虱、梨实蜂严重的园子加喷1.8%的阿维菌素乳油3 000倍液或10%吡虫啉可湿性粉剂1 000~1 500液或15%哒螨酮乳油1 500倍液； 6. 喷药后进行疏果套袋。并土施速效氮肥，灌花后新梢生长、幼果膨大水	1. 各种病虫害从越冬场所转向为害部位，是防治的关键时期； 2. 梨大、梨小、梨实蜂、梨茎蜂、金龟子、星毛虫等开始出现并逐渐进入为害盛期； 3. 腐烂病菌开始活动浸染树体，黑星病梢开始出现，病菌浸染幼叶、幼果，成为扩散传染的病菌来源，轮纹病菌孢子大量散发，开始浸染叶片； 4. 梨木虱第一代卵进入孵化盛期，至5月中旬第二代卵盛期； 5. 梨花绽放造成大量养分消耗。落花后幼果开始膨大；新梢开始生长； 6. 新根生长达到高峰，营养分配中心转到地上部开花、坐果和枝叶生长
5月新梢生长幼果膨大期	1. 主要害虫有：梨茎蜂、梨木虱、梨实蜂、梨蝽象、叶螨、梨大、梨小、金龟子等害虫； 2. 主要病害有：梨黑星病、轮纹病； 3. 完成疏果套袋和施肥浇水； 4. 加强果实管理	1. 5月上旬全园普喷1次杀菌剂，如50%多菌灵可湿性粉剂或胶悬剂800倍，同时加入20%三氯杀螨醇1 000倍液； 2. 5月中下旬。全园普喷1次杀虫剂，如25%水胺硫磷1 000倍液或50%对硫磷1 000~1 500倍液； 3. 人工捕杀金龟子，及时剪除梨茎蜂虫梢和梨实蜂、梨大等虫果； 4. 结合喷药掺入0.5%的尿素溶液树体喷布。松土锄草，割绿肥掩青； 5. 完成果实疏查和套袋	幼果授粉受精不良，开始出现第一次生理落果。新梢生长迅速，逐步达到生长高峰，果实细胞分裂增加的数目，果个增大不明显
6月、7月果实膨大期	1. 主要病虫害有黑星病、轮纹病、锈病、白粉病、梨大、梨小、梨果象甲、蝽象、叶螨、桃小、蚜虫等。加强病虫害综合防治； 2. 施肥、根外喷肥包括微肥、灌水； 3. 夏季修剪	1. 6月上旬喷1次杀菌剂，如波尔多液或多菌灵与水胺硫磷、杀螟松混用，兼杀虫； 2. 6月中下旬，喷对硫磷、久效磷或水胺硫磷； 3. 7月中旬全园喷杀菌剂，如1：2：200倍波尔多液或50%多菌灵800~1 000倍，加40%水胺硫磷2 000倍液，若白粉病严重，可再加入20%灭扫利乳油3 000倍液等； 4. 追施氮、磷、钾复合肥（土施），结合喷药掺入0.5%的尿素喷布； 5. 干旱时要全园灌水，注意除草。夏季疏除徒长枝、萌蘖枝、背上直立枝，对有利用价值和有生长空间的枝，拉枝、摘心，打开光路，增加光合作用，促进生长和花芽分化以及提高果实品质	1. 梨树旺盛生长，多种病虫进入为害盛期，须抓紧防治； 2. 6月上中旬为桃小食心虫出土盛期；7—8月为第三代梨小卵盛发；6—8月梨大严重为害果实； 3. 7—8月白粉病菌大量浸染叶片，表现症状； 4. 轮纹病菌侵染盛期； 5. 新梢停止生长，果实进入膨大期，细胞膨胀，果个逐渐增大。有些早熟品种已膨大到标准，完成生育期

（续表）

物候期	工作内容	管理方法	梨园状况
8月果成熟期	主要病虫害有：轮纹病、黑星病、梨小、黄粉蚜、舟形毛虫、金龟甲、蟏象等	1. 8月上旬喷50%多菌灵或甲基托布津800~1 000倍液，同时混合50%杀螟松1 000~2 000倍液或50%“功夫”乳剂3 000倍液等； 2. 除草、堆沤准备有机肥和全年用的硼、硫酸亚铁、氯化钙、硫酸锌等微肥	1. 梨小食心虫、金龟甲、蟏象、黑星病等在果实近熟期大量发生； 2. 果实已成熟，地上部生长缓慢，营养分配中心逐渐转入根系大量生长和进入花芽分化期
9月至10月底果实贮运和销售	秋施基肥灌水	1. 亩施有机肥约2 500千克，包括鸡牛羊猪人粪尿、秸秆等（幼年树可少施，盛果期树多施）。加150千克磷肥、100千克钾肥和一些微肥，如硫酸亚铁、硫酸锌、硼砂、氯化钙等各15~25千克/亩。深翻挖沟施入，施后立即灌水，加速肥料分解氧化	1. 秋高气爽、阳光充足，正是果树光合作用、冬贮养分和花芽分化旺； 2. 落叶前许多害虫进入越冬，叶蝉、刺蛾、毛虫类仍为害严重

梨苗木繁育技术规程（NY/T 2681—2015）

1 范围

本标准规定了苗圃地选择与规划、实生砧木梨苗培育、矮化中间砧梨苗培育、苗木出圃、贮存和运输等梨苗木繁育技术。

本标准适用于梨苗木繁育。

2 规范性引用文件

下列文件对于本文件的应用是必不可少的。凡是注日期的引用文件，仅注日期的版本适用于本文件。凡是不注日期的引用文件，其最新版本（包括所有的修改单）适用于本文件。

NY/T 442　梨生产技术规程

NY 475　梨苗木

NY/T 1085　苹果苗木繁育技术规程

3 术语和定义

NY 475　确立的术语和定义适用于本文件。

4 苗圃地选择与规划

4.1 苗圃地选择

圃地应无检疫性病虫害、危险性病虫害和环境污染；交通便利；地势平坦、背风向阳、排水良好；有灌溉条件；土壤肥沃、土质以沙壤土、壤土为宜；土壤酸碱度以pH值6.5~7.5为宜；苗木繁育前2年内，未种植果树或繁育果树苗木。

4.2 苗圃地规划

合理规划采穗圃、繁殖区和轮作区，建设必要的排灌设施和道路。

5 实生砧木梨苗培育

5.1 砧木的选择

按 NY/T 442 执行。

5.2 砧木种子的采集

用于采种的砧木母树，植株健壮，无病虫害，选择发育正常、果形端正的果实，经果实堆放、搓揉和漂洗等采集种子。

5.3 砧木种子的贮存与质量要求

参照 NY/T 1085 执行。

5.4 砧木种子的层积处理

砧木种子和湿沙的比例为 1：（4~5），沙的湿度在 50%~60%，层积温度以 -2~5℃为宜。播种前 4~6 天，将种子置于 10~15℃催芽，待种子 50%左右露白时进行播种。常用砧木种子适宜层积时间参见表 1。

表 1 主要梨砧木种子适宜层积时间及播种量

砧木种类	适宜层积时间（天）	直播育苗法播种量（千克/公顷）
杜梨（*P. betulaefolia* Bge.）	60~80	22.5~30.0
秋子梨（*P. ussuriensis* Maxim.）	40~60	30.0~45.0
豆梨（*P. calleyana* Dcne.）	25~35	11.5~15.0
褐梨（*P. phaeocarpa* Rehd.）	35~55	30.0~45.0
川梨（*P. pashia* Buch. -Ham.）	35~50	15.0~22.5
沙梨［*P. pyrifolia*（Burm. f.）Nakai］	40~55	90.0~120.0

5.5 砧木种子的播种时期与播种量

分为春播和秋播。秋播在土壤结冻前进行，上冻前浇封冻水，冬季寒冷的地区不宜进行秋播。春播在春天土壤解冻后尽早进行。直播育苗的播种量见表 1，对于非直播育苗，其播种量在此基础上适当调整。

5.6 砧木苗培育

5.6.1 直播法

播种方式可选用宽行行距 50~60 厘米、窄行行距 20~25 厘米的宽窄行双行条播或行距 40~50 厘米的单行条播。播种前，苗圃地深翻 40~50 厘米，施足底肥，整平作畦，畦内开沟并适量灌水。待水下渗后播种。均匀撒种，耙平，覆盖地膜增温保湿。当气温达到 20℃后，要注意揭膜透风；当气温达到 25℃后，将膜全部撤除。幼苗长出 2~3 片真叶时，按株距 12 厘米左右间苗。当秋季根系旺盛生长前或翌年春天断根，用断根铲从侧面斜向下铲断主根。

5.6.2　育苗移栽法

播种方法同5.6.1。幼苗长到2~3片真叶时，按株距3厘米左右间苗。幼苗长到5~7片真叶时移栽。移栽前2~3天，苗床灌足水，按株距12~15厘米、行距50~60厘米移栽于苗圃地中。

5.6.3　苗期管理

5.6.3.1　土肥水管理

芽接前追肥2~3次，每次施尿素120~150千克/公顷，施肥后及时灌水。苗木生长旺盛期，根据土壤水分状况，及时灌水和中耕除草。

5.6.3.2　病虫害防治

苗期重点防治立枯病、蚜虫、金龟子等病虫害。根颈部喷施或根部浇灌多菌灵等防治立枯病，选用吡虫啉等防治蚜虫、拟除虫菊酯类杀虫剂等防治金龟子。

5.7　嫁接

5.7.1　采穗

从品种采穗圃或生产园中挑选生长健壮、结果正常、无检疫性病虫害的母株上，在树冠外围、中部采集生长正常、芽体饱满的新梢。生长季节，剪除叶片，保留叶柄（长0.5厘米左右），剪去枝条不充实部分，然后置阴凉处保湿贮存；休眠季节，在树液流动前采穗，采后置阴凉处覆盖湿沙贮存。

5.7.2　嫁接方法

秋季嫁接采用芽接法或带木质芽接法，春季嫁接采用硬枝接法或带木质芽接法。

5.8　嫁接后管理

嫁接后10~15天检查成活情况，对未接活的及时补接。枝接后萌发的新梢长至20~30厘米长时，解除绑缚的塑料条，多风地区应绑缚支棍，避免刮折。及时抹除砧木上的萌芽和萌梢。春季嫁接苗在嫁接成活后及时剪砧，秋季嫁接苗于翌年春萌芽前剪砧。剪砧位置在接芽上方0.5~1.0厘米处，剪口斜向芽对面并涂伤口保护剂。剪砧后及时除萌。干旱和寒冷地区，封冻前苗行浅培土，将嫁接部位埋于土下，翌年春天土壤解冻后，撤去培土，以利于萌芽和抽梢。注意松土、除草、追肥和灌水。加强对卷叶虫、蚜虫、梨茎蜂、梨瘿蚊等虫害的防治。

6　矮化中间砧梨苗培育

6.1　3年出圃苗的培育

第一年，春天培育实生砧苗，秋季在砧苗上嫁接矮化中间砧接芽。第二年，春季在接芽上方0.5~1.0厘米处剪砧，秋季在中间砧上25~30厘米处嫁接梨品种接芽。

第三年，春季在接芽上方0.5~1.0厘米处剪砧，秋季即可培育成矮化中间砧梨苗。

6.2　2年出圃苗的培育

6.2.1　分段嫁接法

第一年，培育实生砧苗，秋季在中间砧母本树的1年生枝条上，每隔30~35厘米嫁接一个梨品种接芽；第二年，春季将嫁接梨品种接芽的矮砧分段剪下（每个中间砧段顶部带有一个梨品种接芽），再分别嫁接到上年培育好的实生砧苗上；秋季成苗。

6.2.2　双重枝接法

第一年，培育实生砧苗。第二年，早春将梨品种接穗枝接在长25~30厘米的矮化中间砧段上，并缠以塑料薄膜保湿，再将接好梨接穗的中间砧茎段枝接在实生砧上，秋季即可出圃。

6.3　嫁接后管理

参照5.8的要求执行。

7　出圃与包装

7.1　苗木出圃

7.1.1　起苗和分级

起苗既可在秋季土壤结冻前进行，也可在春季土壤解冻后苗木萌芽前进行。起苗时应尽量减少对根系，尤其是主根的损伤。起苗后剔除病虫苗，按NY 475进行分级，并附标签和质量检验证书。

7.1.2　植物检疫

苗木出圃前须经当地植物检疫部门按NY 475检验，获得苗木产地检疫合格证后方可向外地调运。

7.2　包装

按NY 475的要求进行包装。

8　贮存与运输

8.1　贮存

起苗后，如不及时销售和外运，应在背风、向阳、干燥处挖沟假植，或在专业苗木贮藏库中贮存。假植时，无越冬冻害和春季抽条现象的地区，苗梢露出土堆外20厘米左右；否则，苗梢埋入土堆下10厘米左右。

8.2　运输

运输过程中防止重压、暴晒、风干、雨淋、冻害等，注意保湿，到达目的地后及时假植或栽植。

无公害食品　梨（NY 5100—2002）

1　范围

本标准规定了无公害食品梨的要求、检验方法、检验规则、标志、包装、运输和贮存。

本标准适用于无公害食品梨。

2　规范性引用文件

下列文件中的条款通过本标准的引用而成为本标准的条款。凡是注日期的引用文件，其随后所有的修改单（不包括勘误的内容）或修订版均不适用于本标准，然而，鼓励根据本标准达成协议的各方研究是否可使用这些文件的最新版本。凡是不注日期的引用文件，其最新版本适用于本标准。

GB/T 5009.11　食品中总砷的测定方法

GB/T 5009.12　食品中铅的测定方法

GB/T 5009.15　食品中锡的测定方法

GB/T 5009.17　食品中总汞的测定方法

GB/T 5009.20　食品中有机磷农药残留量的测定方法

GB/T 5009.38　蔬菜、水果卫生标准的分析方法

GB/T 8855　新鲜水果和蔬菜的取样方法

GB 1 4875　食品中辛硫磷农药残留量的测定方法

GB/T 17331　食品中有机磷和氨基甲酸酯类农药多种残留的测定

GB/T 17332　食品中有机氯和拟除虫菊酯类农药多种残留的测定

NY/T 423　绿色食品 鲜梨

SB/T 10060　梨冷藏技术

3　要求

3.1　感官要求

按 NY/T 423 执行。

3.2　卫生要求

应符合表 1 的规定。

表 1　无公害食品梨的卫生指标

序号	项目	指标（毫克/千克）
1	多菌灵（carbendazim）	≤0.5
2	毒死蜱（chlorpyrifos）	≤1
3	辛硫磷（phoxim）	≤0.05
4	氯氟氰菊酯（cyhalothrin）	≤0.2
5	溴氰菊酯（deltamethrin）	≤0.1
6	氯氰菊酯（cypermethrin）	≤2
7	铅（以 Pb 计）	≤0.2
8	镉（以 Cd 计）	≤0.03
9	汞（以 Hg 计）	≤0.01
10	砷（以 As 计）	≤0.5

注：凡国家规定禁用的农药，应从其规定

4　检验方法

4.1　感官指标的检验

按 NY/T 423 规定执行。

4.2　卫生指标的检验

4.2.1　多菌灵

按 GB/T 5009.38 规定执行。

4.2.2　辛硫磷

按 GB 14875 规定执行。

4.2.3　毒死蜱

按 GB/T 17331 规定执行。

4.2.4　氯氟氰菊酯（三氟氯氟氰菊酯）、溴氰菊酯、氯氰菊酯

按 GB/T 17332 规定执行。

4.2.5　砷

按 GB/T 5009.11 规定执行。

4.2.6 铅

按 GB/T 5009.12 规定执行。

4.2.7 钾

按 GB/T 5009.15 规定执行。

4.2.8 汞

按 GB/T 5009.17 规定执行。

5 检验规则

5.1 检验分类

5.1.1 型式检验

型式检验是对产品进行全面考核，即对本标准规定的全部要求进行检验。有下列情形之一者应进行型式检验。

（1）前后两次抽样检验结果差异较大。

（2）因人为或自然因素使生产环境发生较大变化。

（3）国家质量监督机构或主管部门提出型式检验要求。

5.1.2 交收检验

每批产品交收前，生产单位都应进行交收检验，交收检验内容包括包装、标志、感官要求，检验合格并附合格证的产品方可交收。

5.2 检验批次

同一生产基地、同一品种、同一成熟度、同一批采收、同一包装日期的梨为一个检验批次。

5.3 抽样方法

按 GB/T 8855 规定执行。以一个检验批次为一个抽样批次。抽取的样品必须具有代表性，应在全批货物的不同部位随机抽取，样品的检验结果适用于整个检验批次。

5.4 判定规则

5.4.1 每批受检样品抽样检验时，对有缺陷的样品做记录。不合格百分率按有缺陷的果数计算。每批受检样品的平均不合格率不应超过5%。

5.4.2 卫生指标有一个项目不合格，即判定该批样品不合格。

6 标志

销售和运输包装应标明产品名称、品种名称、数量、产地、包装日期、生产单位、执行标准代号。

7 包装、运输、贮存

7.1 包装

包装容器采用瓦楞纸箱或钙塑纸箱，有良好的透气性。包装材料必须新而洁净、无异味，且不会对果实造成伤害和污染。同一包装件中果实的横径差异，层装梨不得超过5毫米，其他方式包装的梨不得超过10毫米。各包装件的表层梨在大小、色泽等各个方面均应代表整个包装件的质量情况。

7.2 运输

7.2.1 运输工具必须清洁卫生，无异味，不与有毒有害物品混运。

7.2.2 装卸时必须轻拿轻放。

7.2.3 待运时，必须批次分明、堆码整齐、环境清洁、通风良好。严禁烈日暴晒、雨淋。注意防冻、防热、缩短待运时间。

7.3 贮存

7.3.1 产品的冷藏按SB/T 10060规定执行。

7.3.2 库房必须无异味。产品不得与有毒、有害物品混合存放。产品中不得使用有损产品质量的保鲜试剂和材料。

绿色食品　鲜梨（NY/T 423—2000）

1　范围

本标准规定了绿色食品鲜梨的定义、要求、试验方法、检验规则、标志、标签、包装、运输和贮存。

本标准适用于 A 级绿色食品鲜梨的生产和流通。

2　引用标准

下列标准所包含的条文，通过在本标准中引用而构成为本标准的条文。本标准出版时，所示版本均为有效。所有标准都会被修订，使用本标准的各方应探讨使用下列标准最新版本的可能性。

GB/T 5009.11—1996　食品中总砷的测定方法

GB/T 5009.12—1996　食品中铅的测定方法

GB/T 5009.13—1996　食品中铜的测定方法

GB/T 5009.14—1996　食品中锌的测定方法

GB/T 5009.15—1996　食品中镉的测定方法

GB/T 5009.17—1996　食品中总汞的测定方法

GB/T 5009.18—1996　食品中氟的测定方法

GB/T 5009.19—1996　食品中六六六、滴滴涕残留量的测定方法

GB/T 5009.20—1996　食品中有机磷农药残留量的测定方法

GB 7718—1994　食品标签通用标准

GB/T 10650—1989　鲜梨

GB/T 14962—1994　食品中铬的测定方法

NY/T 391—2000　绿色食品 产地环境技术条件

NY/T 393—2000　绿色食品 农药使用准则

3　定义

本标准采用下列定义。

3.1 绿色食品 green food

见 NY/T 391—2000 中 3.1。

3.2 A 级绿色食品 A grade green food

见 NY/T 391—2000 中 3.3。

4 要求

4.1 分类

4.1.1 特大型果

苍溪雪梨、雪花梨、金华梨、茌梨等。

4.1.2 大型果

鸭梨、酥梨、黄县长把梨、栖霞大香水梨、山东子母梨、宝珠梨、苹果梨、早酥梨、大冬果梨、巴梨、晚三吉梨等。

4.1.3 中型果

黄梨、安梨、秋白梨、胎黄梨、鸭广梨、库尔勒香梨、菊水梨、新世纪梨等。

4.1.4 小型果

绵梨、伏茄梨等。

4.2 产地环境要求

产地环境应符合 NY/T 391 要求。

4.3 感官要求

感官指标应符合表 1 规定。

表 1 鲜梨感官要求

项目	要求
基本要求	各品种的鲜梨都必须完整良好，新鲜洁净。无不正常的外部水分。无异嗅及异味，精心手采，发育正常，具有贮存或市场要求的成熟度
果形	果形端正，具有本品种固有的特征，果梗完整
色泽	具有本品种成熟时应有的色泽
果实横径，毫米	特大型果≥80，大型果≥75，中型果≥65，小型果≥55
果面缺陷	基本上无缺陷，允许下列不影响外观和品质的轻微缺陷不超过 2 项
①碰压伤	允许轻微者 1 处，其面积不超过 0.5 平方厘米，不得变褐
②刺伤、破皮划伤	不允许
③磨伤（枝磨、叶磨）	允许轻微磨伤面积不超过果面的 1/12，巴梨、秋白梨为 1/8
④水锈、药斑	允许轻微薄层总面积不超过果面的 1/12
⑤日灼	不允许
⑥雹伤	不允许
⑦虫伤	不允许
⑧病果	不允许
⑨虫害	不允许

4.4 理化要求

物理指标和化学成分应符合表2规定。

表2 绿色食品鲜梨的物理指标和化学成分

品种 \ 指标 \ 项目	果实硬度 牛顿/平方厘米（千克/平方厘米）	可溶性固形物（%）	总酸（%）	固酸比
鸭梨	39~54（4.0~5.5）	≥10.0	≤0.20	≥56：1
酥梨	39~54（4.0~5.5）	≥11.0	≤0.24	≥46：1
茌梨	63.7~88（6.5~9.0）	≥11.0	≤0.10	≥110：1
雪花梨	68.6~88（7.0~9.0）	≥11.0	≤0.12	≥92：1
香水梨	58.8~73.5（6.0~7.5）	≥12.0	≤0.25	≥48：1
长把梨	68.6~88（7.0~9.0）	≥10.5	≤0.35	≥30：1
秋白梨	107.9~117.7（11.0~12.0）	≥11.2	≤0.20	≥56：1
早酥梨	69.6~76.5（7.1~7.8）	≥11.0	≤0.24	≥46：1
新世纪梨	54~68.6（5.5~7.0）	≥11.5	≤0.16	≥72：1
库尔勒香梨	54~73.5（5.5~7.5）	≥11.5	≤0.10	≥115：1

注：未列入的其他品种，根据品种特性参照表内近似品种的规定掌握

4.5 卫生要求

卫生指标应符合表3和表4规定。

表3 绿色食品鲜梨的农药残留限量 单位：毫克/千克

项目	指标
六六六	≤0.05
滴滴涕	≤0.05
甲拌磷	不得检出
对硫磷	不得检出
马拉硫磷	不得检出
杀螟硫磷	≤0.02

（续表）

项目	指标
倍硫磷	≤0.02
敌敌畏	≤0.02
乐果	≤0.02

注：其他农药施用方式及限量应符合 NY/T 393 的规定

表4 绿色食品鲜梨的重金属限量 单位：毫克/千克

检验项目	指标
砷（以总 As 计）	≤0.1
铅（以 Pb 计）	≤0.1
铜（以 Cu 计）	≤10
锌（以 Zn 什）	≤5
镉（以 Cd 计）	≤0.03
汞（以 Hg 计）	≤0.01
氟（以 F 计）	≤0.5
铬（以 Cr 计）	≤0.5

5 试验方法

5.1 感官检验

感官检验按 GB/T 10650—1989 中 6.1 规定执行。

5.2 理化检验

5.2.1 物理指标和化学成分按 GB/T 10650—1989 中 6.2 规定执行。

5.2.2 砷的测定按 GB/T 5009.11 规定执行。

5.2.3 铅的测定按 GB/T 5009.12 规定执行。

5.2.4 铜的测定按 GB/T 5009.13 规定执行。

5.2.5 锌的测定按 GB/T 5009.14 规定执行。

5.2.6 镉的测定按 GB/T 5009.15 规定执行。

5.2.7 汞的测定按 GB/T 5009.17 规定执行。

5.2.8 氟的测定按 GB/T 5009.18 规定执行。

5.2.9 铬的测定按 GB/T 14962 规定执行。

5.2.10 六六六、滴滴涕残留量的测定按 GB/T 5009.19 规定执行。

5.2.11 有机磷农药残留量的测定按 GB/T 5009.20 规定执行。

6 检验规则

6.1 组批规则

同一生产基地、同品种、同等级、同一包装日期的鲜梨作为一个检验批次。

6.2 抽样方法

抽样方法可按 GB/T 10650—1989 中 7.4 抽样和 7.5 理化检验取样及 7.6 检重执行。

6.3 型式检验

型式检验是对产品进行全面考核，即对本标准规定的全部要求（指标）进行检验。有下列情形之一者应进行型式检验。

（1）申请绿色食品标志或绿色食品年度抽查检验。

（2）前后两次出厂检验结果差异较大。

（3）因人为或自然因素使生产环境发生较大变化。

（4）国家质量监督机构或主管部门提出型式检验要求。

6.4 交收检验

每批产品交收前，生产单位都应进行交收检验，交收检验内容包括包装、标志、标签、感官要求，卫生指标应根据土壤环境背景值及农药施用情况选测，检验合格并附合格证的产品方可交收。

6.5 判定规则

6.5.1 一项指标检验不合格，则该批产品为不合格产品。

6.5.2 当理化、卫生指标出现不合格项目时，允许另取一份样品复检，若仍不合格，则判该项目不合格。若复检合格，则应再取一份样品作第二次复检，以第二次复检结果为准。

6.5.3 对包装、标志、标签不合格的产品，允许生产单位进行整改后申请复检。

7 标志、标签

7.1 标志

绿色食品鲜梨的销售和运输包装均应标注绿色食品标志，具体标注按有关规定执行。

7.2 标签

绿色食品鲜梨的标签应符合 GB 7718。

8 包装、运输、贮存

8.1 包装

绿色食品鲜梨的包装应按 GB/T 10650—1989 中第 8 章包装标志的有关规定执行。

8.2 运输

8.2.1 梨在装卸运输中要注意爱护，轻装轻卸，轻拿轻放。运输工具必须清洁卫生，不得与有毒、有异味、有害的物品混装、混运。

8.2.2 箱装梨在站台、码头等待运场所的时间应尽量缩短，需暂存时，必须堆放整齐，批次分明，通风良好，环境清洁，严禁日晒雨淋，注意防冻防热。

8.3 贮存

8.3.1 梨果采收后，立即挑选符合本标准规定的品质条件的果实，尽快包装、交售、验收。

8.3.2 验收后的鲜梨必须根据果实的成熟度和品质情况，迅速组织调运或贮存。

8.3.3 果实贮存保鲜，不得使用任何化学合成食品添加剂。

8.3.4 中长期贮存保鲜应在常温或恒温库中进行。出售时应基本保持梨果实原有的色、香、味。

8.3.5 在贮存鲜梨的库房中，严禁与其他有毒、有异味、发霉、散热及易于传播病虫的物品混合存放。

8.3.6 在库内存放时不得直接着地或靠墙，码垛不得过高，垛间留有通道，注意防蝇防鼠。

无公害食品　梨生产技术规程（NY 5102—2002）

1　范围

本标准规定了无公害食品梨生产的园地选择与规划、品种和砧木选择、栽植、土肥水管理、整形修剪、花果管理、病虫害防治和果实采收。

本标准适用于无公害食品梨的生产。

2　规范性引用文件

下列文件中的条款通过本标准的引用而成为本标准的条款。凡是注日期的引用文件，其随后所有的修改单（不包括勘误的内容）或修订版均不适用于本标准，然而，鼓励根据本标准达成协议的各方研究是否可使用这些文件的最新版本。凡是不注日期的引用文件，其最新版本适用于本标准。

NY/T 442—2001　梨生产技术规程

NY/T 496—2002　肥料合理使用准则　通则

NY 5101 无公害食品　梨产地环境条件

3　园地选择与规则

3.1　园地选择

园地的环境条件应符合 NY 5101 的要求，其余按 NY/T 442—2001 中 3.1 规定执行。

3.2　园地规划

按 NY/T 442—2001 中 3.2 规定执行。

4　品种和砧木选择

按 NY/T 442—2001 中第 4 章规定执行。

5 栽植

按 NY/T 442—2001 中 5.1~5.6 规定执行。

6 土肥水管理

6.1 土壤管理

6.1.1 深翻改土

分为扩穴深翻和全园深翻。扩穴深翻结合秋施基肥进行，在定植穴（沟）外挖环状沟或平行沟，沟宽 80 厘米，深 80~100 厘米。土壤回填时混以有机肥，表土放在底层，底土放在上层，然后充分灌水，使根土密接。

6.1.2 中耕

清耕制果园及生草制果园的树盘在生长季降雨或灌水后，及时中耕除草，保持土壤疏松。中耕深 5~10 厘米，以利调温保墒。

6.1.3 树盘覆盖和埋草

覆盖材料可选用麦秸、麦糠、玉米秸、稻草及田间杂草等，覆盖厚度 10~15 厘米，上面零星压土。连覆 3~4 年后结合秋施基肥浅翻 1 次；也可结合深翻开大沟埋草，提高土壤肥力和蓄水能力。

6.1.4 种植绿肥和行间生草

按 NY/T 442—2002 中 6.1.2 规定执行。

6.2 施肥

6.2.1 施肥原则

按照 NY/T 496—2001 的规定执行。所施用的肥料不对果园环境和果实品质产生不良影响，是农业行政主管部门登记或免予登记的肥料。

6.2.2 允许使用的肥料种类

6.2.2.1 有机肥料

包括堆肥、沤肥、厩肥、沼气肥、绿肥、作物秸秆肥、泥炭肥、饼肥、腐殖酸类肥、人畜废弃物加工而成的肥料等。

6.2.2.2 微生物肥料

包括微生物制剂和微生物处理肥料等。

6.2.2.3 化肥

包括氮肥、磷肥、钾肥、硫肥、钙肥、镁肥及复合（混）肥等。

6.2.2.4 叶面肥

包括大量元素类、微量元素类、氨基酸类、腐殖酸类肥料。

6.2.3 限制使用的农药

含氯化肥和含氯复合（混）肥。

6.2.4 施肥方法和数量

6.2.4.1 基肥

秋季施入，以农家肥为主，可混加少量氮素化肥。施肥量，初果期树按每生产1千克梨施1.5~2.0千克优质农家肥计算；盛果期梨园每亩施3 000千克以上。施用方法采用沟施，挖放射状沟或在树冠外围挖环状沟，沟深40~60厘米。

6.2.4.2 追肥

6.2.4.2.1 土壤追肥

第一次在萌芽前后，以氮肥为主；第二次在花芽分化及果实膨大期，以磷钾肥为主，氮磷钾混合使用；第三次在果实生长后期，以钾肥为主。其余时间根据具体情况进行施肥。施肥量以当地的土壤条件和施肥特点确定。施肥方法是树冠下开环状沟或放射状沟。沟深15~20厘米，追肥后及时灌水。

6.2.4.2.2 叶面喷肥

全年4~5次，一般生长前期2次，以氮肥为主；后期2~3次，以磷、钾肥为主；也可根据树体情况喷施果树生长发育所需的微量元素。常用肥料浓度为尿素0.2%~0.3%，磷酸二氢钾0.2%~0.3%，硼砂0.1%~0.3%。叶面喷肥宜避开高温时间。

6.3 水分管理

灌溉水的质量应符合NY 5101中的规定。其余按NY/T 442—2001中6.3规定执行。

7 整形修剪

按NY/T 442—2001中7.1~7.2规定执行。加强生长季修剪，及时拉枝开角等，以增加树冠内通风透光度。剪除病虫枝，清除病僵果。

8 花果管理

按NY/T 442—2001中第8章规定执行。

9 病虫害防治

9.1 防治原则

以农业防治和物理防治为基础，提倡生物防治，按照病虫害的发生规律和经济阈值，科学使用化学防治技术，有效控制病虫为害。

9.2 农业防治

栽植优质无病毒苗木；通过加强肥水管理、合理控制负载等措施保持树势健壮，提高抗病力；合理修剪；保证树体通风透光，恶化病虫生长环境；清除枯枝落叶，刮除树干老翘裂皮，翻树盘，剪除病虫枝果，减少病虫源，降低病虫基数；不与苹果、桃等其他果树混栽，以防次生病虫上升为害；梨园周围5千米范围内不栽植桧柏，以防止锈病流行等。

9.3 物理防治

根据害虫生物学特性，采取糖醋液、树干缠草绳和诱虫灯等方法诱杀害虫。

9.4 生物防治

人工释放赤眼蜂。助迁和保护瓢虫、草蛉、捕食螨等昆虫天敌。应用有益微生物及其代谢产物防治病虫。利用昆虫性外激素诱杀或干扰成虫交配。

9.5 化学防治

9.5.1 药剂使用原则

9.5.1.1 禁止使用剧毒、高毒、高残留农药和致畸、致癌、致突变农药（附录A）。

9.5.1.2 提倡使用生物源农药和矿物源农药。

9.5.1.3 提倡使用新型高效、低毒、低残留农药。

9.5.2 科学合理使用农药

9.5.2.1 加强病虫害的预测预报，有针对性地适时用药，未达到防治指标或益虫与害虫比例合理的情况下不使用农药。

9.5.2.2 根据天敌发生特点，合理选择农药种类、施用时间和施用方法，保护天敌。

9.5.2.3 注意不同作用机理农药的交替使用和合理混用，以延缓病菌和害虫产生抗药性，提高防治效果。

9.5.2.4 严格按照规定的浓度、每年使用次数和安全间隔期要求施用，施药均匀周到。

9.5.2.5 推荐使用附录B中列出的化学农药。

9.6 主要病虫害

9.6.1 主要病害

包括梨黑星病、腐烂病、干腐病、轮纹病、黑斑病、锈病和褐斑病。

9.6.2 主要害虫

包括梨木虱、蚜虫类、叶螨、食心虫类、卷叶虫类和蟂象。

9.7 防治规程

参见附录C。

10 果实采收

根据果实成熟度、用途和市场需求综合确定采收适期。成熟期不一致的品种，应分期采收。采收时注意轻拿轻放，避免机械损伤。

附　录　A
（规范性附录）
禁止使用的农药

包括滴滴涕、六六六、杀虫脒、甲胺磷、对硫磷、甲基对硫磷、久效磷、磷胺、甲拌磷、氧乐果、水胺硫磷、特丁硫磷、甲基硫环磷、治螟磷、甲基异柳磷、内吸磷、克百威、涕灭威、灭多威、汞制剂、砷类等。其他国家规定禁止使用的农药，从其规定。

附　录　B
（规范性附录）
推荐使用的化学药剂及使用准则

B.1　杀虫杀螨剂使用准则

表 B.1　杀虫杀螨剂

农药名称	每年最多使用次数	安全间隔期（天）
吡虫啉	—	—
毒死蜱	—	—
氯氟氰菊酯	2	21
氯氰菊酯	3	21
甲氰菊酯	3	30
氰戊菊酯	3	14
辛硫磷	4	7
双甲脒	3	20

注：所有农药的施用方法及使用浓度均按国家规定执行

B.2　杀菌剂使用准则

表 B.2　杀菌剂

农药名称	每年最多使用次数	安全间隔期/d
烯唑醇	3	21
氯苯嘧啶醇	3	14
氟硅唑	2	21
亚胺唑	3	28
代森锰锌·乙膦铝	3	10
代森锌	—	—

注：所有农药的施用方法及使用浓度均按国家规定执行

附　录　C
（资料性附录）
病虫害防治规程

C.1　落叶至萌芽前

C.1.1　重点防治腐烂病、干腐病、枝干轮纹病和叶螨。

C.1.2　清除枯枝落叶。结合冬剪，剪附病虫枝梢、病僵果，翻树盘及刮除老粗翘皮、病瘤、病斑等，集中深埋或烧毁。

C.1.3　树体喷布一次 3~5 波美度石硫合剂。

C.2　萌芽至开花前

C.2.1　重点防治黑星病、腐烂病、枝干轮纹病、黑斑病、梨木虱、叶螨和蚜虫类。

C.2.2　刮除病斑和病瘤。

C.2.3　喷布氟硅唑混加吡虫啉。

C.3　落花后至幼果套袋前

C.3.1　重点防治黑星病、果实轮纹病、锈病、黑斑病、梨木虱、叶螨和蚜虫类。

C. 3. 2 喷施烯唑醇，或氟硅唑，或亚胺唑，或代森锰锌，防治锈病、黑星病和果实轮纹病。

C. 3. 3 梨木虱第一代若虫发生期，尚未分泌黏液前，喷施阿维菌素、吡虫啉或甲氰菊酯，混加多菌灵防治梨黑斑病。

C. 3. 4 蚜虫和叶螨的防治可喷施吡虫啉或双甲脒。

C. 4 果实膨大期

C. 4. 1 重点防治黑星病、轮纹病、黑斑病、梨木虱和食心虫。

C. 4. 2 防治黑星病和轮纹病使用的药剂同 C. 3. 2。

C. 4. 3 混合使用拟除虫菊酯类农药和有机磷类农药防治食心虫和梨木虱，以扩大防治对象，提高防治效果。

C. 4. 4 进入雨季，交替使用倍量式波尔多液（1：2：200）或内吸性杀菌剂，防治果实和叶片病害，15 天左右喷 1 次。

C. 5 果实采收前后

C. 5. 1 重点防治轮纹病、炭疽病、黑星病和食心虫。

C. 5. 2 喷施氟硅唑或多菌灵，混加拟除虫菊酯类农药。

C. 5. 3 采收前 20 天喷布一次代森锰锌，防治果实病害。

C. 5. 4 落叶后，清扫落叶、病虫果，集中烧毁或深埋。

梨冷藏技术（SB/T 10060—1992）

本标准参照采用国际标准 ISO 1134—1980《梨冷藏指南》。

1 主题内容与适用范围

本标准规定了梨的冷藏技术要求、冷藏梨的检验规则和检验方法。

本标准适用于鸭梨、茌梨的中、长期冷藏。其他如雪花梨、长把梨、香水梨、秋白梨、蜜梨、库尔勒香梨也可参照使用。

2 引用标准

GB/T 8559　苹果冷藏技术

GB/T 10650　鲜梨

ZBX 08002　果品冷库管理规范

3 术语

3.1　花子

种皮大部分呈浅褐色，种仁变硬的种子。

3.2　机械伤

指由于人为对果实造成的损伤，如碰、压、刺伤等。

3.3　鸭梨黑心病

指鸭梨贮存过程中，常见的生理病害。初期果心变褐，严重时扩展到果肉，果心变黑。

3.4　缓慢降温

鸭梨入库时，选用一定的起点温度，采用逐步降温的方法，将库温下降至规定的贮藏温度。有利于控制黑心病的发生。

4 技术要求

4.1 冷藏梨的质量要求

4.1.1 用于冷藏的梨，应在采前一周停止灌水，并不得在雨天或朝露未干时采摘。

4.1.2 用于冷藏的梨必须充分发育，达到采收成熟度，具有表1规定的各项成熟标志。

4.1.3 用于冷藏的梨，必须符合GB/T 10650所规定的优等品和一等品的质量指标。销地入库时机械伤果不得超过4%。

4.2 库房准备

4.2.1 梨入库前应对库房彻底清扫、灭鼠、消毒（参照GB/T 8559附录C执行）。

表1

	果面色泽	果肉	种子	果实硬度（牛顿/平方厘米）（千克/平方厘米）	总酸量（%）不高于	可溶性固形物（%）不低于
鸭梨	绿或黄绿色	果肉硬或坚硬有淀粉味或稍有淀粉味	由种皮尖端变褐到花子	49.0~53.9（5.0~5.5）	0.20	9.5
茌梨				73.5~88.2（7.5~9.0）	0.11	12.0

4.2.2 梨入库前必须将库温降到适宜的温度。

4.3 梨入库的技术规定

4.3.1 根据入库技术规定的要求，对梨的采收、运输、进库必须做好计划安排。

4.3.2 在梨采收后要求在24小时以内入库，日入库量不应超过库容量的10%，入库期间如库温超过12℃时应暂停入库，待库温降到0℃左右时再继续入库。

4.3.3 鸭梨入库时旧入库量的多少以库温不超过16℃为限，如超过16℃时暂停入库。

4.3.4 库内堆码要求，可按ZBX 08002果品冷库管理规范有关规定执行。

4.3.5 货垛应按产地、品种、等级分别堆码，并悬挂垛牌。

4.3.6 货垛堆码要牢固、整齐，货垛间隙走向与库内气流循环方向一致，便于通风降温。每立方米有效库容的贮量不超过300千克。

4.4 入库后的库房管理

4.4.1 温度

4.4.1.1 鸭梨入满库后，库温应保持在12℃，继之应用缓慢降温法，经28~42天，使库温逐渐降至0~1℃贮存，并保持此温度至贮期结束。

4.4.1.2　茌梨入满库后，要求在48小时内将库温降至（0±0.5）℃贮存，并保持此温度至贮期结束。

4.4.1.3　梨分批出库时，应防止库内温度的急剧变化。

4.4.1.4　对靠近蒸发器及冷风出口处的梨应采取保护措施，以免发生冻害。

4.4.1.5　库房温度要定时测量，其数值以不同测温点的平均值来表示。一般每个库房应选择3~5个有代表性的测温点，点的多少以库房的容积大小而定。

4.4.1.6　测温点的仪器，其误差不得大于0.5℃。

4.4.2　湿度

4.4.2.1　冷藏库内最适相对湿度为90%~95%。

4.4.2.2　测量湿度的仪器，其误差要求不超过5%.

4.4.2.3　测点的选择与测温点一致。

4.4.2.4　库内相对湿度若达不到要求，可进行补湿。

4.4.3　空气环流

为使库内温度分布均匀，缩小温度和相对湿度的空间差异，货间风速为0.25~0.50米/秒。

4.4.4　通风换气

梨在冷藏期间，库内二氧化碳的浓度高于1%或有浓郁的果香味时，应通风换气，通风时间应在库内、外温度接近时进行。

4.5　梨的贮藏质量要求

4.5.1　外观要求，果柄新鲜，果面丰满光亮、不失水、呈黄色或绿黄色。

4.5.2　理化指标见表2。

表2　鸭梨和茌梨的贮藏质量指标

品种	贮藏4~6个月			贮藏6~8个月		
	果实硬度（牛顿/平方厘米）（千克/平方厘米）不低于	可溶性固形物（%）不低于	总酸量（%）不低于	果实硬度（牛顿/平方厘米）（千克/平方厘米）不低于	可溶性固形物（%）不低于	总酸量（%）不低于
鸭梨	39.2（4.0）	10.7	0.096	34.3（3.5）	10.6	0.07
茌梨	68.6（7.0）	12.6	0.050	63.7（6.5）	11.7	0.04

5　检验规则

5.1　同品种、同等级、同一车次、同时入库的作为一个检验批次。

5.2　货单填写内容应和实际货物完全相符，凡货单与实物不符或品种、等级、数量等混淆不清的，应整理后再进行抽样检验。

5.3　抽样方法

5.3.1　抽取样品必须具有代表性，应在全批货物的不同部位按规定数量抽样，以一个检验批次作为相应的抽样批次，样品的检验结果适用于整个抽样批次。

5.3.2　抽样数量，50 件以内抽取 2 件；51~100 件抽取 3 件；100 件以上的以 100 件抽取 3 件为基数，每增加 100 件增抽 1 件。

5.4　检验可分入库检验、贮藏期检验、出库检验。

5.4.1　入库检验

5.4.1.1　入库前应进行梨品质和成熟度检验，抽取样品逐项按规定检验后，以件为单位分项记录于检验记录单上，每批检验完毕后，计算检验结果，以判定该批梨的入库质量。

5.4.1.2　以原包装冷藏的货物于抽样的同时进行包装检查，包装容器严重破损者必须加以整理或更换包装容器。

5.4.1.3　称重：以全部抽样件进行称重，以单位平均重量乘总件数计算入库量。

5.4.2　贮藏期检验

中长期冷藏的梨在冷藏期间应每月抽验一次，贮藏期检验项目包括果实硬度，侵染性病害、生理性病害、腐烂、自然损耗等，并分项进行记录，如发现问题应及时处理。

5.4.3　出库检验

梨出库前除按贮藏期检验项目进行检验外，尚需检查统计好果率和损耗率，填好出库检验记录单。

6　检验方法

6.1　外观要求用目测进行。

6.2　理化指标的测定，参照 GB 8559 执行。

6.3　侵染性病害、生理性病害、腐烂、好果均以目测法判定，分别称重计算百分率。

6.4　自然损耗率按下式计算：

自然损耗率（%）=（入库时重量-抽样时重量）/入库时重量×100

附录 A
生理性病害及其防治措施
(参考件)

病害名称	易感染品种	防止措施
黑心病	鸭梨	生长期喷钙，采前喷生长调节剂 S-81。适期采收，及时入库，采取缓慢降温，加强库内通风换气
黑皮病	鸭梨、茌梨	适期采收，避免雨淋的果实入库，加强库内通风换气，减少机械伤，用虎皮灵纸包果
高 CO_2 伤害	鸭梨、茌梨	加强库内通风换气，控制适宜的 CO_2 浓度
果皮褐变		适期采收，及时预冷入库
果心褐变	茌梨	适期采收，及时入库
果肉褐变		适期采收，掌握好库内温湿度
缺钙症	茌梨	生长期喷钙，贮前用钙盐漫果，及时预冷贮藏
苦痘病	茌梨	增施有机肥，进行土壤分析，对症施肥

鲜梨（GB/T 10650—2008）

1 范围

本标准规定了收购鲜梨的质量要求、检验方法、检验规则、容许度、包装、标志和标签等内容。

本标准适用于鸭梨、雪花梨、酥梨、长把梨、大香水梨、茌梨、苹果梨、早酥梨、大冬果梨、巴梨、晚三吉梨、秋白梨、南果梨、库尔勒香梨、新世纪梨、黄金梨、丰水梨、爱宕梨、新高梨等主要鲜梨品种的商品收购。其他未列入的品种可参照执行。

2 规范性引用文件

下列文件中的条款通过本标准的引用而成为本标准的条款。凡是注日期的引用文件，其随后所有的修改单（不包括勘误的内容）或修订版均不适用于本标准，然而，鼓励根据本标准达成协议的各方研究是否可使用这些文件的最新版本。凡是不注明日期的引用文件，其最新版本适用于本标准。

GB 2762　食品中污染物限量

GB 2763　食品中农药最大残留限量

GB/T 5009.38　蔬菜、水果卫生标准的分析方法

GB 7718　预包装食品标签通则

GB/T 8855　新鲜水果和蔬菜　取样方法

3 术语和定义

下列术语和定义适用于本标准。

3.1　品种特征 characteristics of the variety

不同品种的梨成熟时具有的本品种的各项特征。包括果实形状、果径大小、果面色泽和果点的大小、疏密、果皮厚薄、果梗粗细长短、萼洼深浅、果肉和果核的比例

以及肉质风味等。

3.2 成熟 mature

果实完成生长发育，呈现出固有的色泽、风味等基本特征。

3.3 成熟度 degrees of ripe

表示梨果实成熟的不同程度，一般分为可采成熟度、食用成熟度、生理成熟度。

可采成熟度是果实完成了生长和化学物质的积累过程，果实体积不再增大且已经达到最佳贮运阶段，但未达到最佳食用阶段，该阶段呈现本品种特有的色、香、味等主要特征，果肉开始由硬变脆。

食用成熟度是果实已具备该品种固有的色泽、风味并达到适合食用的阶段。

生理成熟度是果实在生理上已达到成熟时的状态。

3.4 刺伤 puncture

果实采摘时或采后果皮被刺破或划破，伤及果肉而造成的损伤。

3.5 碰压伤 bruising

果实由于碰撞或受压而造成的损伤。轻微碰压伤是指果皮未破，伤面轻微凹陷，色稍变暗，无汁液外溢现象。

3.6 磨伤 rubbing

由于枝、叶摩擦而形成的果皮损伤。伤处呈块状或网状，严重者磨伤处呈深褐色或黑色。块状按占有面积计算，网状按分布面积计算。

3.7 药害 chemicals injury

喷洒的农药在果面上留下的药斑，轻微者是指细小而稀疏的斑点和变色不明显的网状薄层。

3.8 日灼 sun burn

果面上因受强烈日光照射而形成的变色斑块，轻微者晒伤部分多数呈浅褐色，重者灼伤部位变软。

3.9 雹伤 hail damage

果实在生长期间被冰雹击伤。轻微者是指伤处已经愈合，形成褐色小块斑痕，或果皮未破，伤处略现凹陷。伤部面积大以及未愈合良好者为重度雹伤。

3.10 病害 diseases

果实遭受的生理性和侵染性伤害。果实的病害分为生理性病害和侵染性病害。

3.10.1 生理性病害 physiological disorder

由于不良环境因素、自身生理代谢失调或遗传因素引起的病害，又叫生理失调。主要有斑点病、黑心（黑肉）病、果肉变褐、果皮病、糠心、冷害、二氧化碳中毒等。

3.10.2 侵染性病害 infectious diseases

由病原微生物引起的传染病害。主要有轮纹病、青绿霉病、黑星病、黑腐病、炭疽病等。

3.11 虫伤 insect bites

梨黄粉虫、卷叶蛾、梨果象甲（梨象虫、梨虎）、食皮螟、椿象、梨园蚧壳虫等为害果实的害虫蛀食果皮和果肉引起的损伤，虫伤面积包括伤口周围已木栓化面积。

3.12 虫果 maggoty fruit

被梨小、苹小、桃小等食心虫为害的果实，果面上有虫眼，周围变色，入果后蛀食果肉或果心，虫眼周围或虫道中留有虫粪，影响食用。

3.13 外来水分 abnormal external moisture

果实经雨淋或用水冲洗后在梨果表面留下的水分，不包括由于温度变化产生的轻微凝结水。

3.14 容许度 tolerances

人为规定的对某项要求的允许限度。

4 要求

4.1 质量等级要求

鲜梨质量分三个等级，各质量等级见表1。凡不符合表1质量等级规定的均视为等外品。

表1 鲜梨质量等级要求

项目指标	优等品	一等品	二等品
基本要求	具有本品种固有的特征和风味；具有适于市场销售或贮藏要求的成熟度；果实完整良好、新鲜洁净；无异味或非正常风味、无外来水分		
果形	果形端正，具有本品种固有的特征	果形正常，允许有轻微缺陷，具有本品种应有的特征	果形允许有缺陷，但仍保持本品种应有的特征，不得有偏缺过大的畸形果
色泽	具有本品种成熟时应有的色泽	具有本品种成熟时应有的色泽	具有本品种应有的色泽、允许色泽较差
果梗	果梗完整（不包括商品化处理造成的果梗缺省）	果梗完整（不包括商品化处理造成的果梗缺省）	允许果梗轻微损伤
大小整齐度	各等级果的大小尺寸不作具体规定，可根据收购商要求操作，但要求应具有本品种基本的大小。而大小整齐度应有硬性规定，要求果实横径差异<5毫米		

（续表）

项目指标	优等品	一等品	二等品
果面缺陷	允许下列规定的缺陷不超过1项：	允许下列规定的缺陷不超过2项：	允许下列规定的缺陷不超过3项：
①刺伤、破皮划伤	不允许	不允许	不允许
②碰压伤	不允许	不允许	允许轻微碰压伤，总面积不超过0.5平方厘米，其中最大处面积不得超过0.3平方厘米，伤处不得变褐，对果肉无明显伤害
③磨伤（枝磨、叶磨）	不允许	不允许	允许不严重影响果实外观的轻微磨伤，总面积不超过1.0平方厘米
④水锈、药斑	允许轻微薄层总面积不超过果面的1/20	允许轻微薄层总面积不超过果面的1/10	允许轻微薄层总面积不超过果面的1/5
⑤日灼	不允许	允许轻微的日灼伤害，总面积不超过0.5平方厘米。但不得有伤部果肉变软	允许轻微的日灼伤害，总面积不超过1.0平方厘米。但不得有伤部果肉变软
⑥雹伤	不允许	不允许	允许轻微者2处，每处面积不超过1.0平方厘米
⑦虫伤	不允许	允许干枯虫伤2处，总面积不超过0.2平方厘米	干枯虫伤不限，总面积不超过1.0平方厘米
⑧病害	不允许	不允许	不允许
⑨虫果	不允许	不允许	不允许

4.2　理化指标

果实硬度和可溶性固形物理化指标暂不作为鲜梨收购的质量指标。具体规定参见附录A。

4.3　卫生指标

按GB 2762、GB 2763水果类规定指标执行。

5　试验方法

5.1　质量等级要求检验

5.1.1　检验程序

将检验样品逐件铺放在检验台上，按标准规定检验项目检出不合格果，在同一果实上兼有两项及其以上不同缺陷与损伤项目者，可只记录其中对品质影响较重的一项。以件为计算单位分项记录，每批样果检验完后，计算检验结果，评定该批果品的等级品质。

5.1.2 评定方法

5.1.2.1 果实的基本要求、果形、色泽、成熟度、果梗均由感官鉴定。

5.1.2.2 果面缺陷和损伤由目测结合测量确定。

5.1.2.3 果实大小整齐度用分级标准果板测量确定。

5.1.2.4 病虫害用肉眼或放大镜检查果实的外表征状，如发现有病虫害征状，或对果实内部有怀疑者，应检取样果用小刀进行切剖检验，如发现有内部病变时，应扩大切剖数量，进行严格检查。

5.1.3 不合格果率的计算

检验时，将各种不符合规定的果实检出分项计数（果重或果数），并在检验单上正确记录，以果重或果数为基准计算其百分率，如包装上标有果数时，则百分率应以果数为基准计算，算至小数点后一位。

计算见下式

单项不合格果率（%）= 单项不合格果重量（或个数）/检验总重量（或总果数）×100

各单项不合格果百分率的总和即为该批鲜梨不合格果总数的百分率。

5.2 理化指标检验

参照附录 B 检验。

5.3 卫生指标检验

按 GB/T 5009.38 规定执行。

6 检验规则

6.1 收购检验以感官鉴定为主，按 4.1 条所列各项对样果逐个进行检查，根据检验结果评定质量和等级。理化、卫生检验分析果实的内在质量，作为评定的科学数据。

6.2 同品种、同等级、同一批收购的鲜梨作为一个检验批次。

6.3 生产单位或生产户在交售产品时，应分清品种、等级、自行定量包装，写明交售件数和重量。凡与货单不符、品种和等级混淆不清，数量错乱，包装不符合规定者，应由生产单位或生产户重新整理后在进行验收。

6.4 分散零担收购的梨，也应分清品种、等级，按规定的质量指标分等验收。验收后由收购单位按规定要求重新包装。

6.5 抽样

6.5.1 抽取样品应具有代表性，应参照包装日期在全批货物的不同部位按 6.5.2 规定数量抽样，样品的检验结果适用于整个抽验批。

6.5.2 抽样数量：每批在50件以内的抽取2件，51～100件抽取3件，100件以上的以100件抽取3件为基数，每增100件增抽1件，不足100件者以100件计。分散零担收购时，取样果树不少于100个。

6.5.3 在检验中如发现问题，可以酌情增加抽样数量。

6.5.4 理化检验取样：按GB/T 8855取样，在检验大样中选取该批梨果具有成熟度代表性的样果30～40个，供理化和卫生指标检验用。

6.6 检重：在验收时，每件包装内的果实应符合规定重量和数量，如有短缺，应按规定补足。

6.7 经检验评定不符合本等级规定品质条件的梨，应按其实际规格品质定级验收。如交售一方不同意变更等级时，应进行加工整理后再重新抽样检验，以重验的检验结果为评定等级的根据，重验以一次为限。

7 容许度

7.1 质量容许度

7.1.1 优等品允许3%的果实不符合本等级规定的质量要求，其中，虫伤果不得超过1%。

7.1.2 一等品允许5%的果实不符合本等级规定的质量要求，其中，轻微碰压伤、虫伤果不得超过2%，长果梗型品种梨应带有果梗。

7.1.3 二等品允许8%的果实不符合本等级规定的质量要求，其中，虫果和轻微虫伤果、刺伤果、病害果不得超过5%，不得有严重碰压伤、裂口未愈合、病果、烂果，另外，允许果梗损伤果不超过20%，长果梗型品种梨应带有果梗。

7.2 大小容许度

各等级允许有5%的果实不符合本等级规定的大小整齐度规定要求。

7.3 各等级鲜梨容许度规定允许的不合格果，应符合下一相邻等级的质量要求，不得有隔等果。

7.4 容许度的测定是抽检每一个包装件后，按抽检数综合计算的平均数，以果实的重量或个数加以确定。

8 包装、标志和标签

8.1 包装

8.1.1 包装容器应采用纸箱、塑料箱、木箱进行分层包装，应坚实、牢固、干燥、清洁卫生，无不良气味，对产品应具充分的保护性能。内外包装材料及制备标记所用的印色与胶水应无毒性。

8.1.2 同一批货物应包装一致（有专门要求者除外），每一包装件内应是同一产地、同一批采收、同一品种、同一等级规格、同等成熟度的鲜梨。

8.1.3 包装时切勿将树叶、枝条、纸袋、尘土、石砾等杂物或污染物带入容器，避免污染果实，影响外观。

8.1.4 用于冷藏的鲜梨，可根据冷库的具体情况选择采用适宜的贮藏容器，出库后再按规定进行分级包装。

8.2 标志

同一批货物的包装标志，在形式上和内容上应完全统一。每一外包装应印有鲜梨的标志文字和图案，对标志文字和图案暂无统一规定，但标志文字和图案应清晰、完整、不能擦涂，集中在包装的固定部位。

8.3 标签

按 GB 7718 执行，如有按照果数规定者，也应标明装果数量。标签上的字迹应清晰、完整、准确。

附录 A
（资料性附录）
鲜梨各主要品种的理化指标参考值

表 A.1 鲜梨各主要品种的理化指标参考值

品种	项目指标	
	果实硬度（千克/平方厘米）	可溶性固形物（%）≥
鸭梨	4.0~5.5	10.0
酥梨	4.0~5.5	11.0
茌梨	6.5~9.0	11.0
雪花梨	7.0~9.0	11.0
香水梨	6.0~7.5	12.0
长把梨	7.0~9.0	10.5
秋白梨	11.0~12.0	11.2
新世纪梨	5.5~7.0	11.5
库尔勒香梨	5.5~7.5	11.5
黄金梨	5.0~8.0	12.0

（续表）

品种	项目指标	
	果实硬度（千克/平方厘米）	可溶性固形物（%）≥
丰水梨	4.0~6.5	12.0
爱宕梨	6.0-9.0	11.5
新高梨	5.5-7.5	11.5

附录 B
（资料性附录）
鲜梨理化检验方法

B.1　果实硬度

B.1.1　仪器

果实硬度计（须经计量部门检定）。

B.1.2　测试方法

检取果实 15~20 个，逐个在果实相对两面的胴部，用小刀削去直径约为 12 毫米的薄果皮，尽可能少损失果肉。持果实硬度计垂直地对准果面测试处，缓慢施加压力，使测头压入果肉至规定标线为止，从指示器所指处直接读数，即为果实硬度，统一规定以“千克/平方厘米”表示测试结果，取其平均值，计算至小数点后一位。

B.2　可溶性固形物

B.2.1　仪器

手持糖量计（手持折光仪）。

B.2.2　测定方法

校正好仪器标尺的焦距和位置，打开辅助棱镜，从果样中挤滤出汁液 1~2 滴，仔细滴在棱镜平面中央，迅速关合辅助棱镜，静置 1 分钟，朝向光源或明亮处，调节消色环，使视野内出现清晰的分界线与分界线相应的读数，即试液在 20℃下所含可溶性固形物的百分率。当环境不是 20℃时，可根据仪器所附补偿温度计表示的加减数进行校正。每批试验不得少于 10 个果样，每一试样应重复 2~3 次，求其平均值。使用仪器连续测定不同试样时，应在使用后用清水将镜面冲洗洁净，并用干燥镜纸擦干以后，再继续进行测试。

无公害食品　梨产地环境条件（NY 5101—2002）

1　范围

本标准规定了无公害梨产地的选择要求、环境空气质量要求、灌溉水质量要求、土壤环境质量要求、试验方法与采样方法。

本标准适用于无公害梨产地。

2　规范性引用文件

下列文件中的条款通过本标准的引用而成为本标准的条款。凡是注日期的引用文件，其随后所有的修改单（不包括勘误的内容）或修订版均不适用于本标准，然而，鼓励根据本标准达成协议的各方研究是否可使用这些文件的最新版本。凡是不注日期的引用文件，其最新版本适用于本标准。

GB/T 6920 水质　pH 值的测定　玻璃电极法

GB/T 7468 水质　总汞的测定　冷原子吸收分光光度法

GB/T 7475 水质　铜、锌、铅、镉的测定　原子吸收分光光度法

GB/T 7485 水质　总砷的测定　二乙基二硫代氨基甲酸银分光光度法

GB/T 15262 环境空气　二氧化硫的测定　甲醛吸收—副玫瑰苯胺分光光度法

GB/T 15431 环境空气　总悬浮颗粒物的测定　重量法

GB/T 15434 环境空气　氟化物的测定　滤膜·氟离子选择电极法

GB/T 17134 土壤质量　总砷的测定　二乙基二硫代氨基甲酸银分光光度法

GB/T 17136 土壤质量　总汞的测定　冷原子吸收分光光度法

GB/T 17137 土壤质量　总铬的测定　火焰原子吸收分光光度法

GB/T 17138 土壤质量　铜、锌的测定　火焰原子吸收分光光度法

GB/T 17141 土壤质量　铅、镉的测定　石墨炉原子吸收分光光度法

NY/T 395 农田土壤环境质量监测技术规范

NY/T 396 农用水源环境质量监测技术规范

NY/T 397 农区环境空气质量监测技术规范

3　要求

3.1　产地选择

无公害梨产地应选择在生态条件良好，远离污染源并具有可持续生产能力的农业生产区域。

3.2　产地环境空气质量

无公害梨产地环境空气质量应符合表1的规定。

表1　环境空气质量要求

项目		浓度限值	
		日平均	1小时平均
总悬浮颗粒物（标准状态）（毫克/立方米）	≤	0.30	—
二氧化硫（标准状态）（毫克/立方米）	≤	0.15	0.50
氟化物（标准状态）（毫克/立方米）	≤	7	20

注：日平均指任何一日的平均浓度；1小时平均指任何1小时的平均浓度

3.3　产地灌溉水质量

无公害梨产地农田灌溉水质应符合表2的规定。

表2　灌溉水质量要求

项目		浓度限值
pH值		5.5~8.5
总汞（毫克/升）	≤	0.001
总镉（毫克/升）	≤	0.005
总砷（毫克/升）	≤	0.10
总铅（毫克/升）	≤	0.10

3.4　产地土壤环境质量

无公害梨产地土壤环境质量应符合表3的规定。

表3　土壤环境质量要求

项目		含量限值		
		pH值<6.5	pH值6.5~7.5	pH值>7.5
总镉（毫克/千克）	≤	0.30	0.30	0.60
总汞（毫克/千克）	≤	0.30	0.50	1.0

（续表）

项目		含量限值		
		pH 值<6.5	pH 值 6.5~7.5	pH 值>7.5
总砷（毫克/千克）	≤	40	30	25
总铅（毫克/千克）	≤	250	300	350
总铬（毫克/千克）	≤	150	200	250
总铜（毫克/千克）	≤	150	200	200

注：本表所列含量限值适用于阳离子交换量>50 毫摩尔/千克的土壤，若≤50 毫摩尔/千克，含量限值为表内数值的半数

4 试验方法

4.1 环境空气质量指标

4.1.1 总悬浮颗粒物的测定：按 GB/T 15432 的规定执行。

4.1.2 二氧化硫的测定：按 GB/T 15262 的规定执行。

4.1.3 氟化物的测定：按 GB/T 15434 的规定执行。

4.2 灌溉水质量指标

4.2.1 pH 值的测定：按 GB/T 6920 的规定执行。

4.2.2 总汞的测定：按 GB/T 7468 的规定执行。

4.2.3 总砷的测定：按 GB/T 7485 的规定执行。

4.2.4 铅、镉的测定：按 GB/T 7475 的规定执行。

4.3 土壤环境质量指标

4.3.1 总汞的测定：按 GB/T 17136 的规定执行。

4.3.2 总砷的测定：按 GB/T 17134 的规定执行。

4.3.3 铅、镉的测定：按 GB/T 17141 的规定执行。

4.3.4 总铬的测定：按 GB/T 17137 的规定执行。

4.3.5 铜的测定：按 GB/T 17138 的规定执行。

5 采样方法

5.1 环境空气质量监测的采样方法按 NY/T 397 的规定执行。

5.2 灌溉水质量监测的采样方法按 NY/T 396 的规定执行。

5.3 土壤环境质量监测的采样方法按 NY/T 395 的规定执行。

梨苗木（NY 475—2002）

1 范围

本标准规定了梨实生砧、营养系矮化中间砧二年生苗木的术语和定义、质量要求、等级规格、检验方法与规则。

本标准适用于梨实生砧、营养系矮化中间砧二年生苗木的生产、贮运与销售。

2 规范性引用文件

下列文件中的条款通过本标准的引用而成为本标准的条款。凡是注日期的引用文件，其随后所有的修改单（不包括勘误的内容）或修订版均不适用于本标准，然而，鼓励根据本标准达成协议的各方研究是否可使用这些文件的最新版本。凡是不注日期的引用文件，其最新版本适用于本标准。

GB 9847—1988　苹果苗木

3 术语和定义

下列术语和定义适用于本标准。

3.1　实生砧

用杜梨、豆梨、褐梨、川梨、沙梨、秋子梨等野生种的种子繁殖的砧木。

3.2　营养系矮化中间砧

位于根砧（又称基砧）与嫁接品种之间的能使树体矮化的营养系砧段。

3.3　根皮与茎皮损伤

包括自然、人畜、机械、病虫损伤。无愈合组织的为新损伤处，有环状愈合组织的为老损伤处。

3.4　主根长度

实生砧主根基部至先端的距离。

3.5　主根粗度

地面下主根 2 厘米处的直径。

3.6 侧根粗度

实生砧指从主根上发生的侧根数；组培苗和营养系矮化砧指从地下茎段直接发生的分根数。

3.7 侧根粗度

第一侧根基部2厘米处的直径。

3.8 侧根长度

侧根基部至先端的距离。

3.9 基砧段长度

各种砧木由地表至基部嫁接口的距离。

3.10 中间砧段长度

基砧接口到品种接口之间的距离。

3.11 苗木高度

根颈至苗木顶端的距离。

3.12 苗木粗度

品种嫁接口以上5厘米处的直径。

3.13 倾斜度

接穗品种茎段与垂直线的夹角。

3.14 整形带

苗木定干剪口下20~30厘米的范围。

3.15 饱满芽

整形带内生长发育良好的健康芽（如果该芽已发出副梢，一个木质化副梢，计一个饱满芽；未木质化的副梢不计）。

3.16 接合部愈合程度

嫁接口的愈合情况。

3.17 砧桩处理与愈合程度

各嫁接口上部的砧桩是否剪除和砧桩剪口的愈合情况。

3.18 二年生苗

从培育砧木（实生砧或营养繁殖砧）、嫁接品种到苗木出圃，须经历2年的生长期。

4 质量要求

4.1 所有出售的苗木应符合本标准3.1和3.18规定的要求。

4.2 实生砧苗的质量标准（表1）。

表 1　梨实生砧苗的质量标准

项目		规格		
		一级	二级	三级
品种与砧木		纯度≥95%		
根	主根长度（厘米）	≥25.0%		
	主根粗度（厘米）	≥1.2	≥1.0	≥0.8
	侧根长度（厘米）	≥15.0		
	侧根粗度（厘米）	≥0.4	≥0.3	≥0.2
	侧根数量（条）	≥5	≥4	≥3
	侧根分布	均匀、舒展而不卷曲		
基砧段长度（厘米）		≤8.0		
苗木高度（厘米）		≥120	≥100	≥80
苗木粗度（厘米）		≥1.2	≥1.0	≥0.8
倾斜度		≤15°		
根皮与茎皮		无干缩皱皮、无新扭伤，旧损伤总面积≤1.0平方厘米		
饱满芽数（个）		≥8	≥6	≥6
接口愈合程度		愈合良好		
砧桩处理与愈合程度		砧桩剪除，剪口环状愈合或完全愈合		

4.3　营养系矮化中间砧苗的质量标准（表 2）

表 2　梨营养系矮化中间砧苗的质量标准

项目	规格		
	一级	二级	三级
品种与砧木	纯度≥95%		
主根长度（厘米）	≥25.0		
主根粗度（厘米）	≥1.2	≥1.0	≥0.8
侧根长度（厘米）	≥15.0		
侧根粗度（厘米）	≥0.4	≥0.3	≥0.2
侧根数（条）	≥5	≥4	≥4
侧根分布	均匀、舒展而不卷曲		
基砧段长度（厘米）	≤8.0		
中间砧段长度（厘米）	20.0~30.0		

（续表）

项目	规格		
	一级	二级	三级
苗木高度（厘米）	≥120	≥100	≥80
倾斜度		≤15°	
根皮与茎皮	无干缩皱皮、无新损伤，旧损伤总面积≤1.00平方厘米		
饱满芽数（个）	≥8	≥6.1	≥6
接口愈合程度		愈合良好	
砧桩处理与愈合程度	砧桩剪除，剪口环状愈合或完全愈合		

4.4　检疫对象：植物检疫部门列入检疫范围的病虫害。

5　检验方法

5.1　检验苗木病虫害限在苗圃中进行。

5.2　检测苗木的质量与数量，采用随机抽样法。取样方法按 GB 9847—1988 中 6.2 执行。

5.3　砧木或品种的纯度：依据砧木或品种的植物学特征进行纯度检验。

5.4　侧根数量：目测，计数。

5.5　侧根粗度、枝干粗度：用游标卡尺测量直径。

5.6　侧根长度、茎长度、砧段长度：用米尺测量。

5.7　接口部愈合程度：目测或对接合部纵剖观测。

5.8　倾斜度：用量角器测量。

5.9　接芽饱满程度：目测。

5.10　芽眼数：目测，计数。

5.11　病虫为害：目测。

5.12　机械扭伤：测量损伤处，用透明塑料薄膜覆盖伤口绘出面积，再复印到小方格纸上计算总面积。

5.13　检疫：植物检疫部门取样检疫。

5.14　每批苗木抽样检验时对不合格等级标准的苗木的各项目进行记录，如果一株苗木存在任何一种缺陷，按一株不合格品计算，计算不合格百分率。

6　等级判定规则

6.1　各级苗木标准允许的不合格苗木只能是邻级，不能是隔级苗木。

6.2　一级苗的不合格百分率不能超过5%；二级、三级苗的不合格百分率不能超过10%，不合乎上述要求的降为邻级，不够三级的视为等外品。

7　起苗、出圃、包装

7.1　起苗：秋末（以全树80%以上自然落叶为准）至春季萌芽前起苗。

7.2　苗木出圃应附有苗木生产许可证、苗木标签和苗木质量检验证书。

7.3　标签样式（附录A）。

7.4　梨苗木质量检验证书（附录B）。

7.5　包装：每捆50株，或根据用户要求的数量。每包装单位应附有苗木标签。须远距离运输的苗木，可用稻草、草帘、蒲包、麻袋等包裹物将打捆过的苗木根系包裹严密。

8　保管与运输

8.1　保管：按GB 9847—1988中7.1执行。

8.2　运输：按GB 9847—1988中7.2执行。

附 录 A
（规范性附录）
梨苗木标签模型

O	
梨苗木	
品种	砧木
苗级	株数
质量检验证书编号	
生产单位和地址	

图 A.1

附录B
(规范性附录)
梨苗木质量检验证书

梨苗木质量检验证书存根
编号：________
品种/砧木：________
株数：________其中：一级：________二级________三级：________
起苗木日期：________包装日期：________发苗日期：________
育苗单位：________用苗单位：________
检验单位：________检验人：________签发日期：________

梨苗木质量检验证书
编号：________
品种/砧木：________
株数：________其中：一级：________二级：________三级：________
起苗木日期：________包装日期：________发苗日期：________
品种来源：________砧木来源：________
育苗单位：________用苗单位：________
检验意见：________
检验单位：________检验人：________签发日期：________

梨生产技术规程（NY/T 442—2001）

1　范围

本标准规定了园地选择与规划、栽植、土肥水管理、整形修剪、花果管理、病虫害综合防治和果实采收等梨生产技术。

本标准适用于梨生产园。

2　引用标准

下列标准所包含的条文，通过在本标准中引用而构成为本标准的条文。本标准出版时，所示版本均为有效。所有标准都会被修订，使用本标准的各方应探讨使用下列标准最新版本的可能性。

GB 9847—1988　苹果苗木

3　园地选择与规划

3.1　园地选择

3.1.1　气候条件

我国梨栽培种主要有白梨、秋子梨、砂梨和西洋梨，其适宜气候条件见表1。

表1　适宜气候条件

梨栽培种	年平均气温（℃）	1月平均气温（℃）	年降水量（毫米）
白梨（*Pyrus bretschneideri*）	8~14	-9~-3	450~900
秋子梨（*Pyrus ussuriensis*）	6~13	-11~-4	500~750
砂梨（*Pyrus pyrifolia*）	13~23	1~15	500~1900
西洋梨（*Pyrus communis*）	10~14	-6~3	450~950

3.1.2 土壤条件

土壤肥沃，有机质含量在1.0%以上。土层深厚，活土层在50厘米以上。地下水位在1米以下。土壤pH值6~8，含盐量不超过0.2%。

3.1.3 地势地形

坡度低于15°。坡度在6°~15°的山区、丘陵，坡向以东到西南为宜，并修筑梯田。

3.2 园地规划

平地、滩地和6°以下的缓坡地，栽植行南北向；6°~15°的坡地，栽植行沿等高线延长。配备必要的排灌设施和建筑物。有风害地区，应营造防风林。

4 品种和砧木选择

品种和砧木的选择应以区域化和良种化为基础，遵照梨区划，结合当地自然条件，选择优良品种及砧木。实行适地适栽。

4.1 白梨和西洋梨系统

主要栽植区域为黄河流域、东北南部、胶东半岛。白梨主要优良品种有鸭梨、雪花梨、酥梨、锦丰梨、苹果梨、早酥梨、茌梨、金花梨、秋白梨、新世纪梨、库尔勒香梨等，西洋梨主要优良品种有巴梨、贵妃梨等，砧木以杜梨、秋子梨为主。

4.2 砂梨系统

主要栽植区域为长江以南。主要优良品种有黄花梨、雪梨、晚三吉梨、菊水梨、丰水梨、幸水梨等，砧木以砂梨、豆梨为主。

4.3 秋子梨

主要栽植区域为东北、燕山、西北、黄河流域。主要优良品种有京白梨、南果梨等。砧木以杜梨、秋子梨为主。

5 栽植

5.1 整地

按行株距挖深宽0.8~1米的栽植沟穴，沟穴底填厚30厘米左右的作物秸秆。挖出的表土与足量有基肥、磷肥、钾肥混匀，回填沟中。待填至低于地面20厘米后，灌水浇透，使土沉实，然后覆上一层表土保墒。

5.2 栽植方式与密度

平地、滩地和6°以下的缓坡地为长方形栽植；6°~15°的坡地为等高栽植。根据土壤肥水、砧木和品种特性确定栽植密度（表2）。

表 2 栽植密度

密度（株/公顷）	行距（米）	株距（米）	适用范围
500~833	4.0~5.0	3.0~4.0	乔砧密植栽培
1 000~1 428	3.5~4.0	2.0~2.5	较矮化品种或半矮化砧木的半矮化密植栽培
1 905~3 333	3.0~3.5	1.0~1.5	矮化和极矮化砧木的矮砧密植

5.3 授粉树配置

主栽品种和授粉品种果实经济价值相仿时，可采用等量成行配置，否则实行差量成行配置［主栽品种与授粉品种的栽植比例为（4~5）：1］，同一果园内栽植 2~4 个品种。

5.4 苗木的选择与处理

选择一年生壮苗，指标见表 3。核实品种，剔除不合格苗木，修剪根系，用水浸根后分级栽植。

表 3 梨一年生壮苗标准

项目	指标	项目	指标
侧根数量	5 条以上	茎倾斜度	15°以下
侧根长度	20 厘米以上	根皮与茎皮	无干缩皱皮及损伤
侧根分布	均匀、舒展、不卷曲	整形带内饱满芽数	8 个以上
茎高度	100 厘米以上	砧穗接合部愈合程度	愈合良好
茎粗度	0.8 厘米以上	砧桩处理与愈合程度	砧桩剪除，剪口环状（或完全）愈合

注：各项目的含义见 GB 98470

5.5 栽植时间

冬季温暖、湿润的地区适于秋栽。气候寒冷、干旱和风大的地区，多采用春栽。

5.6 栽植技术

在栽植沟内按株距挖深、宽 30 厘米的栽植穴。将苗木放入穴中央，砧桩背风，舒展根系，扶正苗木，纵横成行，边填土边提苗、踏实，直到嫁接口（矮化中间砧苗为基砧与中间砧的接口）略高于地面（降雨较少的地区可适当深栽）。沿树苗周围做直径 1 米的树盘，灌水浇透，覆盖地膜保墒。定植后按整形要求立即定干，并采取适当措施保护定干剪口。

6 土肥水管理

6.1 土壤管理

6.1.1 深翻改土

幼树栽植后，从定植穴外缘开始，每年秋季结合秋施基肥向外深翻扩展0.6~1.0米。土壤回填时混以有机肥，表土放在底层，底土放在上层，然后充分灌水，使根土密接。

6.1.2 种植绿肥和行间生草

行间提倡间作三叶草、毛叶苕子、扁叶黄芪等绿肥作物，通过翻压、覆盖和沤制等方法将其转变为梨园有机肥。有灌溉条件的梨园提倡行间生草制。

6.1.3 中耕除草与覆盖

清耕区内经常中耕除草，保持土壤疏松无杂草，中耕深度5~10厘米。树盘内提倡秸秆覆盖，以利保湿、保温、抑制杂草生长、增加土壤有机质含量。

6.2 施肥

根据土壤地力确定施肥量，多施有机肥，实行氮、磷、钾肥配方施用。

6.2.1 秋施基肥

秋季采收后，结合深翻改土进行。以有机肥为主，幼树施有机肥25~50千克/株，结果期树按每生产1千克梨施有机肥1千克以上的比例施用，并施入少量速效氮肥和全年所需磷肥。这一时期氮肥（主要是指有机肥中的氮肥）的施用量应达到全年用量的50%左右。

6.2.2 合理追肥

萌芽前10天左右，追施全年氮肥用量的20%，落花后施入全年氮肥用量的20%和全年钾肥用量的60%。果实膨大期施入全年钾肥用量的40%和全年氮肥用量的10%。其他时间根据具体情况，采用根外追肥补充营养需求。

6.3 水分管理

6.3.1 灌水

灌水时期应根据土壤墒情而定，通常包括萌芽水、花后水、催果水和冬前水四个时期。灌水后及时松土，水源缺乏的果园还应用作物秸秆等覆盖树盘，以利保墒。提倡采用滴灌、渗灌、微喷等节水灌溉措施。

6.3.2 排水

当果园出现积水时，要利用沟渠及时排水。

7 整形修剪

7.1 适宜树形

定植后根据栽植密度选定适宜树形。常用树形见表 4。

表 4 常用树形

树形	密度（株/公顷）	结构特点
主干疏层形	500~625	树高小于 5 米，干高 0.6~0.7 米。主枝 6 个（第一层 3 个，第二层 2 个，第三层 1 个）。层间距，一二层 1 米，二三层约 0.6 米。第一层主枝层内间距 0.4 米。每个主枝留侧枝数，第一层 2~3 个，第二层和第三层 2 个
小冠疏层形	500~833	树高 3 米，干高 0.6 米，冠幅 3~3.5 米。第一层主枝 3 个，层内距 30 厘米；第二层主枝 2 个，层内距 20 厘米；第三层主枝 1 个，一二层间距 80 厘米；二三层间距 60 厘米，主枝上不配侧枝，直接分生大中小型枝组
单层高位开心形	670~1 005	树高 3 米，干高 0.7 米，中心干高约 1.7 米。0.6 米往上约 1 米的中心干上枝组基轴和枝组均匀排列，伸向四周。基轴长约 30 厘米，每个基轴分生 2 个长放枝组加上中心干上无基轴枝组，全树共 10~12 个长放枝组。全树枝组共为一层
纺锤形	1 000~1 428	树高不超过 3 米。主干高 0.6 米左右中心干上着生 10~15 个小主枝，小主枝围绕中心干螺旋式上升，间隔 20 厘米。小主枝与主干分生角度为 80°左右，小主枝上直接着生小枝组

7.2 修剪

7.2.1 幼树和初果期树

实行“轻剪、少疏枝”。选好骨干枝、延长头，进行中截，促发长枝，培养树形骨架，加快长树扩冠。拉枝开角，调节枝干角度和枝间主从关系，促进花芽形成，平衡树势。

7.2.2 盛果期树

调节梨树生长和结果之间的关系，促使树势中庸健壮。树冠外围新梢长度以 30 厘米为好，中短枝健壮。花芽饱满，约占总芽量的 30%。枝组年轻化，中小枝组约占 90%。采取适宜修剪方法，调节树势至中庸状态，及时落头开心，疏除外围密生旺枝和背上直立旺枝，改善冠内光照。对枝组做到选优去劣，去弱留强，疏密适当，3 年更新，5 年归位，树老枝幼。

7.2.3　更新复壮期树

当产量降至不足15 000千克/公顷时，对梨树进行更新复壮。每年更新1~2个大枝，3年更新完毕，同时做好小枝的更新。

8　花果管理

8.1　授粉

除自然授粉外，采用蜜蜂或壁蜂传粉和人工点授等方法辅助授粉，以确保产量，提高单果重和果实整齐度。

8.2　疏花疏果

及早疏除过量花果和病虫花果。每隔20厘米左右留一个花序，每个花序留一个发育良好的边果。按照留优去劣的疏果原则，树冠中后部多留，枝梢先端少留，侧生背下果多留，背上果少留。

8.3　果实套袋［附录A（提示的附录）］亦属花果管理范畴，可参阅实施。

9　病虫害综合防治

以农业防治为基础，生物防治为核心，按照病虫害发生的经济阈值，合理使用化学防治技术，经济、安全、有效地控制病虫为害。病毒病的防治需通过栽植无病毒苗木予以解决。

9.1　农业防治

主要施用有机肥和无机复合肥，增强树体抗病能力，恶化刺吸性害虫的营养。控制氮肥施用量，抑制植食螨、蚜虫等害虫的繁殖，减轻轮纹病和黑星病等病害的为害生长季后期注意控水、排水，防止徒长，以免冻害和腐烂病严重发生。严格疏花疏果，合理负载，保持树势健壮。发芽前刮除枝干的翘裂皮、老皮，清除枯枝落叶，消灭越冬病虫。生长季及早摘除病虫叶、果，结合修剪，剪除病虫枝。在梨树行间和梨园周围种植有益植物，增加物种多样性，提高天敌有效性，控制次要病虫发生。不与苹果、桃等其他果树混栽，以免加重次要病虫害的为害。园区不种植桧柏，以便有效防止锈病流行。

9.2　生物防治

充分利用寄生性、捕食性天敌昆虫及病原微生物，调节害虫种群密度，将其种群数量控制在为害水平以下。在梨园内增添天敌食料，设置天敌隐蔽和越冬场所，招引周围天敌。饲养释放天敌，补充和恢复天敌种群。限制有机合成农药的使用，减少对天敌的伤害。

9.3　化学防治

根据防治对象的生物学特性和为害特点，选择符合综合防治要求的农药品种。加强病虫发生动态测报，掌握目标害虫种群密度的经济阈值，适期喷药。采用科学施药方式，保证施药质量。选用对人畜安全、不伤害天敌、对环境无污染、对目标害虫高效的农药，如微生物杀虫剂、昆虫生长调节剂和昆虫性信息素等。对非选择性农药，通过改进喷药方式、调整用药时期和降低使用量，达到控制病虫为害，减少或不伤害天敌的目的。同时，注意农药的合理混用和轮换使用。

10 果实采收

根据果实成熟度、用途和市场需求综合确定采收适期。果实分批采收，一般一个品种在两周内采完。

附 录 A
(提示的附录)
果实套袋

A1 纸袋选择

选择抗风吹雨淋、透气性良好的优质梨专用纸袋。

A2 套袋

套袋于落花后 30~35 天进行。套袋前喷 1~2 次有机制剂防治黑星病、轮纹病、黄粉蚜、粉蚧和梨木虱等病虫害，重点喷果面。药干后即行套袋。套袋时防止纸袋贴近果皮。

A3 除袋

着色品种于采前 30 天左右除袋，以保证果实着色；其余品种可在采前 15~20 天除袋。

梨贮运技术规范（NY/T 1198—2006）

1　范围

本标准规定了贮运对梨果实的质量要求、采收成熟度、采收要求、冷藏条件、气调贮藏、库房管理、检测方法、贮运注意事项及运输要求。

本标准适用于下列梨果的贮运。

白梨系统（*P. bretschneideri* Rehd.）的砀山酥、鸭梨、雪花、苹果梨、锦丰、库尔勒香梨、茌梨、秋白、黄县长把、栖霞大香水、冬果、金花、早酥等。

秋子梨系统（*P. ussuriensis* Maxim.）的南果、京白、安梨、晚香、花盖等。

砂梨系统（*P. pyrifolia* Nakai.）的黄花、苍溪雪梨、金秋、爱宕、二十世纪、黄金、丰水、新高等。

西洋梨系统（*P. communis* L.）的巴梨、安久梨、康佛伦斯、宝斯克、考密斯、派克汉姆。

其他未列入品种可参考相近的品种使用。

2　规范性引用文件

下列文件中的条款通过本标准的引用而成为本标准的条款。凡是注日期的引用文件，其随后所有的修改单（不包括勘误的内容）或修订版均不适用于本标准，然而，鼓励根据本标准达成协议的各方研究是否可使用这些文件的最新版本。凡是不注日期的引用文件，其最新版本适用于本标准。

GB/T 8559　苹果冷藏技术

GB/T 9829　水果和蔬菜　冷库中的物理条件——定义和测量

GB/T 9830　水果和蔬菜　冷藏后的催熟

GB/T 10650　鲜梨

NY/T 423　绿色食品　鲜梨

NY/T 440　梨外观等级标准

3　术语和定义

下列术语和定义适用于本标准。

3.1　软肉梨

采收时果肉脆硬，后熟后变软，表现出其应有风味的梨。

3.2　冷风循环率

风机 1 小时通过的空气容积与空库容积之比。

4　采收及入贮

4.1　品种

短期贮藏和运输对品种不作要求，但用于中长期冷藏和气调贮藏的梨，应选择具有良好贮藏性能的中晚熟品种。

4.2　采收

4.2.1　确定适期采收成熟度的依据。

果实可溶性固形物含量　用折光仪测定

果皮底色　采用标准比色卡来判断

果肉硬度　用果实硬度计测定

果实发育期　从盛花至成熟时的天数

果柄基部离层形成，果实容易采摘

果肉淀粉含量　用0.5%~1%碘—碘化钾溶液处理果实横截面，根据截面染成蓝色面积的大小来判断

种子颜色

除上述方法和指标外，还可以根据果实发育有效积温、乙烯释放量、呼吸强度变化等情况来判断用于贮藏的梨果实尤其是软肉梨，应于果实乙烯和呼吸高峰来临之前采收。

上述方法对于同一品种，因地区生态地理、栽培条件等不同，成熟度标准也不同，需要结合当地果农经验来确定采摘期。短期贮藏或采后即上市的果实可适当晚采。中长期贮藏和长途运输的果实采摘不宜过晚。

4.2.2　采收要求

4.2.2.1　选择晴天气温凉爽时采收。

4.2.2.2　用于贮藏的梨必须手采，采收的同时，应进行预分级，剔出不适宜贮藏的果实，特别是过熟果、病虫伤烂果及畸形果等。

4.2.2.3 果实采收、运输和入贮过程中应小心装卸，尽可能减少碰压等机械伤。

4.3 贮运质量要求

4.3.1 用于贮藏的梨，采前一周梨园应停止灌水，不得在雨天或雨后立即采摘。

4.3.2 入贮的果实应达到 NY/T 440 的“特等”或“一等”要求，果面新鲜光洁、饱满，果肉无异味，果实呈本品种固有色泽。果实硬度、可溶性固形物和总酸度参考 NY/T 423 或客户的要求。卫生指标应满足 NY/T 423 的规定。

4.3.3 具有以下情况的果实，耐贮性较差，不宜进行长期冷藏或气调贮藏。

个头过大

幼树的果实

施肥比例不当尤其是施氮肥过多的树的果实

采前灌水过多或雨季采收的果实

过熟果或未熟果

采后长时间在常温下存放的果实

4.4 库房准备

4.4.1 梨入贮前应对库房进行切底清扫、灭鼠、消毒，具体做法参照 GB/T 8559 执行。

4.4.2 对库房保温性能、制冷系统进行检查和调试，气调库还应检测库房气密性、气调系统等。梨入库前 2~3 天将库温降至适宜温度。

4.5 入库及预冷

4.5.1 果实采摘后尽快入贮，库满后应尽快将库温降至该品种适宜贮温。一般情况下，多数软肉梨及中早熟砂梨品种采后要在 1~2 天内入库，白梨系统及其他晚熟品种可采后 3 天以内入库，库满后，要求在 48 小时内将库温降至适宜贮温。

4.5.2 入库速度根据冷库制冷能力或库温变化来调整，原则上应先在预冷后再进入贮藏间，不预冷，则应分次分批入库，每批次一般小于 20%库容量。

4.5.3 短期冷藏的部分秋子梨品种的果实（南果梨、安梨、花盖梨等），采后常温下后熟 2~5 天。

4.6 码垛

4.6.1 果实贮运过程中应小心装卸，贮藏包装应保证空气流通。包装件对码密度为 250 千克/立方米左右；如用大箱，贮藏密度可提高 10%~20%，但有效容积贮量应小于 300 千克/立方米。

4.6.2 货垛堆码要牢固、整齐，货垛间隙走向应与库内气流循环方向一致。库内堆码要求参照 GB/T 8559 规定执行。

4.6.3　货垛应按产地、品种、等级分别堆码病悬挂标牌。

4.6.4　香气浓郁的品种不能与无香气的品种混贮，贮藏性状相似的品种可同库贮藏。

5　冷藏条件

5.1　温度

5.1.1　白梨和砂梨系统最适贮温一般为-0.5～0.5℃，西洋梨和秋子梨系统通常为-1～0.5℃。要梨品种的适宜贮藏温度见附录。

5.1.2　鸭梨和黄县长把梨入库后须缓慢降温，避免果肉伤害。

5.1.3　库房和包装箱内温度要定时间测量并做好记录，其值以不同测温点的平均值来表示。一般每个库房至少应选 3 个以上有代表性的测温点，测点多少视库房大小而定。

5.1.4　贮藏过程中应保持库温稳定，库内温度变化幅度不超过±1℃。

5.1.5　靠近蒸发器和冷风出口处的果实应勤观察和采取保温措施。

5.2　相对湿度

5.2.1　梨贮藏的相对湿度为 90%～95%。

5.2.2　相对湿度测量仪器误差应≤5%，测点的选择与测温点一致。

5.3　冷风循环

冷风循环率推荐为 20～30 次，货间风速推荐为 0.25～0.50 米/秒。

5.4　通风换气

梨冷藏期间，应通风换气，排出过多的 CO_2 和 C_2H_4 等有害气体。通风宜选择清晨气温较低时进行。防止库内温度出现大的波动。

5.5　贮藏期限

附录 A 给出了一些品种的预期冷藏寿命，贮藏时间的延长以不影响果实的销售质量为限。

5.6　贮藏结束时的操作

5.6.1　为避免结露，出库后即上市的梨应将库内温度逐渐提高至接近室外常温。

5.6.2　若贮前未进行分级，出库后应参考 NY/T 440 或依据客户要求进行分级。

5.6.3　秋子梨和西洋梨系统的梨贮后一般需要后熟，催熟方法参照 GB/T 9830。

6　压气调贮藏

6.1　气调库贮藏

6.1.1　常用气体组合配比见表 1

表1 不同梨系统气调指标

梨系统	O_2（%）	CO_2（%）
白梨	10~12	<1
	2~4	1~2
秋子梨	3~8	1~5
西洋梨	2~5	1~3

上述气体配比仅供参考，采用何种气体配比，需根据当地具体条件以及品种要求，提出适宜气体组分，确定气调库内氧气和二氧化碳比例。主要梨品种气调贮藏适宜气体组分配比、贮藏温度和预期贮藏期限见附录 B。

6.1.2　注意事项

6.1.2.1　白梨和砂梨多数品种对二氧化碳比较敏感，高二氧化碳容易产生“黑心”“果肉褐变”和“果肉异味”等生理病害。

6.1.2.2　对于西洋梨品种，贮藏环境中二氧化碳高于5%会引发“褐心”及“硬心”，应避免气调贮藏中二氧化碳含量过高。

6.1.2.3　梨果温度降至适宜贮温后才能调气。

6.1.2.4　气调贮藏结束时，先打开库门，开动风机通风 1~2 小时，库内气体与大气基本接近，确认无危险后，操作人员方可进入。

6.2 塑料薄膜袋和薄膜大帐气调贮藏

6.2.1　采用塑料薄膜袋和薄膜大帐贮藏，可以减少果实在贮藏过程中失重，在一定程度上延长果实的贮期。对二氧化碳敏感的品种建议不使用该方法。

6.2.2　为避免袋内二氧化碳过高造成伤害，塑料小包装一般采取挽口（留出一定缝隙）或打孔的形式用塑料薄膜作梨箱的内衬也能取得良好的贮藏效果。

6.2.3　对于较耐二氧化碳的品种，扎口贮藏时，应注意袋的厚度和装量，一般可采用0.02~0.04 毫米厚的聚乙烯或无毒聚氯乙烯等类型薄膜，每袋装量不应超过 10 千克，先敞口预冷至果实适宜贮藏温度后扎口，贮藏期间袋内二氧化碳浓度<3%。

6.2.4　塑料薄膜袋和大帐贮藏须在冷藏条件下使用。

6.2.5　薄膜大帐贮藏的气体指标可参见附录 B。

7　运输

7.1　运输温度

运输过程中，应保证适当的低温，以 3~10℃为宜。

7.2　湿度要求

运输时间短，可不采取保湿措施，远洋运输时果实需要采取保湿或增湿措施。

7.3　气体成分

长途或远洋运输应采取通风的办法防止有害气体积累造成果实伤害。

7.4　运输包装

运输包装采用纸箱、木箱、塑料箱或条筐等，包装和堆码方式及要求参照GB/T 10650。

7.5　注意事项

7.5.1　运输行车要快、平稳，减少颠簸和剧烈振荡。

7.5.2　码垛要稳固，货件之间以及货件与底板间应留有适当间隙。

7.5.3　轻拿轻放，禁止野蛮装卸。

8　检验规则与检验方法

8.1　抽取样品必须具有代表性，将抽取的样品按规定项目定期检验（包括果实烂耗，品质和成熟度变化、好果率、可溶性固形物和可滴定酸等相关指标）。

8.2　理化指标的检验按 GB/T 10650 的规定执行。贮藏环境因素（湿度和温度）的测量按 GB/T 9829 规定执行。

附录 A
（资料性附录）

表 A　主要梨品种适宜冷藏温度

品种	推荐温度（℃）	预计贮藏期（月）	品种	推荐温度（℃）	预计贮藏期（月）
砀山酥	0	5~7	爱宕	0~1	6~8
鸭梨	10~12→0	5~7	二十世纪	0~2	3~4
雪花	0	5~7	二宫白	0~3	1~2
苹果梨	-1~0	7~8	丰水	0~1	3
库尔勒香	-1~0	6~8	新高	0~1	8~9
锦丰	0	7~8	新兴	0~1	4
茌梨	0	3~5	黄金	0~1	5~6
秋白	-1~0	7~8	南果	0	4~5
黄县长把	5→0~1	4~6	京白	-1~0	3~5

（续表）

品种	推荐温度（℃）	预计贮藏期（月）	品种	推荐温度（℃）	预计贮藏期（月）
早酥	0~2	1~2	安梨	-1~0	7~8
栖霞大香水	0	6~8	晚香	0~1	6~7
冬果	0	6~8	花盖	-1~0	4~5
金花	0	6~7	八月红	0	3~4
黄花	2~3	1~2	五九香	0	3~5
黄花	2~3	5	安久	-1~0	4~6
苍溪雪梨	0~3	3~5	巴梨	0	2~3

附录 B
（资料性附录）

表 B　主要梨品种气调贮藏条件

品种	温度（℃）	推荐气体组合		预计贮藏期（月）
		O_2（%）	CO_2（%）	
鸭梨	10~12→0	10~12	<0.7	8
库尔勒香	-1~0	5~8	<1	8~10
黄县长把	5→0~1	2~3	11.5	8~10
茌梨	0	2~4	≤2	5~6
茌梨	自然降温	前期3~5，后期4~6	前期3~5，后期1~2	4~5
南果	0	5~8	3~5	5~6
京白	-1~0	5~10	3~5	4~5
锦香	0	3~5	0~5	4~5
二十一世纪	-1~1	3	≤1	4~6
安久梨	-0.5~0	1.5	0.3	9
巴梨	-0.5~0	1	0	4
巴梨	-0.5~-1	1.5	0.5	4
宝斯克	-0.5	1.5	1.5	4

（续表）

品种	温度（℃）	推荐气体组合		预计贮藏期（月）
		O_2（%）	CO_2（%）	
考密斯	-0.5	1.5	1.5	6
	-0.5	2	<1	3
康佛伦斯	-1	2.5	0.7	7.5
派克汉姆	-0.5	2	<1.0	5
	0.5	1.5	2.5	9

70 年树龄早酥梨

矮砧密植园建园

大冠形早酥梨树

纺锤形

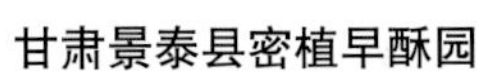

甘肃景泰县密植早酥园

果畜立体模式

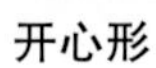

开心形

辽宁早酥梨园

密植早酥梨园

密植早酥梨园大树开花

密植梨园 3 年

天津早酥梨园

西藏林芝早酥园

稀植大冠形

斜式倒人字形

云南泸西

早酥大梨树开花

早酥梨矮化中间砧大树

早酥梨大树

早酥梨大树结果状

早酥梨大树开花

早酥梨纺锤形整形丰产树

早酥梨丰产园

早酥梨甘肃景泰审生产基地

早酥梨结果丰产

早酥梨结果园

早酥梨结果枝

早酥梨生产园甘肃景泰

早酥梨盛果期果园

早酥梨小树结果

早酥梨新的栽植模式

早酥梨新栽植架式

早酥梨幼树结果状

早酥梨柱形

早酥枝条高接

柱形

1、2、3 年和多年生枝条不同枝龄枝条

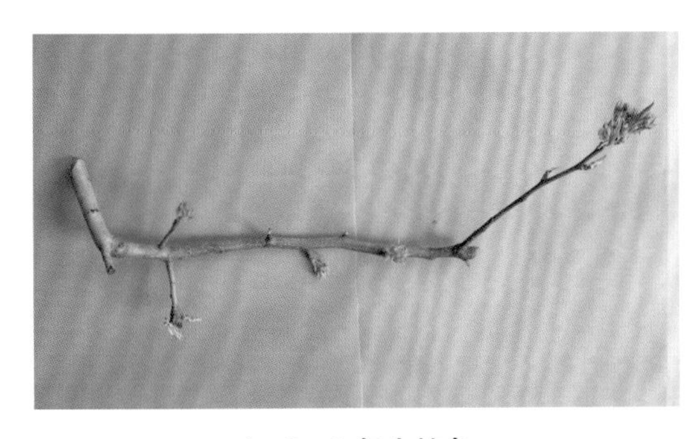

1、2、3 年生枝条

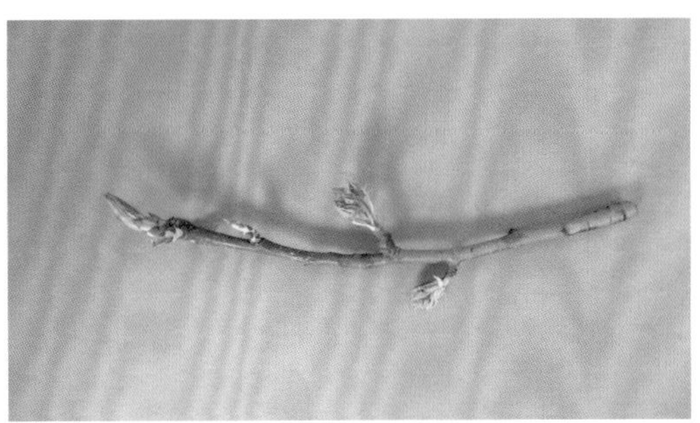

1、2 年生枝条

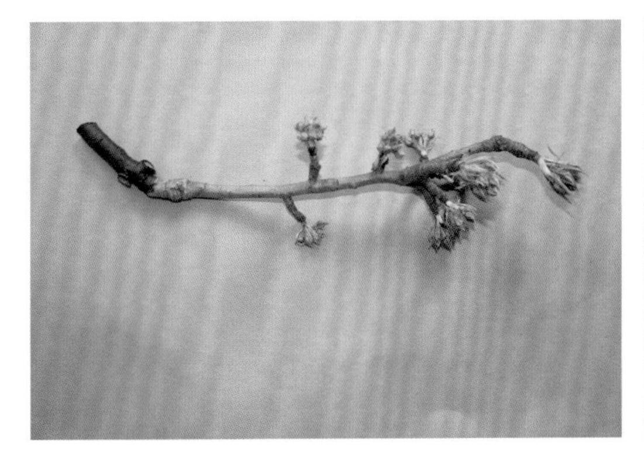

4 年生枝条

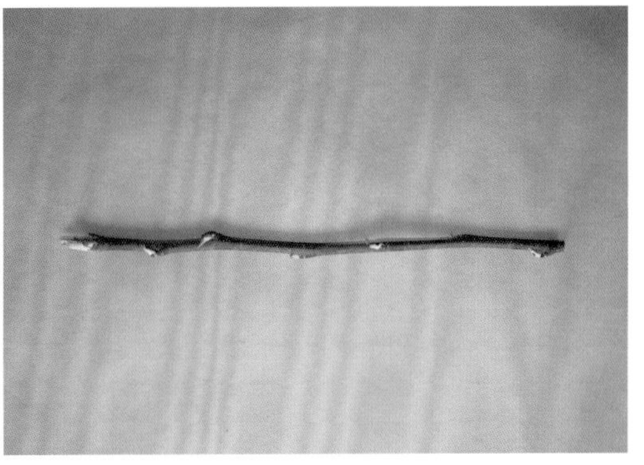

1 年生枝条

2 年生早酥与锦香、中矮 1 号高度

定植早酥梨育苗基砧

高接早酥梨

假植早酥梨苗

苗木定植

苗木假植

苗木生长

苗木生长季

苗木生长状

苗木运输

起苗

丘陵地建早酥梨园

早酥梨建园

早酥梨接芽发芽

早酥梨苗圃

早酥梨休眠苗

早酥苗木

采集早酥梨花蕾

放壁蜂

放蜜蜂

蜂媒授粉

梨树授粉

梨树授粉诗

蜜蜂早酥梨授粉

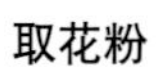

取花粉

人工取花粉

人工授粉

示范基地

小型机械取花粉

早酥果实

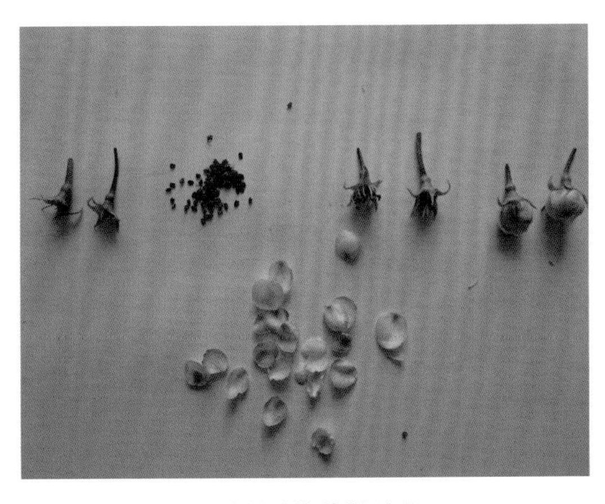

早酥梨采集花粉过程

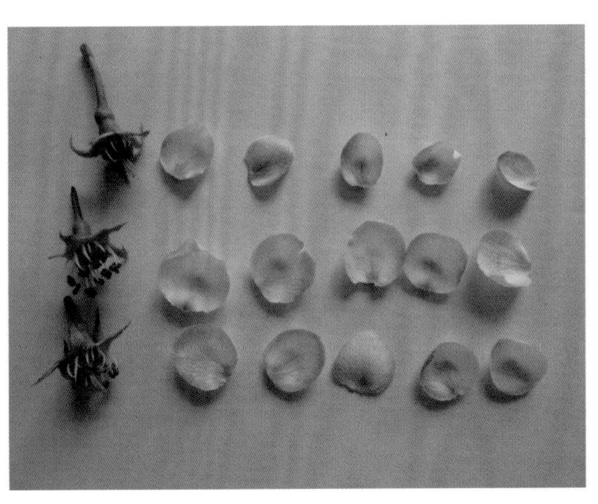

早酥梨花瓣、萼片、花柱、雌蕊

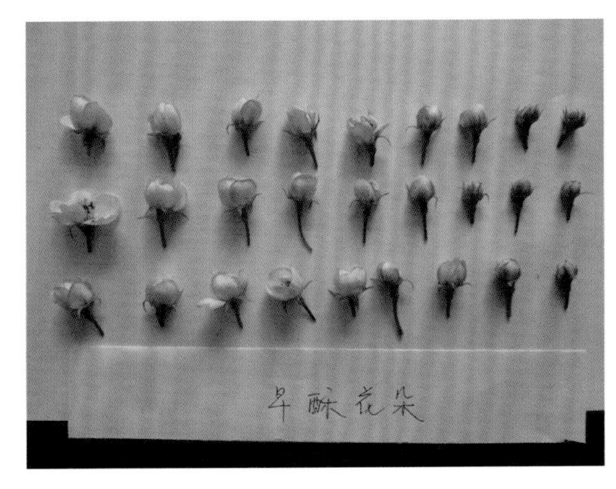

早酥梨花朵

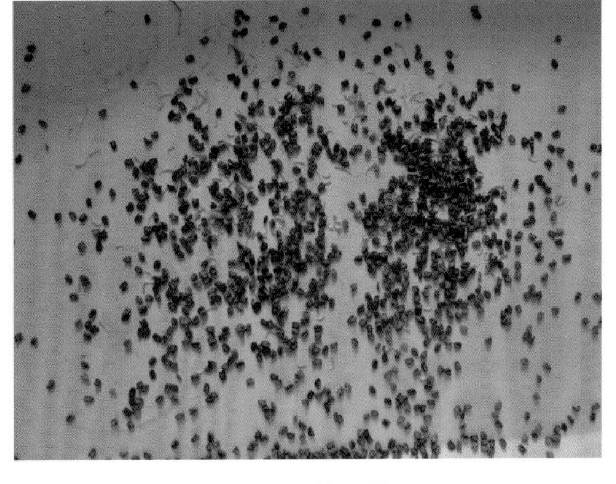

早酥梨花药及花丝

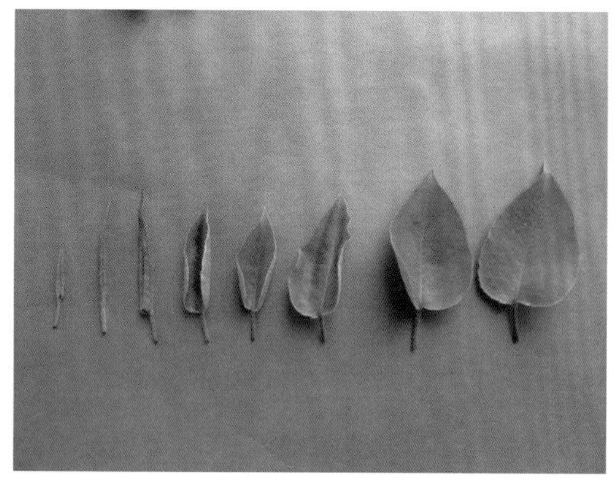

早酥梨叶片生长过程

早酥梨枝条与花朵

八月红结果枝

甘梨 8 号果实

华金

华金果实

华金结果园

华金开花树

华酥果实

华酥开花树

苹果梨园

新梨 7 号丰产枝

新梨 7 号丰产状

新梨 7 号果实

早金酥梨果实

早酥父本苹果梨

早酥红花

早酥红花蕾

早酥红梨果实

早酥后代 – 八月红果实

早酥后代 – 早金酥套袋

中梨 1 号

甘肃景泰早酥梨

甘肃早酥梨丰产树

甘肃张掖早酥梨果实

高接早酥大树果实

宁夏早酥

青海省贵德县早酥梨果实

青海早酥梨

山地早酥梨果实

兴城地区早酥梨果实

云南早酥梨宣传

早酥梨包装

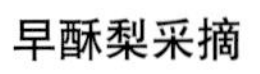

早酥梨采摘

早酥梨采摘丰收

早酥梨采摘容器

早酥梨丰产枝丰收

早酥梨果实存放

早酥梨果实入库

早酥梨结果枝

早酥梨结果状

早酥梨入库

初花期早酥梨树

大树花

花序萌动

花芽鳞片萌动

花芽鳞片展开

梨树花海

万亩梨园

休眠叶芽

早酥梨 1 年生枝开花状

早酥梨边花先开

早酥梨初蕾

早酥梨花　　早酥梨花开放

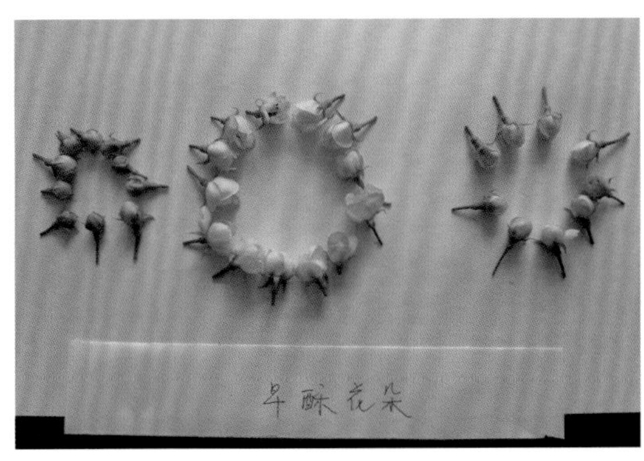

早酥梨花蕾　　早酥梨花蕾与新叶

早酥梨花序　　早酥梨花序分离

早酥梨花芽分离

早酥梨花枝

早酥梨休眠花芽

早酥梨叶芽萌动

早酥梨园盛花

早酥梨展叶